PAUL BORY

NOS ALIMENTS

LE BLÉ, LA VIANDE, LES FRUITS
LES BOISSONS

ILLUSTRÉ DE 87 GRAVURES

TOURS

ALFRED MAME ET FILS

ÉDITEURS

NOS ALIMENTS

2° SÉRIE IN-4°

DU MÊME AUTEUR

Les premières Conquêtes de l'homme, 1 vol.
Les Pays nouveaux, 1 vol
Le Roi des métaux, 1 vol.
Le Pain de l'industrie, 1 vol.

SOUS PRESSE :

Les Artères du globe, 1 vol. grand in-8º.

Pêcheries à Dieppe.

PAUL BORY

NOS ALIMENTS

LE BLÉ, LA VIANDE, LES FRUITS
LES BOISSONS

ILLUSTRÉ DE 87 GRAVURES

TOURS

ALFRED MAME ET FILS, ÉDITEURS

M DCCC LXXXVII

PREMIÈRE PARTIE

L'ORGANISME ET L'ALIMENTATION

I

TOUT ÊTRE ORGANISÉ EST UNE MACHINE

Production de mouvement. — Un peu de physiologie. — La cause du mouvement. —
La nourriture est un combustible.

Que nous examinions un des astres puissants qui scintillent au firmament, ou une plante, ou un animal, nous constatons partout que le mouvement est une loi essentielle de la nature; que la sève de la plante, que le sang de l'animal, que le globe céleste sont emportés dans un mouvement général ou subissent une impulsion propre. Le plus infime comme le plus puissant des êtres créés est un agent mécanique contribuant pour sa part au cycle que parcourt l'univers. Tous produisent un mouvement ayant sa cause et son effet dans l'harmonie de la création.

L'homme, dont les organes sont les rouages d'une admirable machine, obéit à cette loi générale, avec cet avantage qu'il est maître de ses actions, qu'il dirige lui-même les mouvements dont il est animé. Mais, ainsi que dans toute machine, le mouvement des êtres organisés se produit aux dépens des organes mécaniques, et naît de la chaleur développée par les moyens propres à chaque créature.

Chez l'homme et chez les animaux cette chaleur, cause primordiale du mouvement, se produit par la circulation du sang et se renouvelle en raison du soin avec lequel cette circulation est entretenue au moyen de la nourriture.

Les aliments sont les agents employés dans ce but; ils varient selon les espèces et les particularités de chaque organisme.

Envisagés dans leur rôle physique, ils sont, par suite de l'admirable phénomène de l'assimilation, le combustible nécessaire à la mise en action des machines animées composant les êtres organisés. La chaleur qu'ils engendrent résulte de la combustion de l'hydrogène et du carbone par l'oxygène de l'air; cette chaleur est ensuite transformée en force mécanique et électrique produisant le mouvement des corps et l'assimilation.

Notre corps, admirable locomobile, est alimenté sans bruit, sans secousses, par une série d'actions lentes et presque insensibles ; il se débarrasse par d'ingénieux artifices des produits de la combustion et se maintient dans tout son ensemble à la température relativement élevée de 37 degrés.

Pour faire juger de la valeur de ce mécanisme, nous ferons remarquer que, pour rendre à un cadavre la température de l'être vivant et l'y maintenir, il faudrait brûler une masse énorme de combustible, tandis que par la combustion naturelle et lente dont notre corps est le siège il reste uniformément chaud, quel que soit, pourrait-on dire, l'abaissement de la température extérieure.

La pondération de nos organes est à ce point parfaite que dans l'état de santé nous demeurons à un degré de température à peu près invariable, quelle que soit l'abondance de notre nourriture ou son insuffisance, quelle que soit la rapidité ou la lenteur des mouvements imprimés à notre individu. S'il y a une surexcitation de mouvement, la dépense de combustible est plus rapide et plus grande, mais notre température reste la même. L'excès de chaleur produite s'écoule en quelque sorte au dehors par la transpiration et par la plus grande activité donnée à la circulation sanguine. A-t-on le soin, au contraire, de modérer ses mouvements, d'éviter toute action violente, vit-on, par nécessité ou par indolence, dans un milieu mal oxygéné, tel qu'un logement bas et sombre, où l'air ne se renouvelle pas, la dépense de combustible est moins forte, le mouvement de la circulation est ralenti.

II

QU'EST-CE QUE MANGER ?

Aliments plastiques, aliments respiratoires, aliments complets.

Manger est donc le procédé par lequel nous introduisons dans notre corps le combustible qui doit le faire mouvoir, lui fournir la vie, maintenir l'équilibre de l'organisme.

Mais il s'en faut de beaucoup que les substances absorbées par nous aient une valeur combustible identique, ou, si l'on aime mieux, qu'elles aient toutes les mêmes vertus nutritives.

Les unes sont plus assimilables que les autres, c'est-à-dire qu'elles ont par leur composition chimique plus d'analogie avec notre corps. Elles sont dites aliments plastiques parce qu'elles entretiennent surtout la vigueur et la forme de nos muscles et de nos os. Ce sont les substances les plus nutritives ou les plus azotées. La viande, c'est-à-dire la chair des animaux terrestres ou aquatiques, les légumes plus ou moins riches en fibrine, en albumine, en caséine, sont les plus connues et les plus appréciées de ces substances.

D'autres, au contraire, fournissent principalement à la combustion, à l'oxygénation du sang, et sont, pour cette raison, appelés aliments respiratoires. Ils ne contiennent que peu ou point d'azote ; en revanche, ils sont largement pourvus d'hydrogène et de carbone : tels sont le sucre, l'alcool, l'amidon, la graisse, etc.

Une troisième catégorie comprend les aliments dits aliments complets ; ceux-là contiennent tous les éléments nécessaires à la formation et à l'entretien des muscles, du sang et des os : tels sont le lait et les œufs.

Les premiers de ces aliments ont des vertus réparatrices exceptionnelles qu'ils doivent, avons-nous dit, à la proportion d'azote qu'ils contiennent. En effet, la viande des animaux terrestres, bétail ou gibier, étant d'une nature identique à la nôtre, son assimilation est des plus faciles et des plus profitables à notre organisme. La chair des poissons, également très nourrissante, doit ses propriétés réparatrices aux proportions énormes d'azote et de phosphate qu'elle contient. C'est précisément cette abondance de principes nutritifs, non moins que son incalculable multiplication, qui rendent si précieuses certaines espèces de poissons, comme le hareng et le maquereau.

La seconde classe d'aliments fournit surtout à la respiration, ou, si l'on préfère, à la combustion humaine, parce que leurs principes s'oxydent plus aisément par leur contact avec l'air de nos poumons. Sans être absolument dépourvus de principes reconstituants, ils en contiennent des proportions bien moindres, qui rendent nécessaire l'absorption d'une plus grande masse d'aliments de cette nature. D'autres de la même classe, loin de suppléer par la quantité de substances absorbée à l'insuffisance de vertus nutritives, sont, au contraire, désastreuses pour notre organisme, dont il surexcite la combustion au détriment de notre fonds ; tel est l'alcool. Son effet sur l'organisme est souverainement trompeur. Nombre d'individus, surtout parmi ceux dont l'alimentation est insuffisante, trouvent dans l'usage de l'alcool un excitant que leur régime ne leur donne point. Mais il faut dire que l'alcool, sous quelque forme qu'on le consomme, agit aux dépens du corps qui l'absorbe, accroît démesurément la combustion ; de là le sentiment de bien-être et de vigueur ressenti par suite de son usage. Il se produit par l'emploi habituel de cette substance un effet analogue à celui qui se produirait chez celui qui brûlerait en huit jours la provision de combustible destinée à durer tout l'hiver.

Dans les aliments complets, tous les éléments nécessaires à la constitution de l'individu, à la formation de sa charpente, à l'entretien de sa combustion, se trouvent réunis dans les plus utiles proportions et sous la forme la plus facilement profitable à l'individu ; aussi cette nature de substances constitue-t-elle le plus ordinairement l'alimentation des enfants et des vieillards. Chez les premiers, l'organisme n'a pas encore atteint le degré de vigueur voulu pour absorber les divers aliments dont l'usage fait vivre les sujets adultes ; chez les seconds, la nature affaiblie ne peut plus produire les efforts nécessaires à l'assimilation des substances très azotées ; il leur faut, comme à l'enfant, n'imposer qu'un travail réduit à leurs organes de digestion.

III

COMMENT FAUT-IL MANGER? — QUE FAUT-IL MANGER?

L'alimentation se modifie avec le climat, la saison, l'âge. — Les ichthyophages;
les végétariens; les mangeurs de viande.

De ce qui précède il résulte que les aliments ne peuvent être pris indifféremment, qu'ils doivent être choisis suivant le sujet à nourrir.

On a calculé la valeur nutritive de chaque substance, et la science appelée physiologie animale a pu déterminer les proportions dans lesquelles chaque aliment doit entrer pour fournir à celui qui l'absorbe une alimentation convenable. C'est ainsi qu'on a établi les rations des soldats, des marins, celles des chevaux dans l'armée ou dans les grandes compagnies de transports et de location de voitures. On a même poussé la science des conditions de l'alimentation jusqu'à pouvoir préciser la somme de chaleur, de lumière et de substances nécessaires au développement des plantes !

Il y a donc nécessité absolue d'établir une balance parfaite entre la recette et la dépense de notre organisme, de réparer la déperdition subie par la combustion et la circulation, de maintenir constant l'équilibre de notre individu.

C'est dire qu'un choix judicieux doit présider à l'alimentation afin d'éviter à la fois l'excès et l'insuffisance, conditions extrêmes qui se rencontrent selon l'âge et le sexe du sujet, selon la saison, le climat, la position sociale ou, si l'on préfère, les occupations de chacun.

L'enfant, surtout le nouveau-né, a sa nourriture tout indiqué; le lait maternel lui convient réellement seul et ne saurait être remplacé avec les mêmes avantages par aucun autre régime alimentaire. Aux premiers jours de sa naissance il y trouve une proportion de sels, d'albumine, et

des globules laiteux d'une nature particulière, essentiellement favorables
à sa chétive constitution ; peu à peu le lait acquiert des principes sub-
stantiels conformes aux exigences croissantes de son organisme. A mesure
qu'a lieu le développement de l'enfant, il faut modifier et enrichir son
régime. Si, au lieu de procéder progressivement, l'on voulait nourrir le
petit être comme un adulte, les plus graves accidents ne manqueraient pas
de se produire ; il y aurait même danger de mort.

Le vieillard, pas plus que l'enfant, ne peut suivre le régime alimentaire de l'homme dans la plénitude de sa force. Son organisme n'ayant
plus les mêmes facultés d'assimilation, il ne peut impunément imposer à
son appareil digestif un égal travail : tout comme celle de ses muscles,
la vigueur de ses organes décrcît. Il n'a plus besoin, en quelque sorte,
que d'entretenir la combustion ; les aliments respiratoires lui suffisent.

Les femmes ont des besoins analogues à ceux des vieillards. N'étant
pas ordinairement soumises à une grande dépense musculaire, elles ont
moins besoin de réparer ; leurs aliments peuvent être les mêmes que ceux
de l'homme travaillant fortement, mais elles en consomment de moins
grandes quantités.

La saison influe singulièremert sur les nécessités alimentaires, quelle
que soit la condition du sujet. Chacun sait que l'appétit est plus développé en hiver qu'en été ; mais tous ne se rendent pas compte de la
raison de cet état de choses, et beaucoup l'attribuent à une disposition
tout à fait personnelle. Il n'en est rien. L'air froid étant plus riche
en oxygène, la combustion intérieure est plus rapide ; en outre, l'organisme dépensant davantage par le mouvement qu'on se donne pour se
défendre du froid extérieur, on sent plus vite la nécessité de réparer ses
forces. En été, l'estomac est paresseux, dit une expression populaire. Il
serait plus exact de dire que la digestion est plus lente en cette saison
parce que l'air est moins fourni d'oxygène et la respiration moins active.
Dans les contrées à climat chaud, le régime alimentaire change et diffère de celui de nos régions tempérées. Par la même raison qui rend
notre appétit moins actif en été, les habitants des pays tropicaux, chez
qui la chaleur intérieure se maintient aisément, consomment peu de
viande ; leur régime alimentaire est surtout emprunté aux végétaux ; le
riz, base de leur nourriture, contenant peu d'azote, convient mieux que
notre blé à leur organisme. C'est la même raison qui rend préférable,
pour les chevaux de ces contrées, l'usage de l'orge au lieu d'avoine.

Les Européens qui vont vivre dans ces pays doivent en adopter les
usages, sous peine, s'ils veulent garder leurs habitudes alimentaires, de
contracter les plus funestes maladies. Un régime trop substantiel convertit

en excès de bile les substances assimilables, que le sang ne peut charrier,
vu leur trop grande abondance, et amène ces altérations du foie auxquelles
succombent tant de sujets étrangers.

Par une admirable prévoyance, d'ailleurs, le Créateur a semé à profusion dans ces contrées les fruits de toute sorte, les plus savoureux et
les plus rafraîchissants par l'abondance de leur jus : les melons, les pas-
tèques, les ananas, les oranges, etc.

Dans les pays à climat glacial, au contraire, l'usage d'aliments hautement

Hutte d'Esquimaux pendant l'hivernage au retour d'une pêche abondante.

réparateurs s'impose aux habitants. Les huiles, les graisses, les viandes
lourdes sont absorbées et digérées avec une facilité et une abondance qui
stupéfient toujours ceux qui en sont témoins. Sous ce rapport, les facultés
d'assimilation des Lapons, Groënlandais, Esquimaux et autres peuples
septentrionaux, dépassent tout ce qu'on peut imaginer. Par contre, ces
peuples si fort mangeurs montrent, durant leurs périodes de fréquentes
disettes, une résistance étonnante à l'anéantissement. Enfermés presque
sans air dans leurs huttes de glace et de neige, ils mènent une existence
d'animaux hibernants ; comme eux, ils en arrivent à avoir les fonctions
vitales presque suspendues, ce qui n'impose qu'une alimentation très restreinte puisque la dépense est nulle.

Les occupations habituelles ont également une énorme influence sur le régime auquel il convient de se soumettre. L'homme que son travail manuel oblige à vivre toujours en plein air possède un appétit fort développé ; il dépense déjà beaucoup par suite de l'oxygénation active provenant du contact constant de l'air vif ; il accentue sa combustion vitale par l'exercice violent auquel il se livre. Aussi remarque-t-on deux résultats frappants chez les hommes de cette catégorie arrivés à la fin de leur carrière : les uns, après avoir déployé durant leur existence une vigueur soutenue, s'affaiblissent tout à coup et donnent les signes d'une décrépitude précoce. On peut être assuré que ces individus se sont insuffisamment nourris pendant la période de leur pleine vigueur, et que, selon le terme vulgaire, ils ont vécu sur leur fonds, demandant à des aliments respiratoires plus qu'à des aliments plastiques la réparation de leur dépense physique. Les autres, au contraire, semblent braver les effets pernicieux du temps et gardent jusqu'à un âge souvent très avancé la plus remarquable vigueur. Ces derniers ont réparé complètement, au moyen d'aliments généreux, ce qu'ils prenaient sur leurs forces organiques.

L'homme adonné aux carrières libérales se dépense moins lui-même ; il a, par conséquent, besoin d'une alimentation moins substantielle ; néanmoins, il faut encore distinguer entre eux : les avocats, les professeurs, les chanteurs dépensent relativement beaucoup et vite, et leur alimentation demande à être substantielle. Il n'en est pas de même des hommes de cabinet, dont les occupations sédentaires n'activent aucunement les fonctions vitales. A ceux-ci une nourriture légère est recommandée, s'ils ne veulent s'exposer aux congestions et aux inconvénients résultant d'une trop grande abondance sanguine.

Enfin une dernière cause détermine le genre de nourriture adoptée par les peuples : c'est la nature des productions de leur contrée.

Dans les pays septentrionaux, le poisson ou la chair des animaux marins est l'unique ressource alimentaire. Bornés de tous côtés par la mer, errant à travers des contrées ensevelies sous la neige pendant les trois quarts de l'année, privés de toute végétation ou réduits à quelques arbrisseaux rabougris, les hommes de ces contrées mourraient de faim sans l'abondante manne que l'Océan leur apporte chaque jour. Ils trouvent dans cette alimentation une nourriture fortement azotée et riche en principes phosphoreux.

Dans tous les pays chauds, la terre surabonde de végétation et fournit sans travail, à l'homme indolent des tropiques, les quelques fruits qui lui suffisent pour se sustenter.

Ceux-là sont végétariens par instinct, mais il en est d'autres qui le sont par système ; suivant à la lettre les doctrines de certains hygiénistes, ils proscrivent absolument l'usage de la viande. Bien qu'un semblable régime soit anormal, la vérité oblige à reconnaître que, lorsque le sujet a pu s'habituer à cette abstinence de viande, il ne se porte ni mieux ni plus mal que les personnes ayant un régime rationnel.

Ailleurs le contraire a lieu : l'usage de la viande est poussé à un point excessif. Ce sont principalement les gens de pays septentrionaux, mais plus particulièrement les Anglais, les Hollandais, les Allemands de certaines provinces, qui sont les plus forts mangeurs de viande. L'humidité et la basse température de leur patrie les obligent à réparer dans la plus large mesure la déperdition de leurs forces. Aussi remarque-t-on chez ces peuples un très grand nombre de maladies de l'estomac, particulièrement d'affections cancéreuses, dont les adeptes du régime végétal sont presque affranchis.

IV

L'ALIMENTATION PRIMITIVE

Chasse, pêche, culture primitives. — Préparation des repas chez nos ancêtres
préhistoriques.

Si l'on voulait remonter à l'origine historique de l'alimentation, on
verrait que la première nourriture de l'homme lui était fournie par les
fruits qui croissaient autour de lui et qu'il récoltait sans travail. Suivant
toutes les probabilités, il ne se livra à l'exercice de la chasse que lorsqu'il
eut épuisé les végétaux comestibles de la région où il vivait. La même
cause le fit pêcheur. Quand les mécomptes de la chasse et de la pêche
lui eurent fait concevoir l'idée de s'assurer des ressources dépendant
moins du hasard et de la fortune, il se fit agriculteur. Il comprit la possibilité et l'avantage d'avoir sous sa main, en les cultivant près de lui,
les fruits et les graines qu'il se procurait seulement par de nombreuses
courses errantes.

Si grossier que soit l'aphorisme, on ne peut nier que la civilisation
procède du ventre. C'est à améliorer son régime par plus d'abondance et
de recherche que l'homme a évidemment tout d'abord appliqué les efforts
de son intelligence. Les premiers groupes humains qui se constituèrent
en société ne le firent certainement que poussés par les avantages reconnus de l'association pour se procurer la nourriture. Les premières
stations humaines dont on retrouve les traces ne se manifestent guère
que par des indices relatifs à l'alimentation. Ce sont des foyers, des débris
de poteries, des os calcinés, ou rongés, ou fendus. Et plus on remonte
haut dans l'antiquité des temps, plus ces indices se rapportent exclusivement à la nourriture.

L'abondance de la faune à l'époque où l'homme parut sur la terre

montre qu'il eut en quelque sorte l'embarras du choix. Le gibier ne manquait point et justifiait par son importance l'ardeur que l'on mettait à sa
poursuite. Dans l'Europe, dont la température, avant la période des glaciers, était chaude et humide, l'auroch, l'élan, le bœuf musqué, le
renne, le mammouth, l'éléphant, l'ours des cavernes, l'urus ou grand
bœuf, le rhinocéros, le cerf à bois gigantesque, le cheval, la chèvre, le
bouquin, ·le chamois étaient ses victimes ordinaires. En Amérique, il
s'attaquait à ces géants qu'on nomme le mastodonte, le megatherium,

Habitations lacustres.

le mylodon, le megalonix. En Polynésie, il combattait les gigantesques
dinornis, le palaptéryx, l'épiornis.

Son imprévoyance ayant dépeuplé les cantons où il s'était fixé, ou bien
ayant fait émigrer les animaux qui les fréquentaient, l'homme dut suivre
son gibier dans ses déplacements. Il en a été de même dans les stations
situées au bord des cours d'eau, et qui montrent par la prédominance
des débris de poissons que la pêche était la principale ressource culinaire
de la colonie ; il fallait abandonner les zones où le poisson décimé ne fournissait plus de quoi vivre.

C'est alors sans doute que le souvenir des fruits savoureux, de leur
facile récolte, provoqua les premières tentatives de culture. Ajoutons que
les groupes sociaux devaient être déjà formés, et que, probablement aussi,
la domestication de quelques animaux retenait nos ancêtres dans un espace
de pays plus restreint. Il leur fallait dès lors trouver à leur portée des

2

substances alimentaires moins incertaines que les produits de la chasse et
de la pêche.

Nous trouvons ces conjectures absolument justifiées par les débris que
nous ont fournis les palafittes et les ruines des habitations humaines remontant aux époques rudimentaires de la pierre taillée et de la pierre
polie.

Parmi les ruines de la plus haute antiquité, les traces de nourriture
retrouvées proviennent toutes du règne animal : os calcinés, fendus ou
rongés, indiquant non seulement qu'ils ont été dépouillés de la chair qui
les revêtait, mais encore qu'ils ont fourni pour l'alimentation primitive la
substance médullaire qui les remplissait; rien ne nous décèle la nourriture
végétale.

Le feu, qui plus tard détruisit tant de stations lacustres, a cependant
contribué dans une certaine mesure à nous transmettre de précieux renseignements sur leurs habitants. Tombés dans l'eau après une demi-calci-
nation, tous ces débris qu'on recueille aujourd'hui ont néanmoins gardé
un aspect qui permet de les reconnaître aisément.

C'est ainsi qu'on a pu savoir que les hommes de cette époque faisaient
usage de céréales, de fruits cultivés et sauvages, qu'ils fabriquaient une
sorte de pain grossier et qu'ils se nourrissaient de laitage. On a retrouvé
les restes des instruments leur servant à convertir le lait en fromage.
Leurs meules primitives nous sont parvenues; elles ne pouvaient produire
de la farine, mais elles servaient à broyer, à concasser les grains de diverses sortes de blé, d'orge et de millet, à écraser les fruits farineux du
chêne et du châtaignier. Des vases où on les faisait amollir dans l'eau
après une légère cuisson renfermaient encore une certaine quantité de ces
grains concassés. On a même constaté parmi les débris ramenés au jour
des galettes de pâte à moitié cuite, et semblables en tous points aux
pains sans levain dont se nourrissent encore de nombreuses tribus américaines.

La domestication fournissait également à nos primitifs ancêtres des ressources importantes. Le renne fut le principal aliment de leur foyer; vivant
en troupeaux sous la surveillance des hommes d'alors, il leur donnait son
lait, sa chair, sa peau. Le bœuf fut de bonne heure une ressource alimentaire.

Sur certains points, c'est le cheval qui semble avoir été la base de la
nourriture humaine. Du moins, on peut conclure ainsi à l'aspect des ruines
accumulées à la fameuse station de Solutré, dans le département de
Saône-et-Loire. Cet endroit est si remarquable par le caractère de son
industrie passée, qu'on a donné son nom à toute une période des temps

préhistoriques. La station dans laquelle ont été recueillis d'innombrables débris se compose en majeure partie de chevaux amassés en si grande quantité qu'on donne aux amoncellements ainsi retrouvés le nom significatif de *murailles de chevaux*.

Là, semble avoir été un centre d'élevage. En effet, l'abondance des débris complets de l'animal au même point, l'âge que nous révèlent les os attentivement étudiés, montrent qu'il s'agissait d'une sorte d'exploitation. En effet, les mâchoires retrouvées à Solutré proviennent presque toutes d'animaux ayant de quatre à six ans, âge où la chair du sujet offre son maximum de succulence.

La chèvre, le mouton, le porc, la poule furent, eux aussi, des familiers des palafittes.

A partir de ces époques, les traces nous révélant le régime alimentaire de nos ancêtres devinrent nombreuses et faciles à suivre, et l'on peut dès lors faire l'histoire de l'alimentation.

V

L'ALIMENTATION A TRAVERS LES AGES

Solidarité de la civilisation et de l'agriculture. — Le cannibalisme. — Les mets des différents peuples. — Les goûts dépravés. — Les mets bizarres. — Les paons, les hérons du moyen âge. — Les géophages. — Famines d'autrefois. — Les accapareurs. — Le Pacte de famine.

La première révolution qui eut une influence sur le sort de l'humanité fut une révolution pacifique dont les conséquences ont été incalculables. Le jour, en effet, où l'homme, abandonnant la vie errante pour la vie sédentaire, traça le premier sillon, marqua une ère nouvelle dont le reflet s'est propagé à travers les âges et se renouvelle chaque fois qu'une tribu se livre à l'agriculture. Le premier grain de blé que récolte cette tribu est une semence féconde pour la civilisation.

Tant d'intérêts s'attachent à la vie agricole, son action bienfaisante est si efficace, que l'on a dû reconnaître des progrès bien autrement rapides et sérieux chez les peuples qui ont débuté par l'agriculture; chez ceux, au contraire, tels que les peuples pasteurs et les nomades, où le froment est resté longtemps ignoré, la civilisation est restée lente dans son éclosion et dans son développement.

La civilisation des peuples suit une gradation bien marquée dans ses caractères et dans ses effets. Les peuplades livrées à leurs instincts primitifs, condamnées, pour la satisfaction de leurs besoins, à vivre exclusivement de leur chasse, n'ont, pour ainsi dire, point de patrie; à peine ont-elles quelques traditions. L'incertitude du lendemain fait que ces hommes grossiers se gorgent pendant les moments d'abondance sans avoir même la possibilité de réserver pour les temps de pénurie. Sans cesse errants, ils n'ont aucune raison de s'attacher au sol, d'y fixer un foyer, de se grouper en sociétés. Tout au plus contractent-ils des associations passagères destinées à faciliter la capture des animaux qu'ils poursuivent.

Les peuples pasteurs ont sur les premiers une supériorité marquée. Ils ne sont pas encore fixés, ils ne sont plus errants : leur existence se passe en déplacements limités à une contrée plus ou moins étendue, où ils ont reconnu l'existence de pâturages convenables pour la nourriture des animaux domestiques qui forment leur unique richesse. Chez ceux-là, les traditions existent profondément enracinées; le souci du lendemain se manifeste; s'il n'y a point de monuments de civilisation, il y a, du moins, une organisation sociale bien définie qui ne permet nullement de les confondre avec les peuplades précédentes.

A ceux qui se livrent à l'agriculture sont assurés tous les progrès de l'avenir, tous les bienfaits de la civilisation. Autour du champ portant la récolte, espoir et ressource de la famille qui l'a travaillé de ses bras, se sont groupés successivement les intérêts moraux et matériels les plus variés.

Ces trois degrés de la civilisation auxquels parviennent successivement les peuples poussés par le besoin et le désir d'accroître leur bien-être, sont caractérisés par des types bien connus. Les peuples chasseurs des deux Amériques, les tribus errantes de l'Afrique australe et équatoriale, sans compter celles qui parcourent les solitudes asiatiques, représentent la première phase de la civilisation. Les Arabes pasteurs, les Kirghises, les tribus des Poyuches et des Puelches de la Patagonie sont des exemples du second type. Les nations civilisées avec tous leurs raffinements et leurs institutions montrent, tant dans les siècles passés que dans les temps présents, jusqu'où peut s'élever l'intelligence de l'homme excitée par ce grand mobile : assurer et augmenter la somme de ses jouissances personnelles.

Aussi chaque peuple marque-t-il inconsciemment et presque malgré lui, dans le choix de sa nourriture, le point de perfectionnement où il est arrivé, tout au moins le genre d'existence qu'il a adopté.

Chez ceux que la vie errante domine ou que l'insuffisance des ressources pastorales et agricoles n'a pas affranchis encore, il existe un goût très prononcé pour la chair. Et quand celle des animaux vient à manquer, on constate trop souvent l'existence du cannibalisme : à défaut de gibier l'on pratique la chasse à l'homme. Malheureusement pour l'humanité, cette horrible coutume est bien plus fréquente qu'on ne pense. Par habitude ou par besoin, ordinairement par les deux causes réunies, nombre de tribus partent en expédition pour s'approvisionner de chair humaine : on en trafique comme d'une marchandise ordinaire, on la

débite, on la conserve pour les temps de disette, on la prépare avec des
raffinements culinaires dont ces peuples ne soupçonnent pas l'immoralité.
Les uns l'attendrissent en la faisant macérer quelques jours dans la terre,
les autres la boucanent; certains attendent qu'une décomposition partielle
l'ait rendue plus facile à digérer.

Les Samoyèdes, les Esquimaux et les Groënlandais, confinés au bord
de la mer, lui demandent leurs vivres. Ils se nourrissent de chair de
phoque, de graisse et d'huile empruntées aux animaux qu'atteignent
leurs harpons en os. Les Indiens de l'Amérique du Nord s'acharnent sur
le bison, dont les troupeaux émigrent vers le Nord et disparaissent tous
les jours par suite des effroyables tueries qu'ils en font. Les indigènes de
l'Afrique équatoriale immolent des milliers d'animaux dans leurs gigantesques *hopos* ou chasses à la tranchée. Les Kalmoucks et les Kirghises
consomment la chair de leurs chevaux et de leurs chameaux. Les Abys-
sins se gorgent de viande d'hippopotame. Les Chillouks du haut Nil
n'estiment rien autant que les intestins de leur bétail, surtout s'ils sont
abondamment garnis d'œstres et de pustules. Des populations polyné-
siennes mangent du chien, dont la chair est rendue moins coriace par le
régime végétal auquel on soumet les sujets.

Asiatiques, Océaniens, Américains ou Africains, tous ont pour base ou
pour partie importante de leur régime des mets qui répugneraient profondément à nos palais européens et qui dénotent des goûts que nous
jugeons dépravés. Les lézards, les iguanes, les geckos, les crocodiles,
les ophidiens de toute espèce, serpents, boas, couleuvres, une multitude
d'animaux d'aspect hideux ou terrible sont employés dans la nourriture
de ces peuples.

On peut encore rappeler l'énorme consommation que les Africains du
centre et du nord du grand continent font des criquets voyageurs et des
termites. Les fourmis, les cloportes, les œufs de canard pourris, les nids
de salanganes, certaine sauce horriblement putride, le *soya,* produite
par un haricot spécial, l'huile de ricin, des chiens crevant de graisse,
forment, dans les différentes classes sociales, la base de l'alimentation
chinoise.

Sont-ils bien autorisés à critiquer de semblables goûts, ceux d'entre
nous qui recherchent avec tant de plaisir les fromages grouillant de vers,
ou la viande de gibier arrivée à ce point de décomposition qu'on désigne
poliment par l'épithète de faisandée?

Il y a, entre ces amateurs et les sauvages des rives du Congo déter-
rant les cadavres en putréfaction pour s'en repaître, un rapprochement
réel. Au point de vue hygiénique les avis sont partagés. Bien que les

Africains agissant ainsi se rencontrent avec plus d'un doctrinaire, bien que les Yankees, gens peu raffinés dans leurs goûts, préfèrent la viande de boucherie *un peu faite,* il n'en demeure pas moins certain que la limite où cette décomposition devient nuisible ou reste inoffensive est fort difficile à déterminer. La science et la raison veulent que la cuisson, poussée à un point convenable, amène toute viande au degré de digestibilité qui lui convient.

Les anciens Romains et les Grecs, chez qui la recherche en toutes choses était arrivée à un point excessif, se signalèrent parfois par des extravagances culinaires dont le souvenir est resté dans l'histoire. Héliogabale se faisait servir des plats composés de crêtes de coqs vivants, de langues de paons et de rossignols. Certains gourmands, cruels autant qu'opulents, avaient des viviers où ils entretenaient des murènes auxquelles des insensés comme l'affranchi Pollion jetaient en pâture des esclaves vivants dans le but de donner à la chair de leur poisson un degré supérieur de finesse; d'autres, tels que l'avocat Hortensius, conduisaient jusqu'au pied de leurs tables de festin des canaux où nageaient les rougets qu'ils destinaient à être mangés, et dont ils prenaient plaisir à contempler auparavant les brillantes transformations pendant leur agonie. Tout le monde connaît le fait monstrueux de ce turbot envoyé à l'empereur Domitien, la délibération du sénat servile décrétant la fabrication d'un vase spécial pour sa cuisson et sa discussion sur la sauce à laquelle devait être mis le poisson.

Moins recherchés, mais peut-être aussi gourmands sont les peuples qui se nourrissent de terre. Les terres comestibles sont des argiles dont beaucoup de peuplades sauvages et même à demi civilisées font usage comme aliment. Il est probable que, dans l'origine de cette coutume, des tribus misérables ont simplement essayé de tromper leur faim en se chargeant l'estomac d'argile à défaut d'autres ressources. Soit que ces terres contiennent réellement un peu de matière organique assimilable, soit qu'elles aient une sapidité qui flatte des palais peu délicats, soit enfin que leur usage offre un attrait que nous sommes incapables d'apprécier, il est parfaitement certain qu'elles font partie du régime chez beaucoup de peuples d'Afrique, d'Amérique et d'Asie, qu'elles sont goûtées par les Indiens, et même, dit-on, en Portugal, par quelques femmes.

Les missionnaires qui évangélisent certaines tribus du haut Pérou ne peuvent déshabituer leurs ouailles de cette funeste coutume. Des nègres ont apporté cette coutume sur les plantations brésiliennes, et l'on en voit quelquefois travailler avec un masque fixé sur le visage pour les empêcher de se livrer à ce goût dépravé. Les tribus du haut Nil comptent de nombreux géophages. Les Suédois de certains districts mêlent à leur pain une terre particulière composée de carapaces d'animalcules. En Chine, une variété de kaolin est régulièrement débitée sur les marchés comme comestible. Les Tongouses et les Tartares de Sibérie associent une terre du même genre à leur lait.

Partout le géophage se reconnaît à la mauvaise couleur de son teint.

Le paon spicifère.

au ballonnement démesuré du ventre, aux membres grêles, aux yeux caves. Presque toujours cette passion amène une issue fatale.

Après la corruption du Bas-Empire, l'Europe étant retombée dans une sorte de barbarie, la nourriture était redevenue grossière et rare. Il fallut la chevalerie pour donner un peu d'éclat à la société du moyen âge. Alors les repas d'apparat reprirent avec un entrain et un luxe depuis longtemps oubliés ; sur les tables lourdement chargées figuraient des pièces savamment combinées reproduisant quelque château célèbre ou quelque allégorie naïvement exprimée ; mais toujours le plat d'honneur, le mets principal, était fourni par un paon ou par un héron : le plumage de l'un flattait la vue, la dépouille de l'autre rappelait le triomphe des fauconniers.

A côté de ce faste des seigneurs, la famine ravageait les campagnes et les villes. A peine si trois ou quatre années de récolte pouvaient se succéder, tant étaient fréquentes et prolongées les guerres de cette période. Les champs, constamment ravagés, restaient en friche; les bras manquaient d'ailleurs pour les cultiver; et, quand les hommes n'étaient point requis pour la guerre, le paysan cultivait à son corps défendant, car les seigneurs lui enlevaient le plus clair de sa récolte. Aussi l'histoire de notre pays à cette époque est-elle pleine du récit affligeant des nombreuses et épouvantables famines qui désolèrent la France.

Pour parer au retour de pareilles calamités, il fallut que le gouvernement organisât des services destinés à obvier, durant les années d'abondance, aux insuffisances de récolte; l'initiative privée était incapable d'efforts efficaces, et le morcellement du pouvoir rendait difficiles et incertains les résultats obtenus. En outre, l'abus se glissa bientôt dans cette organisation, comme partout où règne une administration relâchée, et l'on vit, à la fin du règne de Louis XIV, les fortunes les plus scandaleuses produites par la spéculation sur les blés du royaume. Ce fut bien pis encore sous Louis XV, où le *bureau des blés du Roi*, dont la fonction consistait à protéger le peuple contre la pénurie des grains, devint une agence occulte dont le but fut d'affamer le peuple pour pouvoir lui revendre à des prix excessifs les blés sortis du royaume ou soigneusement mis à l'écart. On accusa vivement la cour et ses favoris d'avoir formé ce qu'on nommait le *Pacte de famine*. Le roi lui-même fut compris dans cette accusation, bien qu'il ignorât sans doute ce qui s'accomplissait sous le couvert de son nom et de son autorité. Toujours est-il que les agissements des fermiers généraux d'alors et leur ignoble exploitation préparaient, on peut le dire, le terrain où fut jetée la semence des idées qui firent dévier la Révolution française de son but primitif.

VI

L'ALIMENTATION MODERNE

En Europe et dans tous les pays jouissant d'une civilisation avancée, la tendance de plus en plus marquée du régime alimentaire est de restreindre à un nombre relativement petit les substances qui font la base de ce régime. L'usage de quelques-unes de ces substances se multiplie, s'étend davantage des classes riches aux classes pauvres ; mais on accepte difficilement l'introduction d'aliments nouveaux en dehors de la viande de boucherie, de basse-cour ou de poisson, du gibier, du blé et de quelques rares céréales, des légumes vulgaires et des fruits de nos vergers. L'acclimatation de nouveaux animaux ou de nouvelles espèces de végétaux comestibles se fait lentement.

Cet état relativement stationnaire tient à l'énorme impulsion donnée, surtout durant ces dernières années, à l'échange des produits alimentaires. De toutes parts les voies de communication se multiplient et les moyens de transport se perfectionnent. Dans maint pays, les productions surabondantes particulières à la contrée, vendues autrefois à bas prix par suite de l'impossibilité de les consommer hors d'un certain rayon, sont recueillies et dirigées avec une connaissance profonde des ressources et des besoins locaux vers les points où elles manquent et où elles obtiennent des prix rémunérateurs.

Ce drainage des substances alimentaires de toute sorte s'acheminant sans cesse vers les centres urbains où l'argent est plus abondant et où l'on attend tout du dehors, a fini par produire un nivellement des cours et par provoquer chez les producteurs une émulation, un esprit de concurrence éminemment profitables aux consommateurs.

C'est grâce à ce concours et à cette lutte d'intérêts que, de tous côtés, arrivent des bestiaux qui approvisionnent nos marchés modernes avec une profusion inconnue autrefois. Pour ne parler que de notre pays, la France est actuellement alimentée de bœufs et de moutons nous arrivant du fond de l'Allemagne, de la Hongrie, de la Russie, de l'Algérie, de l'Italie, avec la même régularité que le marché de chaque village est approvisionné par les ménagères d'alentour.

Ces échanges affectent un caractère particulièrement remarquable dans le commerce des primeurs. Lorsque le printemps approche, les citadins, fatigués de l'usage prolongé des légumes secs ou de conserve, ou ceux dont la délicatesse de goûts est servie par une bourse bien garnie, recherchent avidement, par besoin ou par ostentation, les premières productions de l'année. Il y a, de la part du producteur, un grand intérêt à satisfaire cette classe de consommateurs ; aussi faut-il voir avec quels soins, avec quel art sont cultivés les produits que la rapidité de leur croissance permet d'apporter de bonne heure sur les marchés. De tels résultats se payent fort cher, surtout dans nos climats, et ne peuvent être obtenus que par une culture appropriée, coûteuse et ne donnant qu'une récolte restreinte.

Par esprit de concurrence et par amour du lucre, on entreprit de demander à des climats favorisés une production plus précoce et moins coûteuse. Grâce aux chemins de fer, ces denrées parviennent en bon état sur les marchés les plus éloignés. C'est ainsi que l'Angleterre, la Norwège, la Hollande, l'Allemagne, dont le climat brumeux ou froid ne laisse mûrir les fruits et les légumes qu'à une époque avancée de l'année, peuvent néanmoins s'approvisionner, abondamment et à des prix abordables, de denrées qui leur sont expédiées par les maraîchers de la Bretagne, de la Provence, de la Lombardie, de l'Espagne, de l'Algérie, où la culture des primeurs a pris une extension considérable.

Ce mouvement commercial est en outre facilité par des tarifs de transports établis sur des bases extrêmement modérées, qui évitent une surélévation du prix de revient et attirent vers l'industrie des transports un trafic abondant et régulier.

Les compagnies de chemins de fer et de navigation n'ont point tardé à comprendre les avantages d'une organisation spéciale. Aux saisons convenables pour chaque nature de produits maraîchers, des trains uniquement consacrés aux transports de ces denrées partent avec une régularité parfaite et voyagent avec une rapidité exceptionnelle.

De plus, les prix demandés en échange de ce service offrent ceci de particulier qu'ils s'abaissent d'autant plus que le trajet à faire est plus long. Telle denrée, par exemple, habituellement transportée au prix de 20 ou 25 centimes par 100 kilogrammes et par kilomètre, sera rendue à destination au prix de 10 centimes par 100 kilogrammes et par kilomètre si le trajet à accomplir est de 200 kilomètres. La même denrée ne payera plus que 5 centimes par 100 kilogrammes et par kilomètre si elle est transportée à 400 kilomètres. Ce genre de tarif est ce qu'on nomme, dans la langue industrielle, des tarifs de pénétration. Ils sont destinés surtout à attirer le trafic vers les lignes qu'une marchandise doit emprunter pour transiter, c'est-à-dire pour simplement passer sur le territoire d'un pays.

C'est ainsi que, grâce à des tarifs de ce genre, les moutons venus du fond de la Hongrie payent à peine 12 francs par tête pour arriver jusqu'à nos abattoirs, et qu'un wagon de légumes, chargé à Turin pour Londres, accomplit ce trajet pour un prix moins élevé que s'il se rendait simplement de Dijon à Paris.

Cette anomalie est compensée au point de vue général par une certitude économique bien consolante : la difficulté, on pourrait dire l'impossibilité, pour les peuples pourvus des moyens modernes de transport de subir ces famines qui sont l'épouvantable plaie des peuples mal outillés pour les transports et les échanges. En effet, la pénurie, l'absence même complète de récolte sur un point est immédiatement réparée par l'affluence et la rapidité des arrivages que provoque un semblable événement. Sur un simple télégramme, des flottes entières s'élancent de l'Amérique vers l'Europe, chargées d'assez de blé pour suppléer au manque le plus complet. Du centre de l'Europe des trains immenses se succéderaient d'heure en heure, renouvelant ce miracle économique si frappant, au mois de février 1871, de réapprovisionner les deux millions d'habitants de Paris en quelques heures. Les épizooties les plus graves ne privent point pour cela les cités de leur approvisionnement habituel de viande : un retard de quelques jours, une surélévation momentanée des cours sont les seules marques soulignant un fait qui eût été jadis un désastre frappant à la fois le paysan frustré de sa récolte et les habitants hors d'état de se munir ailleurs qu'autour d'eux des vivres indispensables.

Avant l'état actuel d'organisation industrielle, chaque peuple se défendait comme il pouvait contre la famine. Jadis, c'était en imposant à leurs sujets de verser leurs approvisionnements dans les greniers royaux que les gouvernants protégeaient le peuple contre sa propre imprévoyance.

Ils constituaient ainsi durant les années d'abondance des réserves pour les années de disette. Ce système, le plus simple et le plus paternel quand il était honnêtement appliqué, suffisait aux administrations d'autrefois; mais il ouvrait aussi la porte aux abus les plus criants et aux malversations des monopoleurs qui se couvraient du nom et de l'autorité des rois.

En multipliant les relations internationales, les bases économiques furent modifiées; l'impossibilité de garder ce système suranné donna naissance aux premiers contrats internationaux connus sous le nom de traités de commerce. Issus ordinairement de guerres auxquelles ils mettaient fin, ces traités sont devenus à notre époque des conventions qui se règlent toujours par la voie pacifique et que nous voyons maintenant naître chaque jour.

Ils ont pour but d'abaisser dans la mesure la plus favorable aux intérêts des contractants les barrières connues sous le nom de droits de douanes, dont le but est de protéger les produits nationaux, alimentaires ou industriels, contre l'envahissement des denrées étrangères.

De là deux courants économiques contraires divisant les peuples et ceux qui ont la direction de leurs affaires, courants nés de deux situations très nettes et très différentes. Les nations ou les industries qui produisent à peu près pour la satisfaction de leurs besoins sont protectionnistes par la force des choses; celles, au contraire, dont la production dépasse de beaucoup les besoins, sont libres-échangistes. A celles-ci il faut des débouchés, des marchés librement ouverts pour l'excès résultant soit de la fécondité du sol, soit de la production à bas prix de leurs usines; à celles-là, que l'ingratitude du sol ou l'imperfection de leur outillage industriel obligent à vendre leurs produits un prix élevé, il faut des barrières qui les protègent contre l'entrée des marchandises obtenues à des prix inférieurs aux leurs.

Cette situation est celle qui domine aujourd'hui les nations civilisées. C'est pour résoudre les innombrables problèmes économiques qui en découlent que les peuples sont de nos jours sur un si formidable pied de guerre et courent, à l'envi l'un de l'autre, à l'assaut de nouvelles contrées.

Mais, comme ce n'est ni le lieu ni l'heure d'aborder ces hautes et complexes questions, qu'il nous suffise de savoir, à propos des denrées alimentaires dont nous nous occupons, que, dans nombre de pays européens, en France notamment, avant l'extension donnée au système des traités de commerce, on recourait à un système nommé l'échelle mobile, ayant pour but d'assurer les approvisionnements du pays en grains et en

céréales, tout en arrêtant aux frontières les produits susceptibles de faire
tort à l'industrie nationale.

Dans les années ordinaires, la France produit à peine le blé nécessaire
à sa consommation et doit demander à l'importation le complément de
sa nourriture. Quand il y avait pénurie, on frappait d'un droit d'exportation les blés indigènes que le commerce pouvait vendre au dehors ; en
même temps les droits pesant sur les blés étrangers étaient momentanément abaissés. L'effet de cette double mesure se conçoit aisément : le
déficit des céréales était comblé. Si leur abondance venait menacer nos
marchés, on refermait la porte entr'ouverte aux produits étrangers.
Avait-on, au contraire, une récolte notablement supérieure, on baissait
ou même on supprimait tous droits sur les céréales indigènes et l'on
élevait très haut les tarifs de douane. Nos cultivateurs étaient protégés
au dedans et au dehors par ce système de bascule. Favorable à certains
intérêts du producteur, il était, par contre, une entrave sérieuse pour les
opérations commerciales. Il a dû tomber devant les réclamations des intéressés et la pratique de plus en plus large des traités de commerce.

D'ailleurs, ainsi que nous le verrons dans les chapitres traitant de
chaque denrée, la production agricole a subi, elle aussi, l'évolution qui
a transformé l'industrie et l'a également obligée de traiter ses opérations
par la division du travail, de porter toutes ses forces sur un espace plus
restreint au lieu de les disséminer sur de grandes étendues.

Pour bien se rendre compte de l'évolution dont nous parlons, il faudrait mettre en regard l'état des cultures il y a trente ans et la situation actuelle, comparer le rendement moyen de chaque contrée avec les
produits d'autrefois, et l'on verrait exactement la somme des progrès
accomplis.

Nous savons d'une façon générale que le rendement du blé dans notre
pays est monté de 9 ou 10 hectolitres à 14 ou 15 par hectare et qu'il est
le produit de 6 803 000 hectares. Cette surface est environ 26 pour 100
de celle des terres labourées ; le reste, c'est-à-dire 19 778 000 hectares,
porte des cultures variées.

En France, où le sol compte 52 305 964 hectares, 48 pour 100, c'est-
à-dire 25 584 816 hectares, sont consacrés aux labours ; 9,90 pour 100
sont couverts de prés, la vigne occupe 4 pour 100, les vergers et autres
cultures fruitières comportent 2.60 pour 100.

En résumé, 64,50 pour 100 du sol français sont exclusivement consacrés à procurer à ses habitants les aliments dont ils ont besoin. Le reste
du territoire comprend les bois, les terres vagues, les routes et chemins,
les eaux de toute nature et les bâtiments.

DEUXIÈME PARTIE

LES GRAINS

I

LE BLÉ ET LES GRENIERS DE L'EUROPE

La Beauce, la Hongrie, la Russie, la Lombardie. — Les blés d'Égypte. — Les blés américains et indiens. — Le Canada et les États-Unis. — Blés tendres et blés durs. — Les fraudes.

Nous ne risquerons point ici une étude spéciale du pain. Pour la faire complète ou même simplement suffisante, pour dire sur la question ce qu'elle comporte d'essentiel, il nous faudrait entrer dans de longs développements. Cet aliment primordial des peuples civilisés touche à tant de problèmes divers que nous avons dû limiter le cercle de notre exploration, et que nous nous bornerons à fournir quelques explications sur les matières premières auxquelles nous demandons le pain.

De tous les végétaux connus, le blé ou froment est le seul qui soit inconnu à l'état sauvage. En effet, depuis qu'un germe de civilisation a paru parmi les hommes, sa culture fut leur préoccupation et il est devenu le pivot du mécanisme social.

Le blé intéresse toutes les classes de la société. C'est la question qui prime toutes les autres et qui a sur chacune un retentissement considérable. De la bonne ou de la mauvaise récolte, on peut le dire, dépendent, du moins pour la France, les résultats économiques de toutes nos institutions politiques et sociales. L'expérience nous a appris que les gouvernements peuvent impunément commettre des fautes et se désintéresser de leurs conséquences si la récolte, par son abondance, a amené l'aisance dans les diverses classes de la nation. Avec une belle récolte en froment, les affaires prennent un essor facile; rassurés, sans souci du lendemain par suite de la reprise des travaux, de la certitude du salaire, les esprits sont enclins à l'indulgence; on voit largement les choses, et la confiance générale ne s'alarme pas de quelques intérêts matériels ou moraux en souffrance. Si, au contraire, une mauvaise année se présente, nécessitant la demande au dehors de grandes quantités de céréales, la situation change complètement. Au lieu de recevoir de l'argent en abondance, la culture voit ses recettes baisser, un arrêt prononcé se manifeste

Le blé.

dans toutes les affaires. Abondant la veille encore, l'argent se fait rare et d'autant plus rare qu'il faut le porter à l'étranger en échange de grain. Pour la France seule ce déplacement monétaire n'est pas inférieur à 300 à 400 millions de francs lorsque la récolte est au-dessous de la moyenne.

Dans cette situation, les esprits, aigris par le besoin, inquiétés par le manque de travail, avides de compensations, sont mal disposés; les moindres actes des gouvernants sont critiqués, blâmés; les fautes sont grossies et deviennent des armes contre eux. Il suffit d'ailleurs de jeter les yeux en arrière de nous, de feuilleter les pages de notre histoire nationale pour voir que presque tous les grands mouvements de l'opinion publique ont été amenés à la suite de pénurie, de mauvaises récoltes, et que plus d'une fois, au contraire, des gouvernements battus en brèche, mal vus par l'opinion, se sont maintenus ou prolongés grâce au secours que leur apportaient des récoltes prospères.

Il y a donc, en France du moins, un énorme intérêt à connaître les résultats de la récolte : le gouvernement y emploie tous ses soins, le particulier qui sait calculer voit quel usage il devra faire de son budget personnel pour le maintenir en équilibre.

Dans notre pays, climat essentiellement tempéré, où les besoins physiques sont, par conséquent, normaux, l'on calcule que la répartition de la nourriture se fait à peu près ainsi pour chaque individu :

Pain. . . . . 33 pour 100
Viande 14   —
Lait 13   —
Aliments divers, épicerie, etc. . . . 40   —

En certains cas cependant, et dans les ménages chargés d'enfants, la dépense pour le pain absorbe jusqu'à 48 pour 100 de la somme affectée à la nourriture.

Il faut le dire bien haut, une immense amélioration s'est produite dans le régime de la nation depuis deux siècles. Sous le règne de Louis XIV, la France, épuisée par les guerres et le faste du grand roi, fournissait à grand'peine par jour à chacun de ses habitants 300 grammes d'un pain noirâtre et peu substantiel; aujourd'hui la moyenne de la consommation quotidienne est de 600 grammes.

Le tableau suivant est plein d'intérêt ; il montre la consommation du pain par chaque habitant, pour l'année, dans plusieurs de nos villes importantes :

Le Puy . . . . 334 kilog.   Tourcoing . .. . 282 kilog.
Mende . . . . 296 —   La Roche-sur-Yon. 273 —
Saint-Lô . . . 293 —   Nantes . . . . 271 —
Clermont - Ferrand   Évreux . . . . 252 —
  et Tarbes . . 294 —   Tulle . . . . . 252 —

Orléans, Versailles, Belfort, Valence, Laon, Paris, Digne, Montpellier, Angers, Moulins, sont celles où l'on mange le moins de pain. A Paris, la consommation ne dépasse point 152 kilog. par tête.

Tout cela revient à démontrer l'intérêt immense qui s'attache au prix du pain, la nécessité, pour une nation agricole, de récolter chez elle le blé dont elle a besoin, et à quel point s'impose à un gouvernement le devoir de veiller, au dedans et au dehors, à assurer à ses administrés l'alimentation facile et bonne.

On s'explique donc les efforts souvent prodigieux faits par chaque peuple pour assurer son approvisionnement et ne pas laisser sa nourriture dépendre de l'étranger. Les parties du territoire les plus propres à fournir cet approvisionnement ont donc, par la force des choses, acquis une valeur, une prépondérance qui s expliquent aisément.

On comprend dès lors l'importance de l'éloge prononcé par les gens de culture lorsque, voulant désigner la haute valeur d'une terre, ils disent d'elle : « C'est une terrre à blé de première qualité. »

En France, où notre agriculture est groupée par régions présentant les plus grandes analogies de climat et de méthodes de culture, nous possédons de riches terres à blé dans les contrées autrefois désignées sous les noms de Flandre, d'Artois, de Picardie, d'Ile-de-France, de Beauce, de Brie.

La Beauce principalement jouissait d'une renommée universelle due à son incomparable production de céréales ; elle mérite encore cette renommée. Toutefois, les immenses progrès apportés dans l'agriculture des Flandres et de l'Artois, par suite du développement des cultures industrielles dans nos départements du Nord, ont fait passer ces pays en tête de nos producteurs de blé, la Beauce ayant consacré une grande partie de ses terres à la culture industrielle et au développement du bétail.

Mais tous les pays où le froment est la base de la nourriture ne fournissent pas la quantité de grain voulue à la fois pour la consommation et pour les ensemencements ; il faut que les contrées plus favorisées viennent à leur aide.

Certains pays semblent spécialement affectés à ce rôle de bienfaiteurs. La nature les a doués d'une fécondité qui semble inépuisable et les désigne tout naturellement à l'attention de ceux qui ne peuvent se suffire. En Europe, la Hongrie, la Lombardie, la Russie méridionale ; en Afrique, l'Égypte et parfois l'Algérie ; en Asie, les Indes anglaises ; dans le Nouveau-Monde, les États-Unis sont devenus les greniers de l'Europe, du monde entier.

La Hongrie contient sur une étendue d'environ 500 kilomètres des terres d'une fertilité inouïe, qui sont le fond d'un ancien lac où se sont accumulées durant de longs siècles les alluvions de diverses rivières ; c'est la fameuse *pudzta* magyare d'où proviennent d'énormes quantités d'un blé recherché sur tous les marchés. Pesth est devenu un des centres les plus importants de l'Europe pour le commerce des céréales ; ses farines ont acquis une réputation européenne, et elles soutiennent jusqu'au Brésil même la concurrence avec les farines américaines.

Les Terres-Noires de Russie, en alimentant le marché d'Odessa, assurent à la consommation un approvisionnement immense.

Chacun sait que la Lombardie nourrit de son grain le reste de l'Italie qui en manque bien souvent. Les terres grasses de la vallée du Nil continuent à produire, comme du temps des Pharaons, de grandes masses de blé qui prennent souvent le chemin de l'Europe.

Mais ce sont surtout les blés américains qui, tout en rassurant le vieux monde contre une disette possible, ont toutefois jeté la perturbation parmi les agriculteurs à cause du bas prix auquel ce produit des États-Unis peut parvenir en Europe.

Des cris d'alarme ont été poussés de divers côtés par nos producteurs qui se sentaient menacés. Les économistes, les protectionistes aussi bien que les libres-échangistes, se sont occupés de la question, et les arguments les plus variés, les plus solides en apparence, ont été apportés de part et d'autre pour combattre comme pour favoriser l'entrée des blés américains.

On a cherché à calmer les inquiétudes en faisant valoir que si, en réalité, le Nouveau-Monde possède d'incommensurables étendues où le blé peut venir, les récoltes sont maigres par rapport aux espaces cultivés, que là où le blé se sème depuis un certain nombre d'années la terre est déjà au même degré d'épuisement que celle d'Europe, que les fumures lui sont inapplicables à cause de la difficulté des transports, et que le producteur est dans l'entière dépendance de l'industrie des transports, qui abuse souvent de ses avantages. On affirme encore que la condition financière du cultivateur américain, envisagée à un point de vue général, ne lui permet que des opérations très restreintes et que son sort est loin d'être digne d'envie ; enfin on déclare que dans les contrées où la culture est pratiquée depuis longtemps, c'est-à-dire dans les vieux États de l'Union, les frais de production égalent, s'ils ne dépassent, ceux de l'agriculture européenne.

Les protectionistes, ceux qui redoutent l'écrasement des cours, démontrent de leur côté combien sont faibles les prix de revient du blé américain. Ils invoquent l'absence presque totale d'impôts, le bas prix d'exploitation, et ils établissent que le blé américain peut paraître sur nos ports au prix de 18 francs l'hectolitre. En effet, les prix, à Chicago, le grand marché des États-Unis, varient de 13 à 15 francs seulement l'hectolitre. Les moyens de transports étant nombreux et perfectionnés dans l'Amérique du Nord, la concurrence des compagnies entre elles abaisse singulièrement la dépense du transport jusqu'aux pays de consommation. Pour venir de Chicago à New-York par voie ferrée les grains ne payent qu'un franc par hectolitre ; de New-York au Havre le fret est de deux francs. En outre, le Canada, qui se pose en concurrent redoutable pour les États-Unis dans chaque branche de l'industrie, s'est lancé dans une suite de travaux immenses ayant pour but de rendre accessible aux plus gros navires la navigation des lacs en élargissant et en approfondissant les canaux de communication. On peut déjà entrevoir le jour prochain où un navire chargera directement à Chicago et, descendant le Saint-Laurent, portera sa cargaison sans rompre charge à Londres, à Hambourg, à Anvers, au Havre, à Livourne. On compte que quand ces travaux seront exécutés le fret de l'hectolitre de blé sera abaissé à 1 franc 75 entre l'Amérique et l'Europe.

Ce seront alors non seulement les blés de l'Illinois et des États voisins

Faucheuse mécanique.

qui viendront ravitailler le vieux monde, ce seront aussi ceux de l'immense vallée de la rivière Rouge, celle qui parcourt les contrées nord et va se jeter dans la baie d'Hudson sous le nom de fleuve Nelson. Dans cette vallée privilégiée, la culture du blé donne des résultats incroyables. Les blés de Californie viendront eux-mêmes emprunter la navigation des lacs pour pénétrer jusqu'en Europe.

Devons-nous juger de l'avenir par le présent? Il est assez difficile de se prononcer ; car, depuis 1860, où l'exportation était de 540 150 hectolitres, elle s'est élevée jusqu'à 50 525 000 d'hectolitres. Cet énorme accroissement n'a pas augmenté depuis quelques années ; il tend à décroître par suite de la concurrence que les blés de l'Inde viennent faire aux blés d'Amérique sur les marchés européens, d'où ils les chasseront probablement un jour.

Chicago, qui est le centre de cet énorme commerce, reçoit, rien qu'en céréales diverses, plus de trois millions de tonnes ayant une valeur approximative d'un demi-milliard; elle exporte les sept huitièmes de cette immense quantité de denrées.

Les manipulations que nécessite cet effroyable amoncellement de

Battage mécanique.

grains se font au moyen d'appareils spéciaux appelés *élévateurs,* dont nous possédons un exemplaire dans le port de Bordeaux. Celui-ci est flottant, tandis que ceux de Chicago sont fixés au bord des quais.

Un tube, ou cylindre mobile, est placé en dehors de l'appareil et va plonger dans la cale des navires accostés le long de l'élévateur ; il pompe et aspire le grain, soit par l'action du vide, soit au moyen d'une chaîne à godets. Au sortir du cylindre aspirateur, le blé tombe dans une sorte de caisse à bascule d'une dimension déterminée, où il subit l'opération du pesage. Son poids connu, le blé continue à circuler dans une série de trémies et de cribles où il est classé en même temps que ventilé. De là il est embarqué en wagons ou mis en sacs d'un poids uniforme.

Un appareil de ce genre construit dans de bonnes conditions manipule 163 000 kilogrammes de froment à l'heure et livre entre vingt-deux et vingt-quatre sacs par minute. Ces merveilleux greniers automatiques sont une des curiosités de Chicago ; ils ont, d'ailleurs, largement contribué à sa prospérité par l'importance des services qu'ils rendent.

On ne pourrait appliquer aux grains d'Amérique un traitement coûteux, tant leur valeur intrinsèque est restreinte dans la contrée, puisque son prix, au Kansas, est le même que celui du bois à brûler en France.

Il se traite des affaires colossales dans cette ville de Chicago, et le plus ou moins d'opérations traitées avec notre pays y a un retentissement immense ; car la France achète, à elle seule, le huitième de tout le blé exporté par les États-Unis.

On peut en juger encore par ce fait que, lorsque le gouvernement français jugea convenable de frapper d'un droit supplémentaire de 3 francs les blés étrangers, les cours, qui étaient de 15 francs les 100 kilogrammes, tombèrent immédiatement à 11 francs, et que les expéditions directes préparées pour la France, qui se montaient à environ un million et demi de tonnes, descendirent en vingt-quatre heures à 54 240 tonnes, avant même que la loi fût applicable.

Des alarmes non moins vives ont agité le monde des agriculteurs et des commerçants lorsqu'on a vu apparaître sur les marchés européens les blés de l'Inde.

Dans ce pays d'inépuisable fertilité, dont le sol, reposé par une longue inaction ou régénéré par les débordements des fleuves, présente des espaces sans fin, l'on a, depuis quelques années, consacré près de 110 000 hectares à la seule culture du blé. La récolte moyenne de 7 000 000 de tonnes environ est toute destinée à l'Europe depuis qu'on a aboli le droit de sortie et procuré, par la construction de chemins de fer, le transport facile des denrées.

Le marché de Londres apprécie particulièrement les blés indiens à cause des belles farines qu'ils produisent; la France, à son tour, va s'en trouver bientôt inondée. Depuis 1880, l'importation a considérablement augmenté; la France en reçoit directement à peu près 2 500 000 quintaux métriques dont le prix de vente, à Marseille, n'a point dépassé 12 francs l'hectolitre. Comment en être surpris? Dans ce pays où la terre est presque sans valeur, tant elle abonde, où la main-d'œuvre est à un prix dérisoire parce que, malgré la densité de population qui est supérieure même sur certains points à celle de la Belgique, ses habitants n'ont que des besoins rudimentaires, l'hectolitre de blé ne coûte pas 5 francs à produire!

Quel que soit son lieu d'origine, le commerce classe le froment en blés tendres, demi-tendres, et durs. Les deux premières divisions comprennent : les *blés blancs,* qui rendent peu de son et sont les plus estimés à l'état de siccité et de netteté parfaites; les *blés rouges,* qui sont les plus répandus, donnent plus de son et fournissent une farine ayant plus de « corps »; les *blés bigarrés,* composés de variétés diverses semées ensemble et que les meuniers recherchent beaucoup.

Les *blés durs,* produisant une farine rude et d'une panification difficile, ne sont pas cultivés en France; la Pologne, l'Espagne, l'Algérie, la Russie méridionale s'adonnent à leur culture, parce que leur farine, très riche en gluten, se prête parfaitement à la confection des pâtes, vermicelles, macaronis, etc.

Moulu et débarrassé par le blutage d'une grande partie de ses téguments, le blé donne environ 78 pour 100 de farine; le son, résidu de la mouture, contient encore 44 pour 100 de son poids de matières assimilables.

Le produit de la mouture, la farine, est loin d'avoir une composition homogène : le cœur du grain fournit la plus belle, la plus blanche, la plus fine farine, celle qu'on nomme « la fleur », mais c'est la moins nourrissante. La zone entourant le noyau farineux est un peu plus résistante et donne le « gruau blanc ». En mélangeant ces deux sortes on a la farine employée dans la confection du pain blanc ordinaire. Enfin la couche extérieure de ce noyau, plus dure encore que la précédente, constitue le « gruau gris » ou gluten qui, additionné de plus ou moins de son, donne le pain bis. Cette dernière partie du grain de blé est la plus utile, c'est celle qui fournit la matière azotée, nourrissante.

Il est, en effet, reconnu par les autorités scientifiques les plus compétentes que le pain blanc n'est qu'un pain d'amidon, constituant un aliment incomplet.

On peut rappeler ici l'expérience bien connue faite à l'académie de médecine : un chien en bonne santé, nourri exclusivement avec du pain très blanc, est mort au bout de cinquante et un jours. Cet animal ne trouvait pas dans cet unique aliment assez de matières azotées pour sa subsistance.

Dans les familles aisées l'usage du pain blanc offre peu d'inconvénients.

La moisson en France.

parce que l'élément azoté est fourni par les viandes et le poisson qui composent en grande partie leur régime ; mais les familles où les végétaux forment la base de l'alimentation doivent préférer le pain bis ou gris au pain dit blanc.

Au point de vue alimentaire, les blés valent donc suivant la proportion de gluten qu'ils contiennent. Les blés durs sont les plus pauvres en amidon ; par contre, ils sont les plus riches en gluten : c'est la condition inverse qui se rencontre dans les blés tendres. La reconnaissance de la proportion de matière protéique (de gluten) est donc d'une haute importance. Ordinairement on procède en malaxant sous un filet d'eau une petite quantité donnée de farine renfermée dans un nouet de linge. L'eau entraîne l'amidon, et quand l'opération est à point l'on constate par une pesée la proportion de matière nutritive. Pour une analyse de quelque précision l'on se sert du microscope et de divers réactifs, dont le plus usité est une solution de cochenille, qui colore en rouge les granules de gluten contenus dans la farine.

Ces moyens ne servent pas seulement à apprécier la valeur nutritive de la farine, ils servent encore et surtout à constater des fraudes trop nombreuses qui se pratiquent sur la matière première du pain.

On a vu des farines altérées par une addition de plâtre, de craie et même de poussière d'os; mais ces grossières falsifications se rencontrent rarement. Les fraudes se pratiquent le plus ordinairement avec les farines d'orge, de seigle, de fèves, de vesce, de maïs, ou avec de la fécule de pommes de terre.

Indépendamment de ces moyens, on mélange encore les farines provenant de toutes les graines parasites qui poussent avec le blé et qu'on a le soin de ne pas extraire avant la mouture.

II

LE SEIGLE

Le pain. — Propriétés nutritives et hygiéniques. — Consommation. — Le méteil. —
L'ergot. — Distillation.

La plus précieuse des céréales après le blé, le seigle, est cultivée par toute l'Europe. Néanmoins, ce grain est l'apanage des pays froids, des terres dont la fertilité restreinte ne permet pas la culture du blé. Il résiste beaucoup mieux au froid ; en outre, il parcourt plus rapidement les diverses phases de sa végétation. La coupe du seigle, dans nos contrées, se fait bien avant celle du blé.

Sa farine se prête convenablement à la panification ; quoique moins riche en matières azotées, elle donne un pain très appréciable, se gardant plus longtemps que le pain de froment à l'abri des altérations et de la dessiccation, par suite des quantités relativement importantes de gomme et de dextrine qu'elle contient.

Le pain de seigle possède une saveur aigrelette particulière assez appréciée tout d'abord et dont on se lasse en peu de temps ; il possède des propriétés rafraîchissantes souvent utilisées par la médecine.

Dans le nord de l'Allemagne et en Russie on préfère le pain de seigle au pain de froment. Chez nous, en France, il constitue le sixième de la consommation du pain. Mais dans beaucoup de nos départements du nord l'on pratique un mélange de seigle et de blé qu'on nomme méteil ou conseigle. Quand l'alliance du seigle se fait avec de l'orge on lui donne le nom de mouture ou passe-méteil, selon la proportion de seigle employé.

Cette céréale est sujette à un genre d'altération qui lui est particulier ;

au moment de la maturation ce grain est envahi par un cryptogame qui lui fait prendre, en longueur surtout, un développement anormal, le rend dur, et colore sa surface en brun violacé; c'est la maladie connue sous le nom d'ergot. Dans cet état il acquiert des propriétés virulentes qui rendent l'usage du seigle ergoté essentiellement nuisible dans l'alimentation, mais qui le transforme en un médicament spécial d'une grande énergie.

Dans le nord de l'Europe et principalement en Angleterre, le seigle est employé pour la fabrication des alcools et des eaux-de-vie appelés « genièvre ». Les Russes en extraient le « kwas », boisson analogue à la bière. Cuit et mêlé avec des poids et des féveroles, il sert à l'engraissement des bestiaux. Sa tige verte fait un beau fourrage et dans certains cas s'enfouit pour donner une fumure; sèche, elle constitue les liens des gerbes de froment; on en fait de la litière, des chapeaux communs, des nattes ou des calottes de ruches.

Battage à la main.

III

L'ORGE ET LA BIÈRE

Zone de culture étendue. — Le pain d'orge. — En Orient, l'orge remplace l'avoine. — Le malt. — Les grandes malteries. — Les malteries agricoles.

L'orge est encore une des céréales les plus employées dans l'alimentation de l'homme et des animaux. La rapidité de sa végétation permet de la cultiver sous les climats les plus divers, depuis les contrées intertropicales jusqu'aux régions les plus froides. Sa culture se rencontre fréquente et prospère le long des rives de l'Yénisséi, de l'Obi, de la Léna, jusque sous le 67ᵉ parallèle.

Le pain qui en provient est mat, peu levé, peu nourrissant, parce que l'orge ne contient qu'une très minime proportion de gluten ; aussi, dans plusieurs contrées, a-t-on l'habitude d'y joindre une certaine quantité de froment. De là ce dicton populaire : « grossier comme du pain d'orge ».

Dans tout l'Orient, l'orge remplace l'avoine pour la nourriture des chevaux en ayant soin de ne pas dépasser certaines limites.

Dans nos régions, l'orge est largement employée pour la production d'une grande partie de l'amidon du commerce, pour l'extraction d'une eau-de-vie commune, mais surtout pour la fabrication de la bière, dont elle est, sous le nom de *malt*, un des principes essentiels.

Le malt est le grain de l'orge amené à un degré de fermentation qui facilite la transformation de son amidon en sucre, puis en alcool et en acide carbonique.

On obtient cette fermentation en mouillant le grain et en l'accumulant de façon à ce qu'un certain échauffement de la masse produise un commencement de germination. Quand le germe sort du grain on arrête la

       NOS ALIMENTS

fermentation, l'orge est mise à sécher soit dans une étuve, soit sur un fourneau de forme particulière, puis écrasée sous un moulin. En cet état le grain est devenu du malt.

Selon la température qu'il a subie, le malt a pris plus ou moins de couleur et se classe en pâle, en ambré, et en brun.

Il est ensuite livré aux brasseries, qui l'emploient suivant son degré de coloration pour faire de la bière blanche, de la bière blonde ou de la bière brune.

La réussite des bières dépendant beaucoup de la qualité du malt, il

Orge et avoine.

s'est créé, dans les pays de grande consommation de bière, des usines spéciales pour le traitement de l'orge. On y travaille de grandes quantités à la fois; les manipulations nombreuses que nécessite le malt y sont exécutées mécaniquement, et de vastes étuves à plusieurs étages permettent de modérer avec précision la germination du grain. Dans les grandes brasseries, ce premier traitement de l'orge a lieu sur place.

La difficulté d'obtenir un bon produit, la certitude d'un bénéfice élevé a conduit les agriculteurs à monter des malteries rurales. Ils trouvent dans cette industrie annexe un travail productif et ne nécessitant pas un matériel coûteux. En France, où la culture de l'orge représente à peu près le cinquième de celle du blé, ces malteries rurales n'ont pas été répandues très largement; il en est tout autrement en Angleterre, en Belgique, en Prusse et tout le long du Rhin, où l'on a mieux compris ou mieux su appliquer dans la ferme cette industrie profitable.

IV

LE RIZ ET LE MAÏS

Il n'est peut-être pas de céréale plus universellement répandue que le riz à l'état sauvage. Le bord des eaux d'Afrique, celles de l'Amérique du Nord sont absolument couverts de riz sauvage, dont l'abondance est un obstacle pour aborder au rivage.

A l'état de culture, le riz forme la base de l'alimentation des peuples asiatiques, surtout des peuples indiens et chinois. L'Amérique centrale, les Antilles, les îles de l'Océan Indien, l'Italie s'adonnent aussi à la culture de ce grain.

Bien que largement employé dans le régime de certaines nations, il ne faut se faire aucune illusion sur sa valeur nutritive; elle est presque nulle. Celui qui en fait sa nourriture exclusive, ainsi qu'il arrive parmi les Indiens et les Chinois des classes pauvres, est obligé d'en absorber une quantité considérable pour se soutenir. Il faut noter encore que, dans les pays où le riz est abondamment consommé, il est toujours accompagné de substances bien nutritives, principalement de poisson, comme en Chine et au Japon. Sans cette adjonction d'aliments azotés, le riz produit sur l'économie le même effet que les tubercules de la pomme de terre; il remplit l'estomac de principes amylacés. C'est un aliment simplement respiratoire.

Le riz a besoin pour prospérer d'être constamment baigné par l'eau :

4

c'est pourquoi sa culture est toujours confinée dans les plaines basses et marécageuses. En Chine, dans les régions montagneuses où la difficulté des transports ne permet point d'apporter ainsi que dans le reste de l'empire les approvisionnements de riz tirés des provinces du sud, l'on supplée à force d'adresse et d'industrie aux conditions favorables qui manquent. Les flancs des montagnes de certains districts sont absolument convertis en terrasses étagées entourées de petites digues contenant l'eau nécessaire à la croissance de la plante. Des retenues pratiquées en des endroits convenables laissent écouler l'eau de gradin en gradin jusqu'au bas de la montagne.

Dans certaines provinces trop inondées, au contraire, c'est sur des radeaux de bambous supportant un lit de terre qu'on le cultive, au milieu même de la rivière, qui fait monter et descendre avec son niveau souvent variable ces jardins d'un nouveau genre.

En Europe, c'est surtout l'Italie qui s'adonne à cette culture. Dans les parties basses du Piémont et de la Lombardie, principalement dans le bassin du Pô, l'on traverse des contrées entières où l'on ne voit que des rizières à perte de vue. Il faut à la plante des irrigations continuelles, un perpétuel renouvellement d'eau. Les pays où l'on se livre à cette culture sont extrêmement malsains, les fièvres y règnent en permanence; cela se comprend aisément, puisque la surface des rizières, alternativement inondée, puis exposée à l'ardeur du soleil, est sans cesse en fermentation et dégage des miasmes délétères : aussi la *mal'aria*, ou fièvre paludéenne, y fait-elle chaque année de nombreuses victimes, malgré la précaution généralement prise par les travailleurs des rizières de remonter dans la montagne aussitôt leurs travaux terminés.

Ces travaux et les soins d'entretien de cette culture sont donnés par des femmes qui circulent jambes nues à travers les planches ensemencées de riz. Ces malheureuses ont en outre à lutter contre les sangsues qui pullulent dans ces eaux tièdes et stagnantes, et qui s'accrochent à elles pour les sucer.

La culture du riz n'est possible que si l'on dispose d'eaux tièdes et abondantes. Les étendues qu'on y consacre doivent toujours être bien planes et horizontales, afin d'être également arrosées partout.

Chaque année, après la récolte, on met les rizières à sec en renversant les digues qui retenaient l'eau, et l'on trace de longs sillons permettant l'écoulement de l'eau pendant l'hiver. Au printemps, après une fumure et un labour, on relève les digues abattues et l'on remplit d'eau à la hauteur de 0^m,05 environ. La rizière est prête à recevoir la semence, qui s'y répand à la volée, à même l'eau.

Il ne faudrait pas croire que la paille de la récolte soit utilisée à la confection de chapeaux et autres objets dits en *paille de riz :* ce que l'on désigne sous ce nom dans le commerce, ce sont des filaments de bois tressés à Carpi et provenant d'une espèce de saule.

La récolte du riz a, dans l'Extrême-Orient, la même importance que celle du blé chez nous. Son abondance où sa pénurie influe fortement sur l'économie générale du pays. Pour s'en convaincre il suffit de rappeler deux faits où la France, en guerre avec ces populations, n'eut raison d'elles qu'en frappant sur la récolte.

Le riz.

Au moment où nous combattions pour la première fois les Annamites, en 1859, la prise de Saïgon fut un de nos plus glorieux faits d'armes. La place était d'une importance du premier ordre; mais le chef de l'expédition, ne pouvant ni ne voulant détacher pour sa garde un corps de troupe dont il avait besoin ailleurs, se voyait à la veille de perdre tous les fruits de sa victoire. Lui parti, les mandarins annamites rentraient dans la place abandonnée, puis reprenaient contre la France la série des intrigues qui soulevaient le pays. Heureusement l'amiral commandant sut que la récolte de riz avait manqué dans les provinces et qu'on comptait, pour subsister, sur les approvisionnements véritablement immenses qui encombraient la citadelle. Son plan fut aussitôt arrêté. Avant de se retirer, il incendia les provisions de riz contenues dans la citadelle et y fit mettre le feu de telle façon que, couvant partout à la fois, il fut impossible de rien sauver. Ce que n'avait pu obtenir ni notre diplomatie ni la valeur de nos soldats, la perte de leurs subsistances l'arracha aux Annamites. De ce jour nous eûmes un pied en Cochinchine.

Les magasins incendiés étaient si abondamment pourvus, dit un témoin oculaire, que, repassant à Saïgon plus de quatre mois après, nous pûmes constater que le feu durait encore; en enfonçant nos cannes dans les tas de grains réduits en cendres, nous les retirions ayant le bout carbonisé.

Un fait du même genre a eu, sur la campagne de 1884-85 contre la Chine, une influence déterminante. L'illustre amiral Courbet, connaissant bien l'ennemi auquel il avait affaire, avait jugé que le meilleur moyen d'en avoir raison était d'empêcher le nord de la Chine, Pékin principalement, de recevoir du sud sa provision habituelle de riz. A cet effet, il menaça d'établir le blocus du golfe de Pe-Tche-Li, certain d'arrêter au passage les jonques et les navires chargés de riz. Cette mesure fut si sensible au gouvernement chinois, qu'après une résistance de quelques mois il se hâtait de traiter avec la France, beaucoup plus dompté par la question des vivres que vaincu par les exploits de notre flotte dans la rivière de Min et aux Pescadores.

Non seulement les Orientaux empruntent au riz une grande partie de leur nourriture, mais ils tirent de ce grain une eau-de-vie spéciale. Celle-ci, nommée « rac » ou « arrack », est particulièrement forte et ne saurait être supportée par les palais européens.

Nous avons dit que l'absence de gluten empêchait la farine de riz d'être propre à la panification, mais elle fournit à la cuisine et à la pâtisserie les éléments de nombreuses préparations. De plus, les industries anglaise et belge en extraient de grandes quantités d'amidon que les blanchisseries et les apprêteurs d'étoffes absorbent complètement.

Sous les noms de crême de riz, de poudre, d'orizaline, de duvet, etc., la parfumerie en fournit de notables quantités pour la toilette des dames.

Faisons remarquer en passant que l'on appelle à tort *papier de riz* ces feuilles d'un grain mat et fin, d'un aspect doux et artistique, sur lesquelles les Chinois et les Japonais excellent à peindre avec les plus vives couleurs des fleurs, des animaux et des scènes variées. Le riz ne contribue en rien à ce produit : ces feuilles si douces et si minces sont faites avec la moelle de l'*aralia papyrifera*, qui est découpée en feuillets très minces par des ouvrières d'une extrême habileté. Ces feuillets sont ensuite simplement mis en presse, puis satinés.

Le riz recèle un principe colorant dont on peut constater aisément la présence rien que par une immersion suffisante dans l'eau. Ce corps, qui a reçu des chimistes le nom d'oryzalinine, a des propriétés tinctoriales analogues à celles de l'indigo, et dont la découverte a vivement alarmé les indigoteries des Indes anglaises. On assure que, malgré l'excellence du produit et à cause de son bas prix de revient, une sorte de conspiration du silence s'est faite autour du procédé industriel révélé par l'inventeur.

Bien que son lieu d'origine soit assez mal déterminé, l'on considère le maïs ou blé de Turquie comme étant originaire du Nouveau-Monde. En tous cas il y était cultivé sur une grande échelle par les populations autochthones ; soit au Pérou, soit au Mexique, les Espagnols trouvèrent

Le maïs.

cette culture établie d'une façon générale. Les tombeaux les plus anciens donnent des restes de maïs. Des contrées entières, dans les États-Unis, sont couvertes d'extumescences d'un caractère spécial, que les archéologues nomment des *buttes à maïs* et qu'ils attribuent aux habitants primitifs, lesquels étaient de grands consommateurs de cette céréale.

En donnant au maïs la place énorme qu'il occupe dans leurs cultures, les Américains de nos jours ont suivi une tradition longuement établie, en même temps qu'ils s'assuraient les ressources d'une des plantes les plus fertiles de leur sol. Nulle part, en effet, le maïs n'est cultivé sur une aussi vaste échelle ; du 41° degré de latitude sud au 45° nord et jusqu'à une altitude de 2 600 à 2 800 mètres, il occupe une surface donnant comme récolte cinq fois autant que le blé.

Toute l'Amérique du Nord pourrait être nourrie avec le seul maïs récolté sur son territoire, et l'on estime que deux millions de fermiers se livrent à sa culture.

Le maïs vient grandement en aide à l'Irlande quand sa récolte de pommes de terre vient à manquer. Toutefois ce cas ne suffit pas à expliquer l'importation des grandes quantités reçues maintenant par l'Europe. Ce grain est fort recherché pour l'engraissement de la volaille. Il se substitue en grande partie à l'orge dans la fabrication de la bière, en Allemagne comme en Angleterre. Il est soumis par grandes masses à la distillation et l'on en tire d'importantes quantités d'amidon. Aux États-Unis il alimente même des sucreries de première importance.

Le grain, ordinairement broyé avec son péricarpe, donne une farine d'un jaune pâle assez fine, mais impropre à la panification si elle est employée seule. Il n'y a qu'au Mexique et dans l'Amérique centrale que l'usage antique des galettes de maïs cuites sous la cendre s'est conservé. Ces sortes de pains compactes, sans levain, se préparent en délayant simplement dans l'eau, jusqu'à consistance convenable, la farine grossière qu'emploient les habitants de ces contrées. Cette farine est fournie par le grain qui se trouve concassé bien plutôt que moulu au moyen de pierres cylindriques manœuvrées par les femmes sur une table de pierre. La pâte plus ou moins ferme ainsi obtenue est aplatie et glissée sous la cendre du foyer. Il en résulte une galette charbonneuse à l'extérieur, à peine cuite à l'intérieur, et qui fait néanmoins les délices des nationaux.

En Europe, où le maïs n'est guère connu que dans le Midi et dans nos départements de l'Est, la farine s'emploie pour la confection de la *polenta* italienne ; nos Landais et nos Gascons la mangent sous la forme de bouillies et de gâteaux qu'ils nomment *toulbe, milliasse* ou *farinette.* Les Francs-Comtois, grands amateurs de cette céréale, font leurs repas avec des *gaudes,* soupes épaisses où la cuillère reste debout, et qu'ils arrosent d'un bon coup de vin.

Depuis quelques années les Américains se sont appliqués à décortiquer le grain avant de le broyer. Ils en obtiennent dès lors une farine d'une finesse remarquable, qui tend de plus en plus à remplacer la fécule de pomme de terre dans la préparation des pâtisseries légères. Tous ces gâteaux secs connus sous les noms de Prince-Albert, Pic-nic, etc. etc., dont on fait tant usage maintenant, sont préparés avec de la farine de maïs.

V

LE SARRAZIN, LE SORGHO, LE MILLET

Le blé noir, appelé sarrazin parce qu'on attribue son introduction en Europe aux Arabes, est originaire de Perse. Malgré son nom de blé, ce n'est même pas une graminée ; c'est une polygonacée dont l'amande fournit une farine comestible, mais impropre à une bonne panification. Il faut, pour convertir en pain la farine de sarrazin, la mélanger avec de la farine de froment.

Dans les contrées où le sarrazin est employé comme nourriture des hommes, il se consomme sous forme de soupes plus ou moins épaisses et de gâteaux ou de galettes. Malgré la faveur dont il jouit encore dans de nombreux villages de la Bretagne, où il est la base du régime alimentaire, c'est une assez pauvre nourriture.

Il n'est personne ayant parcouru l'intérieur de la Bretagne qui n'ait été frappé de l'énorme consommation qui s'y fait du sarrazin. Étant presque dépourvu de gluten, il est un aliment réparateur très insuffisant ; il faut donc remplacer par la quantité ce que ne donne point la qualité nutritive de la plante.

Par habitude et par tradition sans doute, le Breton tient énormément à ce mets national. Dans les chaumières, à chaque repas, la famille entoure un vaste chaudron plein de la bouillie traditionnelle et se sert d'énormes écuelles de cette pâte demi-fluide et grise, dont la fadeur est

rarement relevée par un assaisonnement quelconque. Aux jours de fête,
la galette et les crêpes apparaissent sur la table. Au risque de passer pour
trop délicat, nous ne pourrions conseiller l'usage de cette pâtisserie à
ceux qui considèrent la propreté comme un des principaux mérites de
la cuisine française. En effet, quand on pénètre dans un intérieur breton
tel qu'ils étaient tous autrefois et comme il en reste encore tant, les enfants, les animaux, la volaille, les gens encombrent l'unique pièce de la
maison ; la ménagère, accroupie devant le foyer, étale sur une plaque de
fer la pâte de sarrazin ; pour empêcher l'adhérence de la crêpe, elle

Le sarrazin (blé noir).

frotte sa poêle avec un chiffon ignoblement graisseux, toujours le même,
qui, depuis plusieurs années souvent, pend à l'intérieur de l'âtre, et sur
lequel la suie, la poussière et toutes les émanations de cet intérieur ont
déposé une patine vraiment écœurante.

Les gens ne sont pas seuls à user du sarrazin : les vaches aiment particulièrement sa tige encore verte, qui a la propriété de leur faire sécréter
un lait plus butyreux. Les volailles recherchent beaucoup son grain. Il
rend encore un genre de service très apprécié des cultivateurs : fort
goûté des animaux sauvages, il est d'usage dans beaucoup de contrées
de protéger les récoltes voisines des forêts en les entourant d'une large
bande de blé noir ; le gibier, attiré par cette savoureuse pâture, ne
pousse pas au delà ses déprédations et épargne les récoltes plus précieuses.

La famille des graminées nous présente encore une plante d'un cer-

tain intérêt, qu'on nomme, suivant les pays, grand millet d'Inde, gros
millet, dura ou doura, et dont la désignation scientifique est *hougue
sorgho*. On en retire une assez forte proportion de fécule mêlée à un
principe amer et qui constitue la base de la nourriture d'un grand
nombre de peuples de l'Afrique, de quelques peuplades en Asie et en
Amérique.

Barth et Livingstone nous ont tracé de charmants tableaux recueillis
dans leurs voyages, et dans lesquels ils nous montrent l'activité de ces

Battage du sorgho en Afrique.

peuplades noires dans la culture de leur céréale, leur ardeur pendant le
battage de la récolte. Ce battage est opéré au moyen de longues raquettes
dont s'arme chaque ouvrier : réunis en nombre autour de vastes mon-
ceaux de grains, ils s'excitent l'un l'autre, gesticulent et se livrent pendant toute la durée de leur travail à une sorte de mimique souvent soutenue par la musique quelque peu barbare du village.

Les voyageurs nous dépeignent les façons de greniers suspendus dans
lesquels est resserrée la récolte, sous la protection de toits de paille artistement tressés par les femmes et posés d'un seul morceau par-dessus le
petit monument.

En Europe on donne au sorgho une destination moins relevée; cette
graminée sert surtout à la nourriture des animaux, et ses panicules dé-
barrassés de leurs fruits servent à la confection de petits balais, ce qui
lui fait souvent donner le nom de *sorgho à balai*.

Une autre espèce, le sorgho sucré, contient assez de matière saccharine pour fournir une grande partie du sucre consommé en Chine. Sa teneur en sucre est supérieure à celle de la betterave. Aux avantages qui distinguent le sorgho ordinaire celui-ci joint encore ceux de pouvoir fournir un alcool abondant et des matières tinctoriales auxquelles on attribue les merveilleuses nuances de certaines soies chinoises.

Il y a une contre-partie à ce rôle important que peut remplir le sorgho ; c'est qu'il est assez fréquemment employé, principalement en Angleterre, pour falsifier les farines ; celui d'Égypte est recherché pour cet usage par nos voisins.

On comprend sous le nom de millet les fruits de trois espèces végétales appartenant à deux genres voisins de la famille des graminées : le millet d'Italie ou millet des oiseaux, le millet commun, dont la graine est alimentaire pour l'homme et dont on tire une boisson fermentée, enfin le millet épars répandu dans nos bois, et dont la graine sert soit à faire des bouillies, soit à nourrir la volaille.

En Italie, certaines contrées pauvres n'ont point d'autre pain que celui produit avec le millet mélangé de farine d'orge, de maïs et de sarrazin ; c'est la *mestura*. Dans les régions déshéritées de la Silésie, de la Pologne, de la Poméranie, les habitants se nourrissent d'un affreux pain gluant, indigeste, fait avec la farine grossière tirée du millet. Nos soldats faits prisonniers pendant la guerre de 1870-71 se rappellent, hélas ! cruellement l'insalubrité de cette grossière nourriture, complétée par de débilitantes soupes de millet. Leur santé, fortement éprouvée par les fatigues de la campagne, s'est perdue pour beaucoup d'entre eux sous l'influence d'une pareille alimentation à laquelle ils n'étaient pas habitués comme les paysans de ces contrées misérables.

TROISIÈME PARTIE

LES VIANDES

I

L'ESPÈCE BOVINE

La nourriture animale et l'homme. — L'anthropophagie. — Digestibilité des viandes. — Conditions dans lesquelles les divers peuples recherchent la nourriture animale. — La cuisson. — Le bouillon ne nourrit guère. — Développement des qualités de la viande par le mode de mise à mort. — Les bouchers israélites. — Les abattoirs de la Villette. — Élevage et profits. — La fabrication de la viande. — Le graissage des animaux. — Importations du bétail. — Les bœufs d'Amérique ; leur élevage ; leur emploi pour la consommation. — Les viandes de Chicago. — Transport des bœufs en Europe. — Les bœufs américains ne sont pas une concurrence pour l'élevage français. — Le bétail de la *Pampa*. — Les *saladeros*. — La *carne seca*. — Expédition de viandes conservées par le froid. — Organisation des steamers. — Les viandes d'Amériques à Londres. — L'Australie approvisionne l'Angleterre.

Nourriture exclusive d'un grand nombre d'animaux, la viande est l'aliment le plus habituel de l'homme parce qu'il est le plus nutritif; on peut ajouter qu'il est pour notre organisme un des plus indispensables. Par instinct, l'homme sauvage cherche à s'en procurer, souvent au prix des plus grands efforts. Les peuplades encore en enfance, impuissantes à assurer le lendemain, ressentent à certains moments le besoin de viande et se livrent, si l'occasion se présente, au plus complet cannibalisme pour satisfaire cette impérieuse nécessité. Des voyageurs longtemps privés, eux aussi, de nourriture animale, avouent qu'ils se sont surpris parfois à envier les horribles repas de leurs compagnons d'aventures, tant cette privation devient difficile à supporter.

On est assuré que l'anthropophagie n'a d'autre origine que la pénurie de gibier et que la chasse à l'homme, si généralement pratiquée par nombre de peuplades arriérées n'est, en définitive, que le remplacement de la chasse aux animaux sauvages devenus trop rares.

Chez les peuples civilisés nous constatons un accroissement ou une diminution de la population en rapport avec la quantité de viande consommée.

Les propriétés réparatrices de la viande varient avec l'espèce à laquelle appartient l'animal, son âge, son état de santé. Ses propriétés digestives dépendent de la nature des organes, de la partie consommée, du genre de mort, du temps écoulé depuis la mort et du mode de préparation.

Les muscles sont d'une digestibilité plus grande que les glandes (foie, reins, pancréas, rate) et que le cerveau; cette propriété étant plus prononcée aux approches de la putréfaction, elle justifie dans une certaine mesure le goût de certaines personnes pour la viande dite faisandée, c'est-à-dire arrivée à un certain degré de décomposition qui amollit les fibres et les rend plus attaquables par les sucs gastriques.

Les amateurs de gibier ne sont pas seuls à rechercher les viandes avancées; leur digestibilité plus grande est reconnue depuis longtemps par de nombreuses tribus de l'Afrique équatoriale, qui ne consomment jamais leurs horribles victuailles sans que le corps à dévorer soit arrivé à un degré de décomposition avancé. Les unes vont même jusqu'à exhumer les cadavres au bout de quelques jours; d'autres font séjourner en terre durant un certain temps les morceaux sur lesquels ils ont jeté leur dévolu.

Les animaux destinés à l'alimentation doivent être abattus et non saignés, leur chair doit être rôtie ou grillée pour qu'ils fournissent la plus grande somme possible de principes nutritifs.

Les hygiénistes qui se sont occupés de cette importante question s'accordent tous pour reconnaître la nécessité de porter à 80 degrés, au moins, l'intérieur du morceau de viande que l'on cuit sans eau. Certaines viandes doivent même être portées à 90 ou 95 degrés pour être suffisamment assimilables.

La prescription est d'autant plus utile que souvent la viande rôtie est portée à une température extérieure de 100 à 130 degrés tandis que l'intérieur n'atteint guère que 60 à 65 degrés.

Cuite avec de l'eau, c'est-à-dire préparée en *pot au feu,* la viande, surtout celle de bœuf, donne le bouillon, dont la valeur nutritive est assez faible malgré le rang élevé qu'il occupe dans l'estime générale. Le meilleur bouillon ne contient que 28 à 30 grammes par litre de matières solubles, mais il a des propriétés stimulantes incontestables.

Scène d'anthropophagie chez les Battas (Sumatra).

Quelle qu'elle soit, la viande diffère de valeur nutritive avec le morceau choisi sur l'animal. Les parties les plus substantielles sont les muscles épais qui ont le moins fatigué, par conséquent le train de derrière, y compris l'aloyau, le filet et les parties correspondantes des côtes. Les muscles des jambes, ceux du cou, des joues et du ventre, ceux dans lesquels figurent plus ou moins abondamment des parties tendineuses ou aponévrotiques sont de qualité inférieure.

Dans l'état social actuel, l'homme ne demande qu'aux animaux domestiques la viande nécessaire à sa nourriture; les efforts tendent constamment à donner à cette viande des qualités de plus en plus savoureuses au moyen de croisements de races et de soins appropriés.

Cette saveur tant recherchée est obtenue jusque par le choix des moyens employés pour mettre l'animal à mort.

D'ordinaire, on assomme à coups de merlin le bœuf, le taureau, la vache; après quoi on les saigne. Le veau, le mouton, le porc sont égorgés.

Afin d'éviter les accidents qui se produisent quelquefois dans l'abatage des bœufs, et pour épargner aux animaux les souffrances d'une agonie prolongée, on a essayé de substituer divers systèmes à l'antique merlin vigoureusement manié. On a employé une sorte de frontal contenant une courte et solide broche qui s'enfonçait, comme un emporte-pièce, dans le crâne de l'animal; on a placé entre les deux cornes des cartouches de dynamite; enfin on a foudroyé au moyen de piles puissantes; ces procédés ont été délaissés successivement, et l'on en est toujours revenu au classique assommage.

Cependant les bœufs destinés aux consommateurs israélites sont invariablement égorgés, afin de suivre les prescriptions de la loi mosaïque. L'animal est amené, le poitrail découvert, devant le sacrificateur, qui lui coupe la gorge avec un grand couteau. Par l'immense plaie béante le sang jaillit à flots pressés au milieu des convulsions de la victime et s'écoule jusqu'à la dernière goutte.

A Paris, les bouchers israélites se reconnaissent à une enseigne marquée de caractères hébraïques et placée dans l'endroit le plus apparent de leur étal. Les fidèles observateurs de la loi juive qui n'ont pu assister à l'immolation de l'animal, trouvent là des viandes dont l'orthodoxie leur est garantie par un timbre qu'y appose un délégué de la synagogue.

Un des services les plus beaux et les mieux entendus de la ville de Paris est celui des abattoirs de la Villette.

Autrefois disséminés sur plusieurs points de la ville, ces établissements sont, depuis 1867, tous groupés en un vaste ensemble comprenant le marché aux bestiaux et les abattoirs. Le tout occupe une surface de 45 hectares.

Les chemins de fer y déchargent directement leurs wagons. De vastes étables permettent aux animaux arrivant de loin de se reposer avant de paraître sur le marché. D'immenses pavillons peuvent contenir à la fois : l'un 4 000 bœufs, le second 22 000 moutons ; un troisième 7 000 porcs et 4 000 veaux.

Quant aux abattoirs proprement dits, lesquels occupent la majeure partie de l'espace consacré à cette ville de l'approvisionnement, c'est une merveille d'organisation, de distribution d'eau claire et d'écoulement des

Bœuf du Hereford.

eaux sales. Une propreté minutieuse préside à chacune des opérations qui s'y pratiquent, de façon à éviter toutes les causes de pestilence.

Malgré les soins donnés à l'élève du bétail, malgré l'énormité de certaines bêtes que l'on montre avec orgueil dans les concours, le poids moyen des bœufs livrés à la consommation est plus faible qu'on ne se l'imagine généralement. A Paris, il flotte entre 350 et 400 kilogrammes sur pied ; lorsqu'on a retiré de l'animal la peau, les os, les cornes, la graisse, le sang et les entrailles il ne reste plus que 55 à 60 pour 100 du poids brut. Aussi toute la science du reproducteur tend-elle à obtenir des animaux chez lesquels le cinquième quartier (terme servant à désigner tous les abats et déchets) atteigne les proportions les plus réduites.

Ce serait une illusion de croire que ces animaux gigantesques tant admirés dans les expositions d'agriculture soient des exemples à imiter. Ce sont des produits extraordinaires dont chaque kilogramme, dépassant le poids commun, coûte fort cher au reproducteur et doit se vendre un prix élevé.

Il importe de bien comprendre que l'agriculture étant une industrie comme une autre, cherchant à solder ses opérations par un bénéfice, les éleveurs préfèrent surtout les races produisant au meilleur compte un sujet dont ils auront facilement la vente à un prix rémunérateur. Les grandes races exigent pour réussir des contrées de haute fertilité, assez rares partout; voilà pourquoi les agriculteurs avisés s'en tiennent, en France du moins, aux races indigènes, et sont beaucoup revenus de l'engouement dans lequel on était tombé à l'égard des superbes animaux qui se voient en Angleterre et dans les pays présentant des analogies d'élevage, de climat et de fertilité.

Taureau Durham.

Bien que la France possède plus de quinze millions de bêtes de l'espèce bovine, ce chiffre ne suffit pas pour fournir à sa consommation, tant l'usage de la viande s'est généralisé et va en progressant. La question de la viande est donc une des plus intéressantes pour notre pays.

Chez nous la consommation de viande se chiffre à peu près ainsi : à Pau, chaque habitant en consomme 93 kilogrammes par année; à Melun, 91; à Beauvais et à Perpignan, 87; à Guéret, Besançon, Chaumont et Belfort, 86; à Châlons, 85; à Paris, 84; à Bordeaux, 81; à Lyon, 79; à Marseille, 69; à Rouen, 63; à Toulouse et à Saint-Étienne, 58; à Lille, 53.

A Ajaccio, la ville qui en consomme le moins, chaque habitant n'en mange que 37 kilogrammes.

Afin d'assurer notre approvisionnement, il nous faut accroître notre production et recourir à l'importation. Le premier moyen nécessite une organisation, un développement de ressources permettant une fabrication soutenue de viande.

Qu'on ne se récrie pas sur ce terme de fabrication! Il n'a rien d'étrange ni d'excessif si l'on veut se rendre compte des procédés employés pour atteindre aux résultats cherchés : produire abondamment de la viande, procurer au vendeur un bénéfice convenable, tout en ne réclamant au consommateur qu'un prix modéré, sous peine de provoquer une importation ruineuse pour le producteur.

L'industrie de l'élevage opère d'une façon analogue aux autres industries ; la division du travail, c'est-à-dire de ses opérations, est un des moyens qui facilitent le plus son succès.

Elle y est poussée en outre par les différences qui distinguent les diverses contrées où l'on s'occupe d'amener un bœuf jusqu'à la boucherie ; en effet, telle pâture est meilleure pour les mères, tel sol convient mieux aux jeunes élèves, tel autre met plus promptement les sujets bien à point. Aussi voit-on de plus en plus se scinder les diverses phases de l'élevage. L'un s'occupe exclusivement de produire des sujets qu'un croisement intelligent améliore et permet de vendre un prix plus élevé; un autre prend l'animal au sevrage et le conduit jusqu'à l'âge adulte; un troisième s'occupe du *graissage,* après lequel l'animal est livré à la boucherie. Cette opération consiste à prendre des animaux maigres pour les revendre quand ils ont obtenu un certain engraissement; elle se pratique principalement dans les régions favorisées, qui possèdent de gras pâturages, ou bien dans celles où la culture rencontre les industries annexes de la distillerie et de la sucrerie. Le problème à résoudre ne consiste pas seulement à convertir en viande et en graisse le fourrage, la pulpe de la betterave, le tourteau du moulin; il faut que cette transformation s'opère sans dépasser un certain quantum de dépense et de temps. Aussi est-il ordinairement plus avantageux de pousser les animaux seulement jusqu'à un certain point, au lieu de les mener à l'extrême limite de l'engraissement. C'est pourquoi, en dehors d'animaux exceptionnels par leur aptitude à prendre la graisse, on ne voit sur les marchés que des bêtes d'un poids ordinaire.

Indépendamment des produits français dont une partie est enlevée à la consommation par suite des achats de l'Angleterre, il nous faut pourvoir à notre insuffisance par une importation qui ne laisse pas que d'être considérable.

Nous nous adressons d'abord à l'Algérie, qui alimente surtout nos marchés du Midi; chaque année nous en tirons de 16 à 17 000 bœufs sur les 50 000 que notre province exporte chaque année.

L'Italie surtout est notre grande pourvoyeuse; près de 60 000 bœufs franchissent la frontière; quelques milliers viennent de Belgique et un peu de la Suisse.

En résumé, nous achetons à l'étranger tous les ans à peu près 110 000 têtes de gros bétail pour la boucherie. Nous verrons plus loin combien nous lui demandons de moutons pour compléter notre approvisionnement.

Avec les chemins de fer et le télégraphe, le maniement, l'expédition de ces immenses troupeaux sont réduits à peu de chose. Ce sont maintenant des opérations courantes, réglées avec une précision mathématique. Les gros importateurs, parfaitement renseignés sur l'état du marché, télégraphient à leurs agents de l'étranger et déterminent l'importance de leurs envois de façon à éviter l'encombrement. Ces derniers ont toujours soin d'avoir des bandes d'animaux réunies d'avance; sur un simple télégramme, ils les font monter en wagon. Des conducteurs les accompagnent et, dès que le convoi est livré, retournent en chercher un nouveau.

Par suite de la loi primordiale de l'offre et de la demande, qui règle le prix de chaque chose, notre marché a attiré l'attention des éleveurs américains. Après le blé, la viande semble aussi devoir nous venir un jour du Nouveau-Monde. Cependant les menaces n'ont pas, de ce côté, toute la gravité qu'on leur accorde; il suffit pour les apprécier de connaître les conditions dans lesquelles se fait l'élevage américain et ont lieu les importations en France.

A l'exception des États de l'est et de quelques-uns du centre, où l'état avancé de l'agriculture assure des débouchés rapprochés et avantageux aux produits de choix qui en sortent, les animaux de l'espèce bovine appartiennent presque exclusivement aux races inférieures de souche espagnole, dont on a peuplé le Mexique depuis plusieurs siècles. Ces animaux ne mettent jamais le pied dans une étable; ils passent leur vie au grand air, sans toit, ni hangar, ni litière.

Le centre de production le plus important est le Texas, qui se borne à faire naître un grand nombre d'animaux et qui les expédie jeunes vers le Nord.

Le Colorado, le Kansas, le Nébraska, le Wyoming sont peuplés de grands troupeaux de bœufs et de vaches qui, indépendamment des naissances ayant lieu sur place, s'accroissent constamment des arrivages du Sud.

Il convient d'ajouter que de grands efforts ont été tentés par quelques riches propriétaires du Texas pour améliorer la qualité de leur bétail par l'introduction de sang choisi. Des reproducteurs de haut mérite ont été amenés d'Europe à grands frais; mais leur influence ne peut se noter encore ailleurs que sur quelques points particulièrement favorisés, et en changeant du tout au tout les conditions de l'élevage local. Ajoutons que les produits de ces étalons hors ligne, placés eux-mêmes dans des conditions différentes de celles qui avaient amené la supériorité de leur ascendant tombent très rapidement dans une dégénérescence qui nécessite un apport constant de sang nouveau et rend d'autant plus rares et coûteux les sujets de mérite.

D'ailleurs il existe dans le Texas un grand obstacle à l'élevage : c'est la sécheresse qui règne à certains moments de l'année et la pénurie d'eau qui en résulte. On a vu, chose qui paraîtra incroyable en France, ces grands troupeaux obligés de faire jusqu'à quinze et seize lieues avant de trouver le moindre filet d'eau pour se désaltérer.

Dans les immenses plaines s'étendant du Mississipi aux montagnes Rocheuses, la chaleur est moins grande, l'herbe plus haute, l'eau moins rare. De novembre à avril les troupeaux paissent en liberté complète, sans un seul gardien. Au printemps, les propriétaires font en commun une grande battue, chacun reconnaît ses animaux à la marque qu'ils portent et les fait garder à proximité d'un cours d'eau pendant l'été. Ces troupeaux, dont quelques-uns comptent jusqu'à 40 et 60 000 têtes, s'augmentent quelquefois de 10 à 15 000 veaux par année.

La difficulté de pouvoir abreuver ces grands troupeaux est le plus sérieux empêchement à leur multiplication indéfinie. Cette vie en liberté, compliquée de privations à subir et de longs trajets à faire n'est favorable ni à une bonne conformation ni à un prompt développement. Bien qu'ils acquièrent souvent une grande taille, ces animaux n'ont qu'une valeur minime : de 100 francs qu'ils valent dans la prairie, ils ne dépassent guère, parvenus à toute leur croissance, une valeur de 120 à 150 francs.

Avant d'arriver aux abattoirs de Saint-Louis, de Kansas-City ou de Chicago, la plupart des bœufs de l'ouest reçoivent durant six mois un complément d'engraissement dans les parties du territoire où se cultive le maïs.

Après leur engraissement, ces bœufs reçoivent diverses directions. Les uns sont conduits en chemin de fer vers l'est pour alimenter les boucheries de Boston, New-York, Philadelphie, etc. ; les autres vont à Chicago.

Cette ville, soit dit en passant, placée entre l'est et l'ouest, forme le trait d'union naturel du nord et du sud par sa position merveilleuse au bord des grands lacs; elle communique avec l'Europe par le Saint-Laurent, et avec le continent américain au moyen de treize lignes ferrées et de nombreux canaux. Chicago occupe une situation unique au monde qui fait d'elle la métropole commerciale des États-Unis et peut seule expliquer le développement sans exemple qui l'a transformée, de simple bourgade qu'elle était, il y a trente ans, en une ville comptant aujourd'hui près de 600 000 habitants.

On peut classer en trois catégories les animaux passant par Chicago.

La première comprend les animaux de choix qu'on expédie vivants vers les grandes villes et sur le continent européen. Les animaux ordinaires forment la seconde catégorie. Ils sont abattus à Chicago et leur chair est livrée sous diverses formes à la consommation. Les morceaux

Bœufs et vaches dans les plaines du Texas.

les plus fins, le filet et le dos, sont expédiés, une partie vers l'est, où ils servent surtout à la consommation des hôtels, l'autre partie en Angleterre, conservés dans la glace. Les morceaux communs sont convertis en conserves de deux sortes : les salaisons, absorbées surtout par l'Amérique du Sud, les viandes cuites et désossées, placées en boîtes imperméables. Les mines d'Amérique et d'Angleterre sont les principaux consommateurs de ce dernier article.

Une troisième catégorie est formée des animaux de rebut, malades ou rachitiques. On brûle leur viande et l'on en fait un engrais fort apprécié dans les cultures de coton du Sud.

Quant aux exportations d'animaux sur pied et de viande fraîche, elles donnent lieu à d'intéressants mouvements. Ce sont ces envois réguliers, importants, faits seulement depuis 1875, en Angleterre, qui ont jeté l'émoi parmi nos agriculteurs.

Au début, ce transport d'animaux vivants se faisait sur des navires ordinaires; mais les pertes de route étaient toujours importantes, les frais de transport considérables. Il fallait, pour persévérer, la certitude des hauts prix auxquels Londres paye la viande de boucherie. Aujourd'hui, ce service est considérablement amélioré : des navires ont été construits et aménagés tout spécialement pour ce trafic et peuvent emporter de nombreux animaux. De 25 pour 100 les pertes de route sont tombées à 6 pour 100, et les animaux peuvent être livrés tout de suite, en bon état, à la consommation.

A côté de ceux qui emportent le bétail vivant, l'on compte un certain nombre de steamers qui ont organisé des glacières dans lesquelles ils emportent des milliers de pièces de boucherie.

D'abord réfractaire à ce genre d'approvisionnement, l'Angleterre restreint aujourd'hui l'importance de ses achats de bétail dans nos contrées d'élevage et multiplie ses commandes de viande fraîche en Amérique.

Encouragés par ces résultats, les expéditeurs ont essayé d'aborder le continent européen et même de pénétrer sur nos marchés. Les débuts n'ont point répondu à leur attente. Mais depuis ils ont fait une nouvelle tentative, dont le succès, très grand cette fois, a positivement jeté dans un trouble profond les défenseurs de l'élevage français.

Il ne faut pas toutefois attacher une importance exagérée à un fait isolé, bien qu'il puisse se renouveler. Depuis 1879, époque de la première expédition, les arrivages n'ont point dépassé le chiffre de 300 à 350 têtes par an.

Il ne faut surtout pas perdre de vue que les animaux envoyés sur notre marché étaient des sujets soigneusement choisis, dont le nombre est, aux États-Unis comme ailleurs, toujours très limité.

Notre marché français, comme tous les autres d'ailleurs, ne sera menacé que le jour où la surabondance de l'offre aura déprécié la marchandise. Ce jour est encore éloigné, parce que le marché anglais, incapable de se suffire à lui-même, aura probablement toujours besoin des importations étrangères dans des proportions considérables, et parce que, la consommation française croissant toujours, tout le bétail indigène trouvera longtemps encore des prix rémunérateurs.

D'autres contrées sont encore mieux pourvues que les États-Unis de troupeaux dont on a cherché à faire pénétrer les produits en Europe. Nous voulons parler de ces immenses espaces qui règnent dans l'Amérique du Sud et qui forment, dans l'Uruguay et dans la République Argentine, les régions appelées les *Pampas*.

Dans cet océan de pâturages errent environ quarante millions de bêtes à cornes dont l'exploitation, malgré les perfectionnements déjà introduits, représente l'industrie pastorale dans toute sa simplicité. Les troupeaux s'accroissent naturellement, et quand, après cinq ans de liberté absolue, l'animal est traqué, c'est pour passer aux *saladeros*, établissements tout spéciaux à ces contrées, immenses abattoirs où la peau, la viande, la graisse, les os et la corne sont débités et livrés à l'exportation.

Ainsi que leur dénomination l'indique, les *saladeros* ont pour but de conserver la viande dans le sel et la saumure tout en traitant séparément le cuir et en utilisant les débris de l'animal. A chacun de ces établissements sont annexées de grandes prairies où les bœufs arrivant de la pampa ont à se refaire du voyage. Les animaux, une fois en état, sont ensuite amenés dans des *corrales* ou enclos, dans lesquels on enferme ceux qui doivent être abattus le jour ou le lendemain.

Chassées successivement des grands *corrales* dans d'autres plus petits, les bêtes arrivent ainsi jusqu'au *brette*, dernière enceinte circulaire où le coup fatal les attend. Une porte à guillotine n'y laisse pénétrer que vingt bœufs à la fois ; ils y trouveront des dalles inclinées et glissantes qui les priveront de toute résistance quand le *lazo* viendra à s'abattre sur eux.

Le *lazo*, dont le nœud coulant est lancé par un *gaucho* debout sur une petite estrade, passe dans une poulie pour aboutir, par l'autre extrémité, à la selle d'un cheval monté. Aussitôt le *lazo* lancé, le cheval est mis au galop, et le bœuf, violemment amené, vient donner de la tête contre une grosse poutre qui l'arrête. L'homme spécialement chargé du coup de couteau, le *desnucador*, est assis sur cette poutre. Il se sert, pour cette besogne, d'un petit poignard large de deux doigts, long de cinq, et frappe la nuque d'un coup qui foudroie la bête. Comme il s'agit de séparer net les dernières vertèbres, ce coup exige une très grande adresse ; aussi le *desnucador* est-il payé plus cher que les autres ouvriers.

La bête ainsi frappée tombe sur un wagon à rails : on lui enlève le *lazo*, on ouvre une porte à coulisse, et le wagon, roulant sous un hangar dallé appelé la *playa*, va déposer ce corps presque vivant encore aux pieds du travailleur qui a « fini son bœuf » et attend une nouvelle besogne. Sur des voies parallèles, deux wagons vont et viennent, se succédant sans cesse, car le travail de la boucherie qui s'accomplit sous la *playa* est rondement mené. Les ouvriers, réunis par équipes, sont là demi-nus, les bras dans le sang, le couteau à la main, qui saignent, écorchent, dépècent.

La bête disparaît comme par enchantement ; sa tête va d'un côté, son cuir et ses membres d'un autre ; ses chairs habilement découpées prennent une troisième direction : en moins de dix minutes, sur ces dalles qu'on lave maintenant à grande eau, il ne reste plus trace de l'animal qui vient d'y tomber palpitant. Il est de ces établissements où l'activité est si grande que, durant la saison, c'est-à-dire de décembre à mars, on y abat jusqu'à 2 000 têtes par jour.

Sous un vaste hangar attenant à la *playa* des ouvriers que leurs fonctions font nommer *charqueadores* reçoivent la viande sur des tables de bois. Ils sont armés de couteaux larges et tranchants, qu'ils passent et repassent dans cette viande de façon à la réduire en tranches uniformément épaisses d'un pouce et demi. Ce point est de haute importance et ces habiles découpeurs sont les mieux payés de tous les ouvriers du *saladero,* car c'est le juste milieu qui préservera ces chairs de la corruption d'une part, de la dessiccation de l'autre.

Ainsi préparée, la viande est exposée quelque temps au soleil, puis plongée dans un bain de saumure qui a pour objet de la purifier, enfin empilée par grands tas composés de couches alternatives de viande et de gros sel blanc. Plusieurs fois on la retourne, on la reporte à l'air, au soleil, on la remet en tas ; puis, au bout d'un mois environ, on la livre au commerce sous le nom de *tasajo.* Elle ressemble alors à de la morue desséchée. Rien qu'au Brésil, où elle est connue sous le nom de *carne secca,* il s'en consomme des milliers de quintaux ; elle forme le fond de l'alimentation de la race nègre, qui en fait grand cas.

C'est d'ailleurs une nourriture douée de vertus réparatrices aussi efficaces que la viande fraîche. Cependant l'importance de la consommation décroît tous les jours ; en dehors du Brésil et de la Havane, l'étendue de son marché se réduit sans cesse à cause du prix extrêmement bas auquel l'industrie saladérienne est obligée de donner ses produits, qu'on délaisse aujourd'hui pour les conserves de viandes comprimées, assaisonnées et prêtes à être servies sur la table.

Aussi l'élevage qui se pratique le long de la Plata et de l'Uruguay tend-il à modifier profondément ses procédés ; de tous côtés on infuse du sang nouveau aux races indigènes et l'on améliore le régime, dans le but d'avoir des animaux à chair plus fine. A défaut de la stabulation, qui ne peut encore se pratiquer, mais qui se rencontre néanmoins sur quelques *estancias* privilégiées, l'on pratique du moins le parcage ; il remplace déjà dans beaucoup d'endroits le pâturage en pleine liberté.

De ces contrées encore sont venues les premières tentatives pour l'expédition, en Europe, du bétail vivant et des viandes abattues. Les animaux transportés ont à subir une trop longue traversée ; leur nourriture revient

Un saladero à Fray-Bentos.

à un prix élevé ; les risques de route s'aggravent dans une telle proportion, par suite de la durée du voyage, que l'opération est désastreuse au
point de vue commercial. L'apport des viandes conservées a mieux réussi.
Chacun se rappelle les voyages du *Frigorifique,* aménagé pour contenir
une cargaison de viande fraîche conservée dans une atmosphère glaciale.
Par suite de difficultés intérieures, l'entreprise du *Frigorifique* avorta,
mais le principe sur lequel se basait l'exploitation était juste. D'autres
industriels renouvelèrent l'entreprise et aujourd'hui des navires disposés
à cet effet embarquent jusqu'à 2 500 bœufs dans un voyage. Dirigées
tout d'abord sur le Havre, puis sur Paris, ces viandes, malgré leur état
incontestable de bonne conservation, ne furent pas appréciées ; découragés par cet accueil, les importateurs ont porté leurs cargaisons en Angleterre. Plus positifs ou moins difficiles, les Anglais, habitués déjà aux
expéditions de ce genre venant des États-Unis, ont ouvert leurs marchés
aux viandes de la Plata. Actuellement un service régulier alimente les
places anglaises et y trouve un écoulement assuré, en même temps qu'il
contribue à modérer le prix, toujours très élevé en Angleterre, des bêtes
de boucherie.

L'Australie, le pays du progrès par excellence, s'est lancé dans la même
voie. Ses immenses troupeaux, si longtemps condamnés à ne fournir que
leur cuir et leur toison, contribuent maintenant pour une large part
à l'alimentation publique. Non seulement de nombreuses fabriques
mettent les viandes en boîtes de conserves, mais encore des vapeurs et
des voiliers ont organisé des soutes dans lesquelles on apporte sur les
places anglaises des montagnes de viande fraîche maintenues à une température de 10 à 20 degrés au-dessous de zéro.

La colonie des îles Falkland, au sud-est de l'Amérique du Sud, se
livre avec ardeur à la même exploitation.

Quels que soient les intérêts en jeu et malgré toute la prudence qu'il
convient d'observer à l'égard d'une industrie aussi considérable que celle
de l'élevage, il n'en demeure pas moins acquis que ces importations de
viande fraîche semblent le moyen le plus efficace pour donner satisfaction
aux besoins du consommateur et pour maintenir en même temps, par
suite d'une concurrence sérieuse, le prix de la viande à un taux abordable.

II

L'ESPÈCE OVINE

Le mouton fut, avec le bœuf, après le renne, une des espèces animales les plus promptement asserviespar nos ancêtres préhistoriques. Il est considéré comme issu de l'Argali ou mouton sauvage, dont l'habitat est au centre des contrées qui furent le berceau primitif de l'homme. Certains naturalistes en voient plutôt la souche chez le mouflon ; d'autres, au contraire, prétendent que le mouton ne vécut jamais à l'état sauvage.

Il dut certainement être tout d'abord recherché pour la douceur de sa toison. L'excellence de sa chair ayant été remarquée, la réunion de qualités si précieuses le désigna tout naturellement à une exploitation fort avantageuse pour l'homme. Depuis qu'il en est devenu un des plus utiles serviteurs, son espèce s'est modifiée à l'infini sous l'influence des conditions climatériques et des soins qu'elle a pu recevoir. Il en est résulté une variété infinie de races et de sous-races dont les qualités distinctives ont été accentuées et propagées en les adaptant au milieu dans lequel on les voyait acquérir leur plus haute puissance.

C'est ainsi qu'avec le temps et la science acquise, les races de moutons se classent aujourd'hui en deux grandes divisions comprenant : l'une les races élevées surtout en vue de la toison, l'autre les races recherchées pour l'excellence de leur chair ou la promptitude de leur croissance.

Nous ne ferons que mentionner les premières de ces races, et quand

nous aurons nommé les mérinos, les southdowns, les leicesters, les
cheviots, que nous aurons rappelé les espèces à laine courte et fine dont
la toison est si recherchée pour les lainages fins tandis que les laines
longues sont préférées par la filature mécanique, nous aurons suffisamment rafraîchi la mémoire du lecteur sur des points familiers à tous.

C'est aux Anglais qu'il faut faire remonter le mérite des tentatives
rationnelles ayant pour but, vers le milieu du siècle dernier, d'améliorer
les espèces indigènes élevées surtout en vue de la boucherie; leurs succès furent si évidents que les éleveurs du continent n'ont cessé depuis

Mouton mérinos.

de leur emprunter des sujets pour l'amélioration des races locales et pour
obtenir des croisements répondant aux ressources de chaque contrée.

Pendant longtemps on essaya d'allier la production de la laine et de la
viande dans la même race. A part quelques essais heureux, dont les
résultats ne pouvaient se maintenir qu'en recourant constamment aux
croisements originaires, l'on reconnut bientôt la difficulté de poursuivre
ce double but. Depuis surtout que les immenses troupeaux d'Australie
fournissent les laines qui alimentent les trois quarts de l'industrie européenne, le prix des toisons a tellement baissé sur le continent que l'élevage du mouton s'est rejeté vers la production d'animaux acquérant
promptement un poids élevé ou offrant une viande remarquable par sa
fine saveur et la bonne répartition de la graisse dans les masses char-
nues.

Les Anglais, grands mangeurs de viande par nécessité, ont surtout
développé le poids chez leurs animaux. En France, l'on recherche princi-

palement les animaux de petite taille à chair savoureuse. Mais les espèces répondant à cette exigence ne sont point nombreuses ; en outre, elles ne sont pas d'un rendement suffisant pour l'agriculteur progressif joignant à sa culture les produits de la distillerie, de la sucrerie ou de la féculerie. Elles absorbent moins que d'autres les masses de pulpe et de déchets que fournissent ces usines agricoles aux engraisseurs de bétail. Dès lors les grands animaux, les moutons de forte taille, fournissant mieux aux grands marchés la masse de viande qui s'y débite, sont les plus recherchés dans les contrées d'agriculture avancée.

Là où le pacage est le système dominant par suite de la pauvreté de la culture ou de l'état des terres, l'on rencontre des races de taille modérée auxquelles on demande à la fois la laine et la viande.

Dans la région du sud-est où la plaine est, chaque année, desséchée par un soleil brûlant, le pacage se pratique d'une façon toute particulière. Les troupeaux y sont transhumants : durant l'hiver et le printemps, la crau d'Arles et les régions analogues sont couvertes de moutons qui broutent l'herbe aromatique de ces alluvions caillouteuses. Aux approches de l'été d'immenses bandes sont formées au nombre de 2 000 à 3 000 bêtes et se dirigent, à petites journées, vers les pâturages que leur offrent les pentes gazonnées des Alpes et des Pyrénées.

Qui le croirait ? un seul homme suffit à conduire ces foules bêlantes. Mais il a des aides puissants dont l'autorité est incontestée : ce sont les *menous*. L'on désigne ainsi des boucs dressés à la conduite des moutons. Les uns, placés en tête du troupeau, le cou chargé d'une clochette de cuivre, s'avancent gravement et ne permettent à quiconque de franchir leur ligne, tandis que d'autres, serrant les flancs de la colonne, évitent tous les écarts. On s'en va ainsi broutant l'herbe des routes jusqu'au point fixé pour le séjour du troupeau. Et quand, la saison achevée, il faut regagner les quartiers d'hiver, c'est dans le même ordre que l'on quitte la montagne.

Malgré sa richesse en moutons, la France ne produit plus pour sa consommation. La population ovine, qui s'élevait à trente-trois ou trente-quatre millions de moutons il y a quelques années, est descendue à vingt-deux millions. L'envahissement des laines australiennes a peu à peu supprimé chez nous l'exploitation ne visant que la laine ; d'autre part, l'agriculture se plaint de ne pouvoir lutter contre la concurrence qui lui est faite sur les marchés français par les moutons venant de l'étranger.

De fait, il entre chaque année en France à peu près 2 300 000 moutons exotiques ; sur ce chiffre plus de deux millions sont destinés à la consommation.

Le Midi se pourvoit en Algérie et en Italie ; l'Algérie nous fournit 560 000 têtes sur les 900 000 qu'elle exporte, et l'Italie 250 000. Le Nord demande à la Belgique 125 000 moutons.

Mais la principale fourniture nous vient d'Allemagne et d'Autriche. La Hongrie, avec ses vastes plaines où errent des millions de moutons, en introduit plus de 600 000 par nos frontières de l'est. L'Allemagne du Nord nous envahit littéralement. Indépendamment des 650 000 qu'ils déclarent à nos douanes, les Allemands ont trouvé un moyen simple et pratique de nous vendre leurs moutons en échappant aux redevances douanières ; les tarifs étant très différents entre les catégories destinées à la boucherie et celles qu'on déclare vendues pour les fermes, voici ce qu'ils ont imaginé :

Ils se sont entendus avec des fermiers de la frontière et leur envoient comme moutons de ferme des animaux prêts pour la boucherie et qu'ils conduisent par bandes le long des routes. Le voyage se fait à très petites journées, afin d'éviter la fatigue ; la nourriture est assurée par l'herbe des chemins, dont les banquettes sont louées à cet effet. Ces animaux sont livrés avec un faible droit aux fermes de la frontière, et trois semaines après, une fois refaits des légères fatigues de la route, ils sont acheminés sur les marchés.

Quoi qu'il en soit, plus de la moitié des moutons qu'on introduit pour les besoins alimentaires de notre pays sont des moutons d'Allemagne. Sur le marché de Paris seul ils forment presque la moitié des approvisionnements.

Les moutons solognots, les picards, les berrichons, les normands, nourris dans les prés salés, les flamands, malgré la faveur dont ils jouissent sur le marché de la Villette, ne produisent guère que 40 pour 100 de la viande consommée à Paris. Ce sont les russes, les hongrois, les prussiens, les italiens, les autrichiens et quelques bavarois qui alimentent le reste du marché parisien, sur lequel paraissent chaque année 2 000 000 de têtes.

Parmi tous les animaux indigènes, ce sont ceux des anciennes provinces d'Ile-de-France et de la Champagne qu'on y voit en plus grand nombre ; ils forment les cinq dixièmes des moutons français vendus à Paris.

De même que le gros bétail américain a menacé nos éleveurs dans leur industrie, de même ils se sont crus atteints dans cette autre branche essentielle, l'exploitation du mouton. Des essais avaient été faits comme sur les bœufs ; mais les craintes ont été heureusement bien vite dissipées. Le mouton est un animal qui supporte mal les voyages sur mer ; il est coûteux d'entretien, les pertes de routes sont énormes, la fatigue extrême qu'il subit ne lui permet qu'une lente et incomplète réfection. Les expéditions de viande abattue qui en sont faites n'intéressent que l'Angleterre, parce que le consommateur, tout en étant moins difficile, consent aussi à payer un prix bien supérieur à celui des marchés français.

Les races élevées en Angleterre procurent, il est vrai, une viande abondante, mais il s'en faut de beaucoup qu'elles suffisent aux besoins nationaux. L'Australie, qui a accaparé le marché pour les laines, prétend bien maintenant, grâce aux procédés de conservation dans un milieu à température basse, ne plus se borner à utiliser la viande uniquement pour

Chèvres et moutons.

la graisse et pour le commerce des conserves. Elle est suivie dans cette voie par les éleveurs de la Plata. Dans ces contrées éloignées, de grands efforts tendent à donner aux races ovines à la fois une plus grande finesse de laine et une chair plus savoureuse.

Si grandes pourtant que soient les ressources locales on constate, surtout dans les pays d'outre-mer, une incroyable pénurie d'animaux de boucherie. L'on est à bon droit surpris de voir privés de viande des pays où se rencontre un commerce important, où s'exerce une industrie variée, alors que des pâturages savoureux et abondants entourent les agglomérations urbaines. Cet état de choses, causé par le manque de sécurité de la contrée, par l'insouciance des indigènes et la paresse des immigrants, est bien plus fréquent qu'on ne pense au Brésil et sur tout le littoral de la mer des Antilles.

Pour y obvier, la grande ressource est l'usage des conserves sous des formes variées. Les procédés de conservation des viandes sont fort nombreux. La cuisson ne les préserve que momentanément de la décomposition. La dessiccation, appliquée au *tasajo* des Argentins et au *pemmican* des Américains du Nord, ne garde son efficacité que sous les climats où la température reste élevée.

Le procédé le plus employé, le meilleur assurément, consiste à soustraire la viande à l'action de l'air. On y parvient soit par les méthodes dites d'Appert, de Fastier, de Martin de Lignac, de Marle, de Redwood, de Schaler, qui consistent à recouvrir les viandes de graisse, de beurre, d'huile, de sucre, de miel ou de glycérine, mais surtout en les enfermant dans des récipients d'où l'air est expulsé par une demi-cuisson.

L'emploi d'une température glaciale est aujourd'hui très répandu. Le fumage a le mérite de conserver aux viandes tous leurs éléments constitutifs ; mais il en coagule les principes albuminoïdes et les rend insolubles, ce qui diminue leur digestibilité.

Enfin, depuis un temps immémorial, la salaison est employée pour la conservation des viandes. En raison de son efficacité, de la facilité de son emploi et de son bas prix de revient, c'est encore le procédé le plus largement usité. Il donne lieu à une industrie considérable, qui va toujours se développant malgré les avantages résultant de la conservation en boîtes. Nous verrons tout à l'heure le rang qu'il a pris dans le commerce des viandes de porc.

III

LE PORC

Le porc possède avec le mouton les plus anciens titres de domestication. Ses restes se trouvent mélangés aux plus antiques ruines de la civilisation à son début.

Son origine a été clairement démontrée par une série d'épreuves et de
contre-épreuves : le cochon domestique n'est qu'un sanglier dont une
longue servitude a modifié le physique et le moral. Des sangliers ont été
soumis à l'action de la domesticité, et on les a vus acquérir, de génération en génération, les caractères de l'animal domestique. Au contraire,
des cochons, ayant été rendus à la vie sauvage, ont repris, au bout d'un
certain temps, les caractères et les mœurs du sanglier.

On peut dire que l'homme a fabriqué le cochon et qu'il le façonne à
sa volonté. Les modifications qu'on a fait subir à cet animal par un élevage raisonné sont vraiment étranges. Cet art a été poussé très loin en
Angleterre. Non seulement on a enrichi et perfectionné la chair de ce
pachyderme, mais encore on a, pour ainsi dire, effacé sous une forme
conventionnelle ses proportions originelles. Par le traitement et la nourriture on a fabriqué une sorte de monstre, comparé au type primitif et
sauvage. Seulement ce monstre zoologique est un chef-d'œuvre au point
de vue de l'économie domestique. Quand il a atteint cet idéal de la per-

fection, le cochon a une tête carrée, sa face disparaît dans un coussin de graisse, son ventre descend jusqu'à terre ; tout son individu exprime l'ampleur et l'importance de la graisse. Livré à lui-même, au contraire, le porc est osseux, haut sur jambes ; le groin est puissant, il est efflanqué ; il traduit on ne peut mieux la condition du paysan routinier dont le ménage est pauvre, la terre ingrate, la culture et le mode d'élevage arriérés.

On reconnaît trois groupes principaux des races de cet utile animal en

Porcs anglais parvenus au dernier degré d'embonpoint.

Europe : les races françaises, les races d'origine étrangère, enfin les variétés issues de la fusion des deux premiers groupes.

Parmi nos races françaises, les plus réputées sont les races normande, craonnaise, lorraine ; ces deux dernières sont estimées à bon droit pour l'excellence de leur viande et de leur lard. Puis viennent les races périgourdine et bressane.

Les Anglais ont les races de Middlesex, de Windsor, de New-Leicester, de Berkshire, qui ont servi à améliorer considérablement de races locales.

Considéré comme matière exploitable, le porc est la plus lucrative des éducations de la ferme. C'est l'animal qui s'assimile le mieux la nourriture qu'il reçoit et dont la chair se produit au plus bas prix.

Considéré au point de vue alimentaire, le porc est une viande saine, dont l'abus seul est nuisible parce que la quantité de matière adipeuse, autrement dit de graisse, qu'il renferme rend sa viande d'une digestibilité douteuse. Chez lui, selon l'adage fondé des charcutiers, tout est bon, depuis les pieds jusqu'à la tête. Sa chair se prête à une multitude de préparations variées et savoureuses. A la ville, aux champs, dans les armées, dans la marine, elle est recherchée sous toutes les formes. En France, dans tous les villages, l'habitude générale est de tuer un porc gras aux approches de Noël, afin d'avoir du boudin et des saucisses pour les fêtes de la Noël et du jour de l'an et un jambon à Pâques.

Parties principales ou secondaires, débris de toutes sortes, il n'est rien qui ne soit employé dans cet animal.

Le sang, un aliment azoté à très haute dose, fournit la matière du populaire boudin. Il est vrai qu'à Paris et dans les grands centres où cette préparation est en haute faveur, les porcs qu'on y tue ne sauraient fournir à la masse de boudin qui s'y consomme. On supplée à cette pénurie en mélangeant au sang de porc du sang de veau, de mouton et quelquefois de bœuf.

Nous passons sous silence les saucissons, cervelas, andouilles, fromages et pâtés qu'on prépare de diverses façons, suivant les habitudes locales auxquelles on tient comme à un patrimoine.

Les préparations importantes au point de vue commercial et alimentaire sont le lard, le saindoux, le petit salé, le jambon.

La poitrine et les flancs fournissent le meilleur lard, le plus estimé, qu'il soit fumé ou simplement salé.

Le saindoux, ou axonge, tiré surtout de la panne accumulée autour des reins, à la surface des intestins et près des côtes, est le corps gras qui remplace le mieux le beurre pour la cuisine.

C'est un article commercial de première importance, servant de base à une foule de préparations pharmaceutiques et de parfumerie. Aussi en importe-t-on de grandes quantités provenant presque exclusivement des États-Unis. Toutefois, le bas prix auquel les Américains vendent ce produit ne justifie pas les fréquentes altérations qu'ils lui font subir. A New-York, on extrait du saindoux toute l'oléine qu'il contient (il en contient théoriquement 62 pour 100), et on retire une huile claire nommée « huile de porc », dont la proportion s'élève au tiers du poids de la matière première. Elle sert principalement dans la savonnerie et pour le graissage des machines.

Le petit salé joue un grand rôle dans la nourriture de la campagne. Dans toute maison bien tenue, le saloir doit contenir la provision de tout l'hiver. Dans la plupart de nos villages français, où l'usage de viande fraîche est encore au-dessous de ce qu'il devrait être, c'est au saloir qu'on va demander le morceau de lard ou de petit salé qui entre dans la composition de toute bonne soupe aux choux. C'est un morceau de petit salé qui forme le mets de résistance dans la majeure partie des ménages ruraux et chez un grand nombre d'ouvriers des villes.

Le jambon, c'est-à-dire la jambe et la cuisse de porc, constituent un article de commerce et de consommation extrêmement important. Nommer les jambons de Bayonne, d'York, de Mayence et de Westphalie, c'est indiquer les plus estimés.

. La supériorité des jambons de Bayonne tient à l'excellence des races de porcs qui les fournissent et à la bonne qualité du sel qu'on extrait des sources de Salins, où elles lavent d'épais et riches bancs de sel gemme.

Les jambons de Mayence empruntent leur fumet particulier à une saumure spéciale dans laquelle ils macèrent quelque temps, et à la fumée de genièvre dont on les imprègne après un séjour de six semaines dans l'intérieur d'une cheminée.

Ceux que les États-Unis expédient en si grande quantité en Europe sont traités différemment. On les plonge pendant dix semaines dans la saumure, puis on les soumet à l'action de la fumée de sciure de bois. Ils sont ensuite brossés, cousus dans une enveloppe de calicot et enfin empilés dans des caisses de bois pour l'expédition.

Les fameux jambons d'York doivent leur finesse, leur chair tendre, succulente et digestive à un mélange de sel, de salpêtre, de genièvre et de sucre dont on les frotte pendant quinze jours avant le fumage. Le sucre ajouté aux parties salines a pour effet de corriger l'extrême âcreté que le sel donne à la viande; en outre, il a l'avantage de rendre les fibres de celle-ci plus moelleuses, plus colorées, plus juteuses et plus parfumées.

En France le boucanage se fait de deux façons différentes. Quand il s'agit de simples provisions ménagères, le jambon est suspendu dans l'âtre de la cuisine, enveloppé d'une toile ou d'un papier afin de ne laisser arriver sur lui qu'une fumée presque froide. Cette enveloppe n'empêche point la fumée de communiquer à la viande ses propriétés antiseptiques et la garantit de l'action directe de la suie.

Ceux qui font le commerce des jambons et en préparent de grandes quantités, opèrent dans des chambres à fumer ou fumoirs qui comportent ordinairement un foyer et un réservoir où la fumée se rend afin de perdre une partie de sa chaleur avant d'arriver dans le fumoir.

Cette dernière pièce, plus ou moins élevée et spacieuse selon les circonstances, n'a qu'une seule ouverture à sa partie supérieure. Elle est munie sur toute sa hauteur de tringles supportant des crochets auxquels on suspend les pièces à boucaner. Les plus grosses occupent les rangs inférieurs et les plus petites les rangs supérieurs.

Malgré le soin avec lequel on apprête généralement la viande de porc en France, c'est surtout en Italie que l'on peut en apprécier l'excellence ; car dans ce pays le porc est élevé dans les meilleures conditions pour fournir un produit alimentaire savoureux et réparateur ; sa viande n'a aucune des qualités échauffantes qu'on lui reproche dans d'autres parties de l'Europe.

Nous ne devons pas oublier que, malgré tout son mérite, plusieurs anciens législateurs en interdisaient l'usage. Cette interdiction avait pour cause l'infection qui atteignait cette viande surtout dans les pays chauds, par suite de la présence d'œufs et de larves de vers dans la chair des animaux.

En Asie, les maladies résultant de l'usage de viande de porc seraient fréquentes sans cette prescription tutélaire pour la santé publique. Dans nos climats il est bien constaté que les charcutiers sont plus souvent attaqués par le ténia (ver solitaire) que les gens appartenant à d'autres professions.

La ladrerie, si fréquente jadis, est due à la présence d'un cysticerque au milieu des organes du porc. A force de surveillance on est parvenu à empêcher cette maladie de se propager ; néanmoins des fraudes encore trop nombreuses se pratiquent sur les marchés. Les conducteurs de porcs opèrent l'épinglage en crevant sur l'animal vivant les vésicules qui se trouvent sur la langue ; sur la viande abattue ils font le raclage de la surface de manière à énucléer les vésicules. Les règlements des marchés permettent à tort de livrer à la consommation les viandes ne présentant que des points isolés de ladrerie.

Si cette viande n'est pas portée jusque dans ses parties intimes à une température de 100 degrés au moins, elle est malsaine ; or cette précaution est rarement observée.

Après de nombreuses observations, la viande ladre est considérée aujourd'hui comme la source du ver solitaire. Le cysticerque ladrique n'est que le premier état du ver parasitaire nommé *ténia*. La présence de l'homme est nécessaire au développement chez le porc du cysticerque ladrique, parce que cet animal ne devient ladre qu'après l'ingestion de déjections humaines contenant des œufs de ténia. Les œufs éclosent dans les intestins du porc, et les petits pénètrent dans ses organes, où ils vont constituer autant de cysticerques ; enfin l'animal infesté est à son tour mangé par l'homme, et les cysticerques, parvenus dans son intestin, s'y développent en ténias.

Cette théorie des *migrations,* soutenue par toute une école de médecins et d'hygiénistes, s'applique non seulement au porc, mais au bœuf, au mouton, dont la viande, souvent consommée à l'état cru comme plus reconstituante, provoque parfois l'éclosion de divers genres de ténias.

La viande de porc est encore le milieu où se développent les agents d'une maladie qui peut atteindre l'homme et qui l'atteint plus fréquemment qu'on ne pense. Nous voulons parler de la trichinose, due à la présence de vers microscopiques longs d'un demi à deux millimètres, nommés trichines. Ils sont d'une ténuité extrême, vivent à l'état de larves dans le tissu musculaire des animaux, et ne deviennent adultes que dans leur intestin. Spécialement propres au cochon, elles peuvent affecter l'homme aussi bien que les animaux omnivores.

Chaque année les annales médicales d'outre-Rhin enregistrent de nombreux cas de mort produits par ce ver; on a même eu à constater de véritables épidémies n'ayant point d'autre cause. L'Allemagne, sa patrie, nous expédiant énormément de charcuterie préparée, il est admis dans le monde médical que beaucoup de décès attribués à des affections purement gastriques, nerveuses ou rhumatismales, sont de véritables cas de trichinose.

Ce ver, dont l'aspect général est celui de l'anguillule du vinaigre, est pondu par centaines une semaine après l'accouplement. Les jeunes trichines se meuvent d'abord dans le mucus intestinal et ne tardent pas à perforer les tuniques de l'intestin, cheminent dans les organes sous forme de fils allongés, et atteignent les muscles, leur habitat spécial. Arrivées dans ce milieu favorable elles s'accroissent rapidement, déplacent les fibrilles musculaires, qu'elles attaquent pour s'en nourrir, irritent les parties environnantes, dont elles augmentent la densité, et s'enroulent alors en spirale comme un ressort de montre. Il se forme ainsi un kyste dont la paroi, d'abord molle, s'incruste de calcaire et devient visible à l'œil nu. En cet état les trichines ne sont encore que des larves et restent ainsi tant que vit l'animal infesté; elles ne deviennent adultes que si elles passent dans les intestins d'un autre sujet. Le fait ne se produit que si les muscles contenant les trichines enkystées sont absorbés. Alors la trichine se développe complètement et demeure dans les intestins; ce sont ses petits seuls qui pénètrent dans le système musculaire.

Il n'existe que deux moyens de se préserver de la trichinose. Le premier consiste à cuire les viandes d'une façon suffisante; si elles contiennent des trichines, leur action est détruite et leur présence ne se trahit que par un léger craquement de leurs kystes calcaires sous la dent qui les broie. Le second moyen consiste dans une inspection minutieuse des viandes abattues. Certaines villes d'Allemagne, résolues à se débarrasser de ce fléau, ont installé dans chaque abattoir des surveillants armés de microscopes et chargés de ne laisser débiter aucune viande sans examen préalable.

Vers 1881, au moment où les États-Unis, atteints à leur tour par cette invasion, envoyaient sans scrupule sur le continent européen des masses

Trichine grossie.

de viande de porc trichinées. il fut question d'installer en France un poste d'observation dans chaque port d'arrivage. On fut effrayé du nombre considérable d'agents qu'il eût fallu installer et de l'énormité du travail à

Trichine femelle adulte émettant ses petits.

accomplir en se basant sur l'usage du microscope; les législateurs français préférèrent interdire l'importation des salaisons d'Amérique. Mais, comme l'on eut la naïveté d'interdire seulement l'importation directe, les expéditeurs se bornèrent à faire débarquer à Anvers ce qu'ils débarquaient au Havre, et leurs produits infectés pénétrèrent sans la moindre difficulté par la frontière belge au lieu d'aborder à nos quais.

Malgré le bas prix de sa production, malgré le développement donné dans nos fermes à l'élève de cet utile animal, il nous faut demander à l'étranger une partie de notre consommation. C'est la Belgique et l'Italie

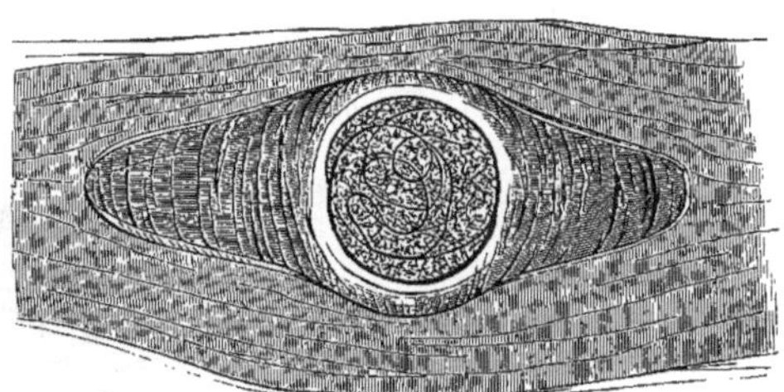

Trichine enkystée.

qui nous fournissent les plus fortes importations d'animaux vivants : la première nous en donne plus de 100 000, et l'Italie à peu près 18 000 ; l'Allemagne vient ensuite avec environ 12 000 têtes.

L'Europe centrale tire ses principaux approvisionnements de la Hongrie

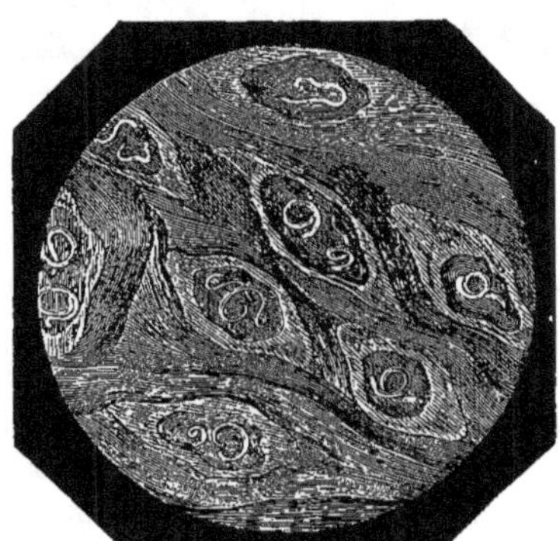

Chair trichinée.

et de la Valachie. Les grandes plaines de ces pays seraient souvent désertes sans les immenses troupeaux de porcs qu'on y voit errer sous la conduite d'un gardien mélancolique, et qui donnent un semblant de vie à ces vastes étendues. Pour l'exploitation de la race porcine, Pesth est à l'Europe centrale ce que Chicago est aux États-Unis, mais dans des proportions bien moindres. On a centralisé dans cette ville et dans ses environs toutes les industries se rattachant à la race porcine.

Cependant, quand on parle de salaisons, surtout de salaisons de porc c'est aux États-Unis qu'il faut revenir, et principalement à Chicago.

En Amérique, l'élevage du porc n'a aucune analogie avec les procédés européens. Sur le vieux continent, les animaux sont l'objet de soins presque individuels, et l'on sait quel assujettissement résulte de la nécessité de mener tous ces animaux au trèfle, au pâturage, à la glandée.

ABATTOIR DE PORCS A CINCINNATI

Le dépeçage.   La mise en glacière.

Aux États-Unis on ne le rencontre guère que sur les fermes à maïs, c'est-à-dire sur la rive gauche du Mississipi, où la culture est la plus avancée. Sitôt que le jeune porc est sevré, on le met dans les champs de maïs avec les bêtes à cornes. Sa fonction est d'utiliser les grains non digérés par l'estomac des ruminants ou tombés à terre et piétinés. On met ainsi deux porcs par tête de bœuf ou de vache. Il vit en pleine liberté, sans abri, mais mangeant du maïs à discrétion. Ce régime lui réussit; il se développe rapidement et atteint un poids élevé.

Quand il est à point, il est dirigé vers Saint-Louis, Cincinnati ou Chicago, centres des préparations de conserves. Nous ne nous appesantirons pas sur les curieux établissements tant de fois décrits où les porcs sont abattus et préparés. Nous nous bornerons à rappeler que la plupart des opérations sont accomplies au moyen d'engins mécaniques, et qu'il suffit de dix à quinze minutes pour saisir un porc par un pied, le hisser en l'air, le sai-

ABATTOIR DE PORCS A CINCINNATI

L'accrochage.   La saignée.   L'échaudage.   Le raclage.

gner, l'échauder, le racler, le vider, le décapiter, le déposer divisé en deux dans une salle réfrigérante où les chairs se raffermissent et prennent de la couleur. Après trente heures de séjour dans ce local à basse température, la bête est débitée en jambons, cuissots, côtes, etc.; tout cela est fumé, salé, encaqué en barils comme des harengs.

Les grands abattoirs de Chicago sont au nombre d'une vingtaine ; ils traitent pour leur seule part les quatre-vingts centièmes des porcs qui sont préparés dans cette métropole commerciale. Il est tel de ces établissements qui tue un million de porcs durant la campagne et arrive facilement au chiffre de vingt mille par jour. Rien n'est perdu, ni les os, ni le sang, ni les soies, ni la peau. Les chaleurs, si élevées d'ordinaire pendant les courts étés des États-Unis, ne sont point une cause d'arrêt dans les opérations ; on maintient la température au degré convenable en jetant constamment d'épaisses couches de glace sur le sol des ateliers.

C'est en Angleterre seulement que les importateurs ont pu faire parvenir vivants des porcs américains ; mais ce commerce n'a point d'avenir à cause du dépérissement qui atteint les animaux pendant une traversée trop longue et trop coûteuse.

Il n'en est pas de même pour les salaisons, qui sont venues inonder nos marchés à ce point qu'on détaillait, à certains moments, les meilleurs morceaux de salé à raison d'un franc seulement le kilogramme. L'importance des envois américains en France a été beaucoup atténuée depuis la prohibition décrétée contre les importations directes; mais à ce moment nous recevions de l'Amérique seule à peu près 37 000 000 de kilogrammes de salaisons de porc.

Il faut se réjouir et non s'effrayer de ce développement de la consommation des viandes salées ; elle habitue les populations rurales, dont le régime est encore si défectueux, à l'usage des aliments d'origine animale et prépare ainsi, pour un avenir peu éloigné, de nouveaux débouchés à l'agriculture. D'ailleurs, ainsi que nous l'avons déjà fait observer, l'extension prise par la consommation faisant multiplier la demande, il se produit au profit de l'éleveur une surélévation des cours qui rend sa spéculation plus productive après avoir eu à subir pendant un court temps une légère entrave dans ses opérations.

IV

LA BASSE-COUR ET LE CLAPIER

Importance de la poule dans la basse-cour. — Les races d'élite françaises et étrangères. —
Les œufs de poule. — Composition : la coquille, le blanc, le jaune. — Les œufs divers. —
Les œufs de vanneau ; leur recherche. — Usages industriels de l'œuf. — L'albumine. —
Le canard et son foie. — Le dindon. — L'oie ; les confits, la graisse. — Le pigeon. —
Le gavage aux halles de Paris. — Le clapier. — L'élevage des lapins est une bonne
spéculation.

A côté des gros animaux que la ferme fournit pour servir de base à
l'alimentation publique, se place toute une suite d'animaux de moindre
taille dont l'apport dans la masse des ressources alimentaires est cependant d'une notable importance. La basse-cour avec ses habitants variés
n'est pas seulement un complément servant à utiliser les déchets de tout
genre produits par l'exploitation rurale, elle est encore la fabrique,
l'usine où s'élabore une part très considérable de la nourriture publique.

Bien qu'il n'entre pas dans notre cadre de nous occuper de son rôle
économique, nous rappellerons cependant que la basse-cour est une
charge ou une source de profits pour la ferme, selon la manière de la
diriger.

De tous les animaux peuplant la basse-cour, la poule est la plus importante par le nombre et par la nature de ses produits. On en compte
45 000 000 en France. Elle donne sa chair et ses œufs, qui constituent un
appoint très considérable pour l'alimentation publique et pour des industries assez nombreuses.

Son espèce est représentée par une multitude de races recherchées pour
la finesse de leur chair, l'abondance de leurs œufs, ou pour l'élégance
de leur plumage. Ce dernier mérite n'a pas à nous occuper ici.

Depuis longtemps les races françaises ont acquis une juste célébrité pour leur délicatesse due aux croisements et aux soins éclairés dont elles sont l'objet.

La plus répandue, la poule commune, a de grandes qualités de saveur. Elle s'élève facilement; elle utilise surtout admirablement les déchets de toutes sortes.

Les variétés d'élite sont sans concurrentes possibles, tant leur précocité et la finesse de leur chair les mettent au-dessus des autres. Il suffit de citer les races de Crèvecœur, de Houdan, de la Flèche, de la Bresse, de Barbezieux.

On estime à bon droit la race de Bréda, qui appartient à la Hollande. Les Anglais ont la race de Dorking, excellente pour sa chair et sa précocité, mais dont la rusticité n'approche pas de nos races nationales.

Il ne faut pas compter les poules dites cochinchinoises, pour lesquelles on s'est fortement enthousiasmé, car cette espèce présente précisément tous les caractères opposés à ceux d'une bonne race de table.

La poule est par elle-même déjà bien recommandable au point de vue alimentaire, mais son mérite est, peut-on dire, décuplé par la production des œufs. De tous les aliments c'est le plus sain, le plus digestif, le plus recherché, celui qui se prête aux préparations les plus nombreuses.

Au point de vue chimique, l'œuf comprend : la coquille, formée de carbonate et de phosphate de chaux, de carbonate de magnésie, d'oxyde de fer et d'une matière organique contenant du soufre; le blanc, dans lequel on constate aussi la présence du soufre, d'eau pour plus des quatre cinquièmes, d'albumine, sa partie essentielle, qui n'atteint pas même le sixième de son poids, de quelques sels minéraux, d'un peu de sucre incoagulable; le jaune, dans lequel dominent les parties grasses et qui contient moitié d'eau, de la vitelline, sa substance azotée, de la margarine, de l'oléine et quelques sels minéraux.

Loin d'être imperméable, la coquille est l'instrument d'un échange de gaz avec l'extérieur; il se produit une évaporation dont l'existence se manifeste par l'agrandissement de la chambre à air, et qui peut enlever chaque jour à l'œuf jusqu'à 3 et 4 grammes de son poids.

Au point de vue alimentaire, deux chiffres permettront d'apprécier la valeur commerciale des œufs Chaque année nous en exportons 40 millions, et Paris en consomme à lui seul à peu près 290 millions.

Au point de vue hygiénique c'est le meilleur des aliments, à la condition d'être mangé à la coque. En effet, la digestibilité de l'œuf tient à la non-coagulation de l'albumine. Plus la cuisson est prolongée, moins l'œuf est digestif; c'est pourquoi l'on devrait s'abstenir de manger des œufs

durs. Toutes les manières de _es manger qui ont pour résultat la coagu-
lation de l'albumine devraient être proscrites par ceux qui ont souci de
leur estomac.

Les œufs de tous les oiseaux sont aptes à servir de nourriture ; mais
on ne fait guère usage que des œufs de gallinacés.

En première ligne viennent ceux de la poule ; ceux de canc leur res-
semblent beaucoup, toutefois _ls passent pour être plus nourrissants, car
ils paraissent contenir une plus forte proportion de matières grasses et
de matières azotées.

Coq et poules.

On estime aussi les œufs de dinde ; ceux de la pintade sont petits ; ceux
du faisan constituent un mets de luxe, et leur goût, à l'automne, rappelle celui de la chair de l'oiseau.

Les œufs de vanneau sont rares et très recherchés des gourmets, mais
à la condition de n'en manger que le jaune. En Hollande, pays de pré-
dilection de cet oiseau, l'on voit de nombreux chasseurs se répandre
dans les grandes prairies coupées de canaux qui caractérisent la contrée ;
chacun est armé d'une longue perche pour s'aider à franchir les saignées
qui coupent son chemin : au fur et à mesure de sa récolte il met les œufs
dans un filet pendu à son côté.

L'œuf de vanneau présente une particularité curieuse. Au lieu de devenir opaque par la chaleur, le blanc de cet œuf devient transparent et
d'un vert opalin ; le jaune apparaît à l'intérieur baigné dans cette substance cristalline qui, si elle est laissée pendant plusieurs heures dans
l'eau bouillante, devient aussi dure qu'une pierre. Cette dureté est telle

que, dans certaines parties de l'Allemagne, on fabrique de petits bijoux avec le blanc ainsi durci des œufs de vanneau.

Toutes les parties de l'œuf tiennent une place dans l'industrie.

La coquille, calcinée et pulvérisée, est employée comme poudre absorbante.

Le jaune sert à tenir en suspension les substances huileuses et résineuses, ainsi qu'au nettoyage des étoffes de soie. Outre l'emploi que les confiseurs et les pâtissiers en font, l'on en extrait une huile adoucissante

Le vanneau.

d'une saveur agréable, mais d'une très grande altérabilité. Le jaune desséché est encore employé par les gantiers pour la préparation des gants.

Le blanc est assurément la partie la plus importante au point de vue commercial, et constitue l'albumine d'œuf, dont l'industrie fait chaque année une consommation considérable. Elle sert à fixer les couleurs dans l'impression des tissus, à lustrer la reliure des livres et pour la chapellerie. La clarification des vins, des sirops et des liqueurs s'obtient par son emploi. Additionnée d'un peu d'iodure de potassium, sa solution aqueuse est utilisée par les photographes pour leurs épreuves sur verre.

Fraîche ou desséchée à l'air, ses propriétés restent les mêmes; mais desséchée au feu ou dans l'eau à 100 degrés, elle perd toutes ses qualités industrielles.

S'il fallait extraire des œufs toute l'albumine demandée par le com-

merce, son prix serait fort élevé. Heureusement que l'albumine est une matière largement répandue dans la nature ; c'est la plus abondante substance azotée de l'économie animale. Aussi demande-t-on au sérum du sang provenant des abattoirs une grande partie de l'albumine réclamée par l'industrie.

La provenance la plus ordinaire de l'albumine d'œuf, c'est la Bohême et la Moravie. Dans ces pays, où les œufs sont extrêmement abondants et à bon marché, l'usage est de vendre au détail les jaunes séparés de leur blanc ; ce dernier est réservé au commerce de l'albumine.

A côté de la poule il faut placer le canard par rang d'utilité. De tous

Canards.

nos volatiles c'est le plus apte à fournir promptement et à peu de frais une chair comestible. Il est à la basse-cour ce que le porc est à l'étable. Son insatiable appétit lui fait trouver des substances alimentaires partout où il passe. Sa chair, malgré tout son mérite, n'a cependant pas la finesse de celle de la poule ; elle est d'une digestibilité moins grande.

Le canard est recherché des gourmets pour la délicatesse et le volume que son foie atteint sous l'influence d'une nourriture appropriée jointe à une immobilité forcée. Dans ces conditions il se produit une hypertrophie de cet organe, qui se trouve amené à un volume relativement énorme. Les foies ainsi produits forment la base des fameux pâtés de foies gras dans la fabrication desquels Strasbourg, Nérac et d'autres villes se sont acquis une réputation universelle.

Le dindon est une volaille de luxe. Originaire de l'Amérique septentrionale, où il vit encore à l'état sauvage, il présente dans son pays d'origine des qualités comestibles supérieures encore à celles que nous lui connaissons. Son élevage exige des soins tout spéciaux qui décou-

ragent bien des fermiers ; il faut l'appât du prix élevé auquel se vendent
ces fines volailles pour se livrer à toute la série des opérations que nécessite sa réussite.

Sa chair est d'une facile digestion et convient assez bien aux personnes
délicates ; mais il faut se garder de leur faire manger de ces monstrueuses
bêtes qui font la gloire des marchands de comestibles. Ces sujets, amenés
à leur maximum d'embonpoint, ont une chair trop chargée de graisse.

L'oie est, avec le canard, le volatile le plus rustique de nos basses-

Le dindon.

cours. En Angleterre elle forme le plat de fondation du repas traditionnel
de Noël ; à ce moment la consommation qui s'en fait à Londres est véritablement phénoménale. Dans notre pays elle est la volaille du peuple et
des petits bourgeois. Sa chair est lourde et indigeste à cause de l'abondante graisse qu'elle renferme.

Dans nos provinces méridionales, l'oie occupe une place importante
dans la petite population ailée que chacun garde chez soi : on l'engraisse,
on la soigne avec le même soin que nos paysans du centre et de l'ouest
le font pour le porc duquel ils attendent leurs provisions d'hiver. L'oie
y joue un rôle analogue dans une foule de maisons du Languedoc et de
la Gascogne. Le petit troupeau produit aux ménages peu aisés à la fois
de l'argent et des vivres.

Les malheureux oiseaux doivent fournir des foies gras destinés à lutter
de finesse avec ceux des canards. Dans ce but ils sont livrés à un gavage

outré dont les effets sont encore accentués par l'immobilité qu'on leur impose quelquefois en leur clouant les pattes sur une planche. Quand l'animal est sur le point de périr de gras fondu, on le tue : son foie, vendu au marché, alimente d'argent le ménage ; sa chair, découpée en morceaux convenables, est enfermée dans des vases de grès remplis de graisse et constitue le *confit d'oie,* qui est aux ménages méridionaux ce que le petit salé est aux ménages de l'ouest ; sa graisse, fine et abondante, est recueillie avec soin et remplace le beurre, avantageusement d'ailleurs, pour les besoins de la cuisine.

L'oie.

Les pigeons forment encore un appoint sérieux de l'alimentation dans les villes. Dans les fermes où l'on exploite les nombreuses couvées de cet oiseau pacifique on a l'habitude de livrer les pigeonneaux au marché dès qu'ils sortent du nid ; c'est le moment le plus favorable pour le consommer dans la plénitude de ses qualités alimentaires.

A Paris, où la consommation de cet oiseau est énorme, on le reçoit d'habitude dès qu'il est emplumé. A ce moment il n'est pas encore à même de subvenir lui-même à sa nourriture, mais comme sa chair est à son plus haut degré de finesse, voici comment opèrent les marchands qui détiennent de grandes quantités de pigeonneaux.

Enfermés dans de grands paniers bas et empilés dans les réserves des halles, ils sont gavés deux fois par jour par des gens dont c'est la profession. Il faut deux hommes pour cette opération : l'un prend les pigeons

Sous-sol du marché aux volailles, aux halles de Paris.

dans les paniers et les passe à son camarade ; celui-ci, assis sur un escabeau, a devant lui, à hauteur de sa bouche, un baquet plat plein d'eau chaude dans laquelle nagent des graines de vesce détrempées. Pendant qu'il s'emplit la bouche de graines et d'eau, il s'empare vivement par le cou de l'animal qu'on lui tend, lui ouvre le bec, lui insuffle fortement une gorgée de vesces et le rejette de côté. La rapidité avec laquelle on opère est véritablement curieuse et exige, paraît-il, une grande habileté.

A côté de tous ces produits utiles de la basse-cour, se placent ceux du clapier. Il faut toute la fécondité du lapin pour résister à l'immense consommation qui en est faite et aux conditions ordinairement si défectueuses dans lesquelles on le place. C'est l'animal dont les plus petits ménages peuvent entreprendre l'élevage. Une boîte, un tonneau, un coin de cour lui suffisent ; il accepte tout comme nourriture ; les sarclages de jardin, les herbes ramassées le long des chemins lui donnent une chair fort appréciable. Amélioré par de bons soins et par une sélection intelligente, le lapin produit des races qui se recommandent par le volume des individus et la qualité de la chair.

Le profit que donne son éducation est assez notable pour avoir tenté plus d'un spéculateur. La plaisanterie qui consiste à dire qu'on peut se faire 3000 livres de rente en élevant des lapins est une belle et bonne réalité, n'en déplaise au vulgaire que cet axiome d'apparence dérisoire amuse toujours. On a vu et l'on voit parfaitement des éleveurs de lapins avoir souvent plusieurs milliers de sujets dans des garennes forcées, qui, bien conduites et mises en coupes réglées, donnent de bons et réels bénéfices. D'autres, s'en tenant au clapier, ont des établissements où vivent et se multiplient avec profit quelques centaines de sujets de choix.

Au point de vue de l'approvisionnement l'on a tendance à multiplier les races de gros lapins qui, telles que le bélier et le saint-pierre, réunissent le volume et la précocité. Ce sont les deux points principaux à atteindre, parce que le lapin n'est plus recherché comme jadis pour le poil qu'il fournissait à la chapellerie.

Sa peau, lorsqu'elle est dans des conditions convenables, a une autre destination ; elle entre aujourd'hui pour une large part dans la confection des fourrures communes ; convenablement teinte et préparée, elle figure admirablement les fourrures les plus rares pour les yeux inexpérimentés.

V

LE GIBIER; LA BOUCHERIE DE CHEVAL.

Rareté du gibier dans l'alimentation de l'homme civilisé. — Valeur nutritive. — Gibier à poil et gibier à plume. — La perdrix, le faisan. — Le braconnage. — Le lièvre, le lièvre de pays et le lièvre d'outre-Rhin. — Gibier de passage. — La viande de cheval. — Valeur alimentaire. — Les approvisionnements de Paris après 1789 et en 1870, ceux des armées de la République. — Les boucheries de cheval à Paris, à l'étranger. — Consommation du cheval à Paris. — La viande d'âne et de mulet.

En dehors de l'état sauvage, l'homme se nourrit peu de gibier. Non civilisé, cette nourriture fait la base de son alimentation animale; dans l'état de civilisation elle est, au contraire, l'exception. Le gibier est un objet de consommation de luxe d'autant plus marqué que notre bien-être est plus développé. En effet, plus la culture d'une contrée est perfectionnée, plus les soins à donner aux plantes que porte la terre sont nombreux, plus le gros gibier s'éloigne de ces lieux trop fréquentés; en retour, le petit gibier abonde davantage, il trouve dans les champs couverts de belles récoltes un abri suffisant et un régime succulent. Aussi voit-on ordinairement les chasses les plus giboyeuses situées dans un rayon assez court autour des grandes villes.

Considéré comme aliment, le gibier ou, si l'on préfère, la chair des animaux sauvages, constitue une nourriture hautement réparatrice à cause de la forte oxygénation du sang; mais elle est échauffante et un peu lourde à digérer. Elle ne peut convenir qu'à de bons estomacs.

Cependant, parmi le gibier, il faut distinguer entre gibier à plume et gibier à poil. Ce dernier est ordinairement d'un usage moins salutaire pour les estomacs délicats.

En France, la généralité du gibier ne se compose guère pour la plume

que de la perdrix, du faisan, de la caille, de la bécasse et des oiseaux
d'eau qui abondent durant l'hiver. Les autres oiseaux ne sont guère que
du gibier cantonné dans quelques localités peu nombreuses. Le gibier
de poil comporte chez nous le lapin, le lièvre, le chevreuil, le cerf, le
sanglier; les autres animaux sauvages recherchés pour leur chair forment l'exception.

Parmi le gibier à plume, la perdrix et le faisan tiennent le premier
rang comme quantité et comme popularité. Au point de vue alimentaire,

La perdrix rouge.

leur usage, tout restreint qu'il est, n'en contribue pas moins pour une
part sérieuse dans l'alimentation. A Paris où la perdrix est très en faveur, l'on ne pourrait suffire aux demandes de la consommation si l'on
devait se borner aux envois des contrées environnantes; heureusement
les vastes plaines de l'Alsace lui fournissent de nombreux envois.

Quant aux faisans, ils arrivent en grande partie de la Forêt-Noire et
du duché de Bade; nos quelques chasses gardées ont grand'peine déjà à
suffire aux plaisirs de leurs propriétaires.

D'ailleurs, pour le gibier de toute nature, une grosse difficulté en rend
la multiplication difficile et en restreint l'usage; c'est l'extension du braconnage. Il est avéré que la moitié au moins du gibier qui paraît sur
les marchés y est envoyé par les braconniers. Dans les contrées giboyeuses, cette plaie du braconnage est entretenue et alimentée avec une
rare intelligence par tout ce que le monde des vagabonds compte de rusé,

d'adroit et d'audacieux. Sur beaucoup de points ces parias ont formé
entre tous une association occulte fort bien conduite qui assure aux dé-
linquants saisis par la justice une réparation complète du *tort* qui leur
est fait, s'ils sont condamnés. Leurs engins sont remplacés, leurs amendes
sont payées, leur famille est soutenue et indemnisée pendant toute la
détention de l'homme. Ils ont si bien su organiser une sorte de terreur
autour d'eux qu'on rencontre des domaines dont les gardes, pour n'avoir
point avec eux de démêlés, où ils ne sont pas toujours les plus forts,

Faisan argenté.

ferment les yeux sur certains délits et, au besoin, participent aux bénéfices de l'association. Ce sont les braconniers qui procurent à qui veut
bien le payer un prix suffisant tout le gibier qu'il désire même et surtout en temps prohibé.

Les lièvres forment la partie importante du gibier à poil paraissant
sur les marchés. Seulement, au point de vue alimentaire, il importe de
discerner. Autant l'amateur apprécie le lièvre de montagne et celui dit de
pays, autant il se méfie de ceux qui proviennent de la vallée du Rhin.
Autant les premiers ont une chair savoureuse et de haut fumet, autant les
seconds manquent de saveur. Il ne suffit pas qu'ils rachètent cette absence
de vertus gastronomiques par une taille relativement considérable due
seulement à l'abondance de nourriture aqueuse de leur pays d'origine.
A Paris, ce sont ces lièvres qu'on voit le plus communément.

Nous ne dirons rien des cerfs, daims, chevreuils et sangliers; ce sont
des raretés relatives. Leur nombre est insuffisant pour être autre chose

qu'un aliment de grand luxe. Comme les autres gibiers la p'us large part nous arrive d'outre-Rhin.

Quant au gibier de passage, cailles, merles, canards, bécasses, culs-blancs ou autres oiseaux migrateurs, leur apparition est trop fugitive et trop localisée pour qu'il en soit tenu compte dans l'alimentation publique. Disons seulement qu'elles donnent lieu à des chasses particulières, qui sont chaque fois une occasion de fête pour les chasseurs de la contrée.

Lièvres au gagnage.

Il est encore un appoint considérable fourni à la consommation dans les grandes villes; nous voulons parler des boucheries où se débitent les viandes de cheval, de mulet et d'âne.

Moins agréable et moins tendre que celle du bœuf jeune et bien engraissé, la viande du cheval est peut-être plus nourrissante.

Presque toute la viande consommée à Paris lors de la disette qui suivit la révolution de 1789 était de la viande de cheval. Les Parisiens de 1870 voient donc que, malgré leurs réclamations contre les approvisionnements de l'époque, ils n'ont pas eu le mérite d'être les premiers à supporter cette nourriture qui leur déplaisait tant. D'ailleurs, c'était, durant les deux sièges de Paris, la seule viande qu'on pût se procurer régulièrement. La consommation fut énorme, car, du mois d'octobre au mois de mai, on livra à la boucherie, dans Paris seulement, plus de 65 000 chevaux, ânes ou mulets.

La viande dont on approvisionna nos armées lors des campagnes du Rhin, de la Catalogne, d'Égypte, était encore de la viande de cheval, et le baron Larrey lui attribue même la guérison d'un grand nombre de ses malades.

Depuis 1860, à Paris, on tente de la faire entrer dans l'alimentation publique; des comités se sont formés et les résultats obtenus ont prouvé

La bécasse.

que le préjugé contre la viande de cheval n'était pas aussi enraciné qu'on pouvait le croire. D'ailleurs il s'agit d'utiliser, rien qu'à Paris, environ dix à douze mille chevaux qui se tuent, ou que des accidents obligent d'abattre, et de les faire servir à un meilleur usage que d'être distribués aux porcs, aux carnassiers du Jardin des plantes ou que d'être distillés d'un bloc dans une vaste cornue.

La viande de cheval est débitée publiquement depuis plus de quarante ans dans plusieurs villes d'Allemagne et de Suisse; mais en France la première boucherie chevaline ne date que de 1860. Ce commerce fut réglementé en 1866; depuis il tend à s'accroître. Dès 1873, on ne comptait pas moins de quarante boucheries de cheval à Paris; pourtant la consommation de la capitale ne progresse pas en raison de sa population et de la gêne bien constatée dans la classe ouvrière; ainsi, en 1882, on avait abattu 7 546 chevaux pour la boucherie; en 1883, la quantité a été de 9 486 et en 1884 de 10 323.

D'après des documents certains, la consommation de Paris en viande de cheval serait d'environ 3 500 000 kilogrammes; or cette viande coûte moitié moins cher que la viande de boucherie et est exempte de tous droits; mais un certain point d'honneur, faux à tous égards, retient le consommateur peu fortuné, et il se prive d'un aliment salutaire.

Indépendamment de la viande de cheval les mêmes établissements

La caille.

débitent de la viande d'âne et de mulet. Ce sont, il faut le dire, deux viandes fines et savoureuses, celle d'âne principalement.

En Perse et dans toute l'Asie elle est appréciée à sa juste valeur. Chez nous la chair d'âne et de mulet n'est guère employée que dans la composition des saucissons de Lyon et d'Arles.

QUATRIÈME PARTIE

LE LAITAGE

I

LE LAIT

Aliment complet; il est indispensable aux nouveau-nés. — Caractères physiques. — Composition chimique. — Divers laits comparés. — Le colostrum. — Production du lait en France; consommation de Paris. — Les fournisseurs de Paris. — Préservation du lait en voyage. — Altérations naturelles. — Falsifications. — Le mouillage du lait. — Conserves de lait. — Le koumys.

Les mammifères, dont les œufs ne renferment pas les principes nécessaires à leur développement, se nourrissent exclusivement, pendant un certain temps, d'un liquide sécrété par des glandes spéciales ou mamelles.

Ce liquide est le lait composé de granulations ou goutelettes graisseuses tenues en émulsion ou en suspension dans un sérum particulier. Il constitue, comme l'œuf, un aliment complet, et fait également partie de l'alimentation de l'homme adulte.

Aux nouveau-nés son usage est indispensable, si indispensable qu'aucun autre aliment ne saurait le remplacer, et que la grande mortalité qui frappe les enfants en bas-âge tient presque uniquement à la privation du lait maternel. Le lait bu au moyen du biberon, les petits potages plus ou moins légers, les farines spéciales de tout genre, *infaillibles* pour l'élevage des enfants, au dire de leurs inventeurs, ne sont que des palliatifs plus ou moins impuissants contre les effets pernicieux de la non-lactation. Aux adultes, l'usage exclusif du lait s'impose aussi quand l'estomac est le siège d'une altération grave; il est, dans bien des cas, le seul aliment que puisse supporter l'organe malade.

Physiquement, le lait est un liquide alcalin, blanc, opaque, dont la
température, au moment de la traite, est de 24 à 28 degrés, et la densité
un peu supérieure à celle de l'eau. Sa saveur est douce, légèrement
sucrée; son odeur, peu accusée, est néanmoins spéciale. On a même
isolé du lait de vache un principe odorant, rappelant celui du fourrage
et qui semble spécial à cet animal, car aucun autre lait ne présente cette
particularité.

A l'examen microscopique, le lait apparaît formé d'une multitude de
petits globules constitués par une matière grasse et dont le diamètre varie
d'un millième à un centième de millimètre; leur quantité est telle qu'on
n'en compte pas moins de 45 000 dans une goutte de lait d'un milli-
gramme; ces globules réfléchissent vivement la lumière sans l'absorber,
et déterminent ainsi la coloration blanche du lait.

La composition chimique du lait est fort complexe et comprend des
principes azotés, amylacés, gras, et des matières minérales, variant de
nature avec l'espèce ayant fourni le liquide. Enfin il tient en suspension,
par litre de lait, environ 30 centimètres cubes de gaz formés d'oxygène,
d'azote et d'acide carbonique.

Les proportions relatives des éléments du lait ne sont pas fixes. Elles
dépendent de la race, du pays, du sujet, de la nourriture, de la saison,
etc. ; elles varient d'un jour à l'autre chez le même animal; elles ne sont
même point semblables dans le lait du matin et dans celui du soir, ce
dernier étant toujours plus butyreux.

On peut considérer la composition suivante comme étant la moyenne :

Eau	88 36
Beurre	2 53
Caséine	3 43
Sucre de lait	5 44
Sels	0 24
Total	100 00

Mais les proportions de ces éléments varient avec les espèces.

D'études comparatives ayant porté sur le lait de femme, de vache, de
chèvre, de brebis, d'ânesse, de lama et de jument, il résulte que l'eau
est moins abondante dans le lait de brebis et que celui de jument en
contient le plus. C'est aussi le plus butyreux, tandis que celui de jument
l'est à peine. La caséine, à peine marquée dans le lait de femme, d'ânesse
et de jument, abonde, au contraire, dans celui de brebis et de chèvre.
L'albumine varie peu de l'un à l'autre de ces laits. Le sucre atteint

7 pour 100 dans le lait ce femme; il descend à 6,40 dans celui d'ânesse et tombe beaucoup plus bas dans les autres.

Nous ne parlerons pas du colostrum, ou lait des premiers jours qui suivent la naissance; il est tout spécialement affecté par la prévoyance du Créateur à la nourriture du nouveau-né. Il est une transition de la nourriture intra-utérine au régime azoté auquel il doit s'habituer progressivement.

La France, qui n'est pas le pays où se consomme le plus de lait, en produit 5 400 000 000 de litres environ, dont une grande partie est absorbée sous sa forme naturelle pour les besoins journaliers de l'alimentation, tandis que le reste est transformé en beurre et en fromage.

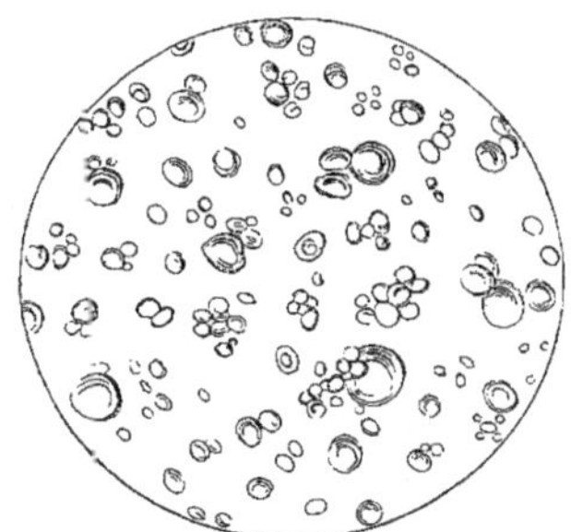

Lait pur vu au microscope.

Si tout ce lait était recueilli, il formerait une rivière large d'un mètre, profonde de 0^m,33, coulant pendant un an, jour et nuit, avec la vitesse d'un mètre par seconde.

Paris, le Gargantua de notre patrie, en absorbe journellement 450 000 litres, ce qui fait 164 000 000 de litres par année.

Actuellement, le lait est fourni à Paris par des nourrisseurs demeurant au dedans des fortifications, par les nourrisseurs de la banlieue et par des laitiers recueillant dans un rayon de 20 à 25 kilomètres le lait qu'ils débitent eux-mêmes pour la plupart, enfin par des cultivateurs ou des entrepreneurs qui amènent le lait à des gares de chemins de fer et le font transporter par cette voie pour le distribuer ensuite dans les différents quartiers de Paris.

Le lait de la première provenance est presque toujours sans saveur. Les vaches de ces établissements, logées dans des espaces restreints, privées d'exercice et d'air, nourries avec des substances provoquant avant tout une sécrétion lactée surabondante, sont fréquemment atteintes de phtisie; leur lait n'a aucune valeur hygiénique.

Les nourrisseurs de la banlieue sont dans des conditions un peu moins défavorables. Toute la différence qui existe dans leurs produits consiste, pour le consommateur, à n'avoir jamais qu'un lait préalablement écrémé, tandis que les nourrisseurs de l'intérieur livrent à prix élevé leur lait non écrémé, uniquement parce qu'il contient une trop faible proportion de crème pour mériter un traitement spécial.

C'est la troisième catégorie de fournisseurs qui alimente le plus sérieusement Paris. Ceux qui font ce commerce recueillent le lait chez les cultivateurs et le renferment dans des vases en fer étamé, de vingt litres de capacité, cadenassés ou ficelés et cachetés à la cire. Arrivées au chemin de fer, ces boîtes sont placées dans des wagons spéciaux, dont les parois à jour permettent la circulation de l'air. Mais pour garantir le lait contre les altérations produites par la chaleur, ils sont dans l'usage, durant les chaleurs, de le faire bouillir préalablement au bain-marie ou de le refroidir au moyen de la glace. Beaucoup y ajoutent une petite quantité de bi-carbonate de soude pour s'opposer à la séparation du sérum et de la caséine résultant de la trépidation subie pendant le voyage. Parfois ce produit, inoffensif quand la dose est restreinte, est remplacé par une addition frauduleuse de borate ou même de salicylate de soude, de vaseline ou de pétréoline.

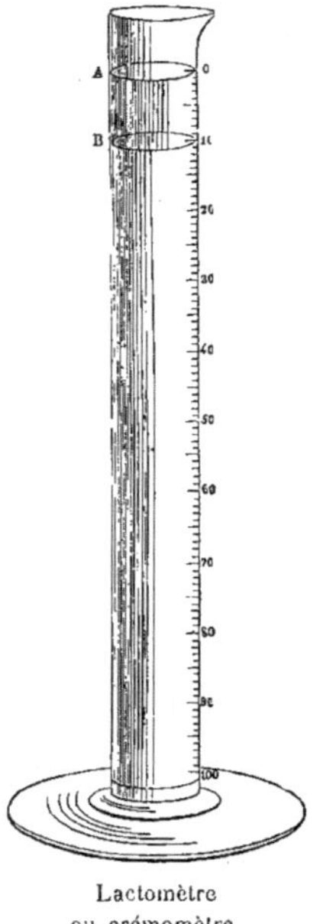

Lactomètre
ou crémomètre.

Si les pratiques dont le lait est l'objet étaient limitées à celles qui ont pour objet d'en empêcher la prompte altération, l'on pourrait se montrer relativement satisfait. Il n'en est malheureusement pas ainsi.

Les maladies des vaches ont une action marquée sur la saveur de leur lait, sur sa couleur, sur sa densité. Il devient bleuâtre ou noirâtre ou jaunâtre; il a une légèreté ou une viscosité particulière; il est aigre ou amer, selon que l'animal est atteint d'une maladie charbonneuse, de la fièvre aphteuse ou de la phtisie tuberculeuse.

A l'exception des affections charbonneuses, aucun fait bien caractérisé n'autorise, selon certains hygiénistes, à considérer comme ayant des propriétés nuisibles le lait des vaches atteintes de ces maladies. Néanmoins des observateurs autorisés affirment que la phtisie peut se transmettre par l'usage du lait. Il importe donc de se méfier des animaux vivant dans les étables non aérées des grandes villes. Le mieux est de ne jamais faire usage d'aucun lait sans l'avoir préalablement fait bouillir.

Le lait est une des substances les plus altérées, souvent même falsifiées par des commerçants avides et déshonnêtes. Non seulement il est livré à la consommation une quantité notable de lait ayant subi des altérations naturelles, mais encore on falsifie, on altère, pour en augmenter le volume, le lait livré pur par les cultivateurs.

La falsification la plus ordinaire consiste à l'écrémer, puis à lui rendre sa densité au moyen de l'eau, parfois même sa couleur et son opacité à l'aide de fécules diverses, de décoctions de son, d'orge ou de riz, de dextrine ou de gélatine. Quelquefois, mais rarement, on ajoute un peu de jaune d'œuf ou quelques gouttes de caramel pour lui faire perdre sa teinte bleuâtre et lui redonner son aspect blanc jaunâtre; dans d'autres cas, on incorpore un peu de blanc d'œuf pour laisser au lait allongé d'eau la propriété de mousser fortement par l'agitation, comme le fait le lait pur. L'addition de sucre et de gomme est rare, à cause du prix élevé de ces substances. Quant à la fabrication et à la falsification du lait avec des émulsions de graines oléagineuses ou de cervelles de bœuf, de cheval, de mouton, elle est presque sans exemple, malgré la faveur avec laquelle est accueillie cette accusation; une telle fraude est si grossière qu'elle n'a aucune chance de passer inaperçue et de profiter à son auteur.

A Paris, le laboratoire municipal a dressé un catalogue singulièrement riche de toutes les fraudes dont les substances alimentaires sont l'objet; le lait en comporte de nombreuses, révélant toutes une connaissance approfondie de la chimie; mais les savants préposés à la défense de l'hygiène publique sont plus habiles encore que les fraudeurs, et ne laissent aucune de leurs supercheries sans être dévoilée.

Dans les grandes villes le prix de vente des différentes catégories de lait suffit à indiquer, à mesurer le degré et l'étendue des falsifications.

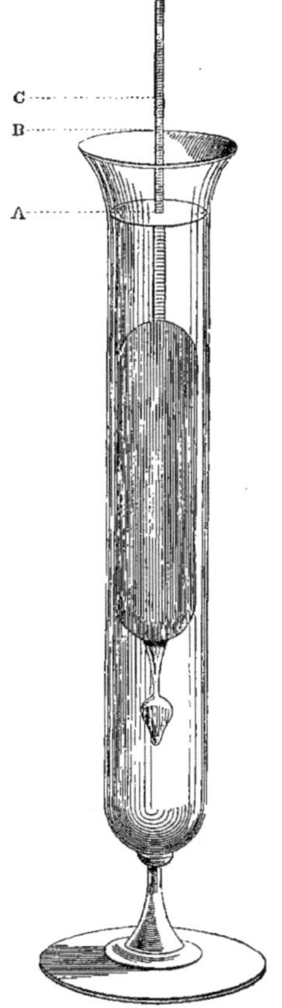

Lacto-densimètre.

On a d'abord le lait qui se vend de soixante-cinq centimes à un franc le litre ; il est livré en vases cachetés ; il est généralement bon et non écrémé. La deuxième catégorie de lait coûte ordinairement de quarante à cinquante centimes le litre ; il peut encore être pur, à la condition que l'acheteur qui le prend chez le nourrisseur surveille attentivement tous les actes du garçon laitier chargé de traire devant le client. La troisième catégorie est plus ou moins mouillée après l'écrémage par les soins des intermédiaires. Enfin la quatrième catégorie, vendue généralement trente centimes, n'est jamais du lait pur et contient toujours beaucoup d'eau : c'est celle qui fournit la majeure partie du lait consommé.

Le mouillage du lait, nous apprend M. Ch. Girard, le directeur du

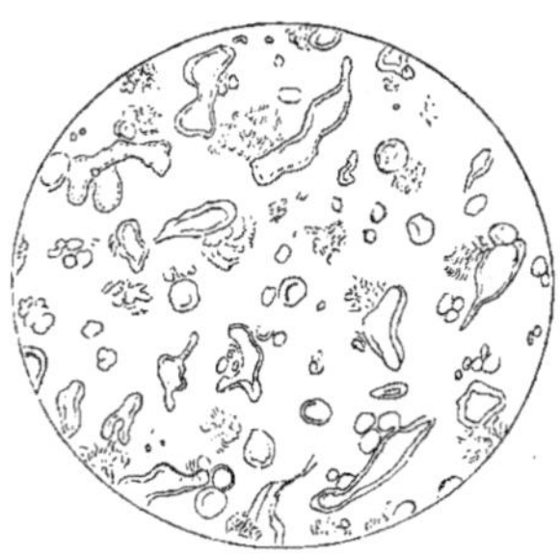

Lait fabriqué avec de la cervelle de veau.

laboratoire municipal, n'est pas seulement cette opération si légèrement et si inconsidérément raillée par le public. C'est une véritable adultération du lait ; non seulement il diminue ses qualités nutritives, mais il introduit directement, dans un aliment populaire et presque exclusif pour un grand nombre d'enfants, les germes morbides que peuvent contenir les eaux de toute provenance employées par les falsificateurs. Il y a là une cause directe de maladie et de mort qui devrait être réprimée avec plus de sévérité que cela n'a lieu ; car les analyses révèlent que, sur deux échantillons de lait mouillé, il y en a toujours un additionné d'eau de provenance suspecte.

Le désir d'avoir du bon lait fait employer pour le conserver frais une multitude de procédés plus ou moins efficaces, disons mieux, plus ou moins inefficaces lorsqu'on répudie les additions nuisibles de borate, de salicylate ou de bi-carbonate. L'unique moyen d'avoir de bon lait est de le consommer peu de temps après la traite. En dehors de ce procédé

élémentaire, les conserves de lait concentré peuvent seules prétendre à
l'innocuité. Sous cette forme, le lait est un produit d'un transport facile
et procure aux navigateurs un réel soulagement. Ces conserves, qui se
présentent sous forme de poudre, de pâte, de sirop et de tablettes, représentent tous les principes du lait, moins l'eau ; dissoutes dans l'eau,
elles redonnent du lait ou un liquide rappelant le lait.

La fabrication de ces conserves a pris un essor considérable en Suisse
depuis quelques années. Elle est d'ailleurs fort simple. On vaporise le lait

La laiterie dans la ferme.

après une addition variable de sucre, et on l'amène par une douce chaleur
à la consistance d'un sirop ou crème épaisse; on l'enferme ensuite dans
des boîtes de fer-blanc fermées hermétiquement et soudées comme les
boîtes de conserves alimentaires.

Le lait fournit, par la fermentation alcoolique dont son sucre est le
siège, une boisson enivrante appelée *koumys,* qui est en usage depuis
les temps les plus reculés chez la plupart des peuples nomades de
l'Asie. C'est ordinairement le lait de jument qui sert à cet usage, mais
celui de l'ânesse et de la vache sont susceptibles de donner les mêmes
produits.

Le koumys, très recherché par les Kirghises, Turcomans et autres
asiatiques, est une boisson qui remplace chez ces peuples l'eau-de-vie

de nos pays ; mousseux comme le champagne, sa saveur est légèrement
acide et piquante, son odeur rappelle celle du petit-lait. Offrant les principes chimiques reconnus dans le lait, il est, comme le lait, un aliment
complet, mais les transformations qu'il a subies lui donnent des propriétés thérapeutiques sur lesquelles l'attention des médecins s'est portée
sérieusement pour le traitement de certaines affections nerveuses.

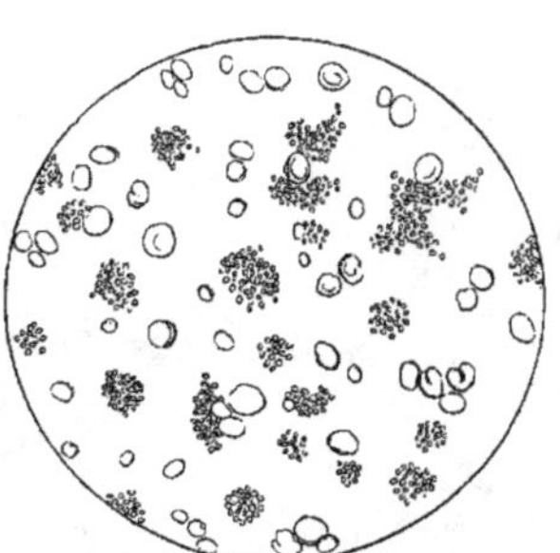

Lait d'une vache malade.

II

LE BEURRE

Tout le lait produit ne saurait être consommé en nature. Les producteurs tendent de toutes leurs forces à vendre directement le produit de leur vacherie, car ils en tirent ainsi le maximum de bénéfices ; mais son abondance, la difficulté de l'amener en temps utile sur les lieux de consommation, s'opposent à ce qu'on fasse usage du lait exclusivement sous sa forme naturelle. D'ailleurs, ce précieux produit fait également partie nécessaire de l'alimentation en paraissant sur nos tables transformé en beurre et en fromage.

Afin de tirer parti comme beurre du lait surabondant, on le sépare de sa crème pour la traiter à part.

D'après les méthodes généralement suivies, le lait destiné à être écrémé est maintenu à une température de 12 à 13 degrés pendant environ trente-six heures. La plupart de nos paysans obtiennent ce résultat en plaçant le lait, pendant l'hiver, dans le voisinage du four ou de l'écurie, et pendant l'été dans un cellier ou dans une cave. Cette méthode est vicieuse à plus d'un titre, et les hommes de science, convaincus par l'exemple des cultivateurs danois, chez lesquels l'art de la laiterie est arrivé au plus haut point de perfection, font tous leurs efforts pour propager dans les campagnes les méthodes du Nord. Dans les pays scandinaves, le lait est rapproché autant que possible de zéro degré : durant l'été on pratique les manipulations dans un local dont la température est abaissée soit au moyen d'un courant d'eau froide, soit même au moyen de glace ; durant l'hiver on le place, au besoin, dans des appareils autour desquels circule de l'eau chaude.

On obtient ainsi un rendement de crème très élevé, supérieur de 10 à 15 pour 100 au rendement de l'écrémage par la chaleur, et l'on peut travailler le lait beaucoup plus rapidement.

La traite à l'étable.

Bien égouttée, la crème contient près de 40 pour 100 des diverses matières grasses que renferme le lait. C'est leur réunion en un corps compact, semi-solide, qui constitue le beurre.

Chimiquement, le beurre contient :

Margarine.	65
Butyrine, caprine et caproïne. . . .	2
Oléobutyrine	33
Total. . .	100

On l'extrait par le battage dans des vases appropriés nommés *barattes,
beurrières* ou *sérènes*.

Dans beaucoup de contrées on bat directement le lait ; dans d'autres,
en Normandie principalement, on sépare d'abord la crème ; ailleurs,
comme dans divers comtés anglais, la crème est chauffée à une température voisine de l'ébullition avant d'être battue.

Le barattage du lait suivant les méthodes primitives (Indes françaises).

Après le battage ou barattage, on procède au « délaitage », qui consiste
à grouper les grumeaux de beurre en les pétrissant sous l'eau, à l'aide
de battoirs en bois.

De nombreuses expériences établissent qu'un litre de lait donne en
moyenne 30 à 35 grammes de beurre.

Le beurre est par lui-même fort peu coloré, mais on le colore fréquemment avec du safran, des fleurs de souci, du jus de carotte, de curcuma ou de rocou.

Comme dans toute espèce de produit tiré des animaux, le beurre est d'autant meilleur que l'animal est soumis à un régime se rapprochant le plus de son régime naturel ; aussi le beurre provenant d'animaux pâturant à l'air libre, dans de grasses prairies, est-il le plus fin et le meilleur.

C'est pour cette raison que, parmi nos beurres de France déjà si renommés, on place en première ligne ceux de Normandie, de Bretagne, d'Auvergne, de Picardie et d'Artois. Ceux d'Isigny, dans le Calvados, et ceux de la Prévalaye, près de Rennes, ont une réputation universelle qu'ils doivent non seulement à la qualité de leurs herbages, mais encore aux soins tout particuliers déployés pour leur fabrication.

On trouve également des beurres renommés en Belgique, en Angleterre, en Hollande, en Allemagne, en Russie, surtout en Danemark. Les pays méridionaux en fabriquent peu, et même plusieurs d'entre eux, l'Italie, la Grèce, l'Espagne, ne font pas au beurre l'honneur d'être mis sur la nappe. Au contraire, en Belgique et en Hollande, on ne s'expliquerait point un repas sans beurre : on en mange avec tout, en déjeunant, en dînant, en goûtant, en soupant, et l'on ne verrait pas le plus pauvre ouvrier entreprendre le moindre repas sans sa provision de *tartines* plus ou moins grassement beurrées.

C'est en Normandie qu'il faut se rendre pour apprécier l'importance de ce produit de la ferme ; d'ailleurs, aucune branche de l'industrie n'a fait autant de progrès depuis cinquante ans.

Le pays de Gournay amène chaque année 7 millions de francs dans la contrée rien qu'avec son beurre renommé ; la Seine-Inférieure en vend à elle seule pour 26 millions et demi. Mais, si l'on peut s'exprimer ainsi, le royaume du beurre est le Bessin, dont Isigny forme le centre. L'Angleterre en prend pour plus de 3 500 000 francs, et Paris en absorbe pour plus de 12 millions venant uniquement de cette contrée. Le Calvados en entier y trouve un chiffre d'affaires de 75 millions par an, et la consommation locale en absorbe pour 8 millions et demi.

Les *beurriers* du Bessin calculent que chaque bonne vache fournit par an de 125 à 130 kilogrammes de beurre et leur vaut un revenu de 400 francs. Dans cette industrie agricole, rien n'est perdu, ni le petit lait dont on engraisse les veaux et les porcs, ni le fumier, qui, à lui seul, compense les frais de soins et de nourriture.

La France vend, chaque année, à l'étranger seulement, pour plus de 100 millions de francs de beurre tant frais que salé.

Une si précieuse substance ne pouvait échapper aux entreprises des falsificateurs. Aussi les fraudes sont-elles nombreuses et le beurre est-il un des produits alimentaires le plus souvent adultérés.

Presque toutes les falsifications se font au moyen de graisses diverses.

Souvent on emploie des beurres rances, vieillis, qu'on lave dans des eaux acidulées, que l'on fond ensuite et qu'on incorpore. La fécule de pommes de terre et les substances pulvérulentes jouent encore un grand rôle dans cette industrie malhonnête.

Le révélateur le plus efficace, le plus certain, de toutes ces fraudes est le microscope. Vu sous un grossissement de 380 à 400 diamètres le beurre naturel se présente sous forme de globules très nombreux et très petits ; il ne donne aucune trace de cristaux. Falsifié avec des graisses ou de la margarine, le beurre montre dans le champ d'observation de petits cristaux anguleux ou en forme d'aiguilles, selon la nature du corps altérant. Beaucoup de ces industriels forment une boule de graisse qu'ils recouvrent d'une couche plus ou moins épaisse de beurre de bonne qualité ; c'est un vieux procédé qui doit avoir du succès, car, malgré la facilité avec laquelle on peut le découvrir, il est toujours employé. D'autres pétrissent leur graisse avec leur beurre.

La plus employée des substances destinées à la falsification des beurres est la margarine, sorte de beurre animal tiré des graisses fraîches ; c'est celle qui s'incorpore le mieux, et dont la présence est la moins facile à reconnaître sans une analyse chimique.

Depuis longtemps, d'ailleurs, la margarine est fabriquée en vue de remplacer le beurre dans la cuisine et dans la pâtisserie pour les classes peu aisées. Elle a le grand avantage de ne pas rancir. Aujourd'hui, non seulement elle est employée directement aux usages culinaires, mais encore on l'expédie des États-Unis et des usines de la banlieue parisienne pour falsifier principalement le beurre que la Hollande exporte en grandes quantités.

Comme si nous n'avions pas assez de la margarine, on vient de lancer dans le commerce des denrées alimentaires un nouveau produit imitant le beurre. C'est la *beurrine,* que l'on obtient en faisant fondre dans des cuves chauffées à la vapeur des graisses fraîches et *choisies.* Le produit est ensuite malaxé avec 15 ou 20 pour 100 de lait et 5 pour 100 d'huile végétale. Ce composé, dont la fabrication offre beaucoup d'analogie avec celle de la margarine, rappelle assez bien le goût et l'aspect du beurre.

III

LES FROMAGES

Le beurre n'a pas épuisé tous les éléments du lait transformé ; il reste encore une proportion considérable de principes utiles contenus dans la caséine.

La caséine constitue le tiers des principes non aqueux que renferme le lait : insoluble dans l'eau, soluble dans les alcalis et les acides faibles, elle forme la base de tous les fromages, lesquels sont dits gras ou maigres selon que le lait d'où ils proviennent a été préalablement écrémé ou non.

Dans les fromages maigres, le beurre a d'abord été isolé; dans les fromages gras il est resté mélangé au caséum.

Un litre de lait fourni habituellement 100 grammes de caillé. On donne ce nom à la partie solide du lait qu'un repos suffisant a fait séparer en deux parties, comprenant le caséum ou caillé et le petit lait ou sérum.

Le caséum est tenu en dissolution dans le sérum à la faveur de la soude qu'il contient, et sa précipitation est due à une altération spontanée de la lactine en sucre de lait et à la formation d'acide lactique, qui sature l'alcali. Il suffit donc d'ajouter au lait une substance acide pour hâter la production du caillé.

Dans les campagnes où l'on fabrique le fromage, on a adopté depuis longtemps, pour faire cailler le lait, l'usage d'y mettre quelques gouttes de présure, liquide contenu dans la caillette ou quatrième poche stomacale du veau non sevré. Ailleurs, on emploie certaines fleurs jouissant de la même propriété moins prononcée : celles de l'artichaut, du cardon, de la grassette, du caille-lait, par exemple.

La caséine peut servir encore à d'autres usages que la confection du fromage. Unie à la chaux, elle forme un composé insoluble et imputrescible, employé dans la peinture en détrempe ou dans l'application des couleurs sur toile à la place de l'albumine ; dissoute dans l'eau saturée de borate de soude elle devient fortement agglutinative et remplace avantageusement la colle forte dans les travaux d'ébénisterie. Enfin, mélangée à de la magnésie et à de l'oxyde de zinc, elle donne un produit blanc, très dur, imitant l'écume de mer (silicate de magnésie naturel) susceptible d'être taillé et poli. La caséine ainsi traitée est, d'ailleurs, la matière avec laquelle on fabrique tous les objets en fausse écume de mer.

Avant de commencer la préparation du fromage proprement dit, il faut séparer avec soin le petit lait ; cette fabrication nécessite, pour y réussir, une très grande habitude.

Les produits de l'industrie fromagère se classent en fromages mous frais, qui doivent être consommés immédiatement, en fromages crus à pâte ferme et fromages mous salés, qui se conservent un temps plus ou moins long, enfin en fromages cuits, qui sont de longue conservation.

Dans la première classe de fromages on compte le fromage dit « à la crème » produit simplement en laissant la crème exposée à l'air, le fromage « à la pie » qui comporte une certaine proportion de caillé mêlée à un peu de crème. C'est un fromage fréquemment fabriqué à Paris avec le lait non vendu dans la journée.

Neufchâtel-en-Caux s'est acquis dans cette branche d'industrie une réputation européenne qui lui a suscité de nombreux imitateurs. Ses produits sont désignés sous le nom de *frais,* ou de *raffiné,* ou de *fromage de foin.* Cette dernière espèce est la plus ordinaire. Dans cette localité et à Gournay, qui l'égale dans cette industrie, il est des fabricants qui reçoivent, chaque jour, des fermes avoisinantes, le lait de trois à quatre mille vaches. Il y a là de véritables usines occupant chacune une cinquantaine d'ouvriers, et expédiant tous leurs produits sur Paris, où d'autres ouvriers achèvent les opérations commencées à Neufchâtel ou à Gournay. Une seule de ces usines fabrique par an six millions de ces petits fromages si connus des Parisiens sous le nom de Gervais ou de double crème.

Le fromage de Brie, auquel sa réputation a valu le titre de « roi des fromages », appartient à la seconde classe des fromages mous salés. Sa fabrication fait la fortune d'une partie de Seine-et-Marne ; dans cette contrée une bonne vache donne chaque année un bénéfice net de 300 francs. Aussi les imitations sont-elles nombreuses, et il faut connaître les produits des fabricants renommés pour apprécier la distance qui les sépare de leurs similaires.

Au même genre appartiennent les Pont-Lévêque, les Camembert, les Livarot, les Géromé persillés, etc., faits avec du lait de vache, les Mont-Dor, produits du lait de chèvre, les Montpellier, faits avec du lait de brebis.

Les fromages crus à pâte ferme comptent les produits anglais de Chester et de Gloucester, le fromage de Hollande vulgairement appelé « tête de mort », le fromage d'Auvergne ou du Cantal nommé « fourme », qui se fabrique dans les *burons* de la montagne.

A cette catégorie appartient aussi le fromage de Roquefort, dont l'industrie de ce pays a fait un produit et une exploitation très particulière méritant quelques détails.

Au centre de l'Aveyron est un vaste plateau calcaire dit le plateau de Larzac, à travers les buissons duquel pâturent 600 000 brebis d'une race locale dont tout le lait est employé à la fabrication des fromages. Les plantes aromatiques des landes et des escarpements communiquent à ce lait une saveur remarquable.

Le produit de la traite du soir est, après un chauffage modéré, abandonné à lui-même pendant la nuit. On y joint la traite du matin après l'avoir chauffée de nouveau pour faciliter le mélange. On précipite le caillé au moyen de présure d'agneau et on le coule par couches successives dans des moules en terre vernissée. Entre chaque couche on répand une pincée de poudre d'un pain moisi qui est l'objet d'une fabrication toute spéciale.

Cette fabrication a une grande importance ; aussi les fromagers ne laissent-ils à personne le soin de les en approvisionner, et ils le distribuent eux-mêmes aux fermiers qui doivent leur fournir le fromage frais. Il se compose d'une quantité égale de farine de froment, d'orge d'hiver et d'orge de mars, enfin d'un levain très fort, dans la proportion de 23 pour 100, additionné de vinaigre. La pâte est pétrie très ferme et le pain fortement cuit, puis on le laisse moisir pendant deux ou trois mois ; ensuite on le réduit en poudre par la mouture.

Pendant que le caillé est encore mou, on l'agite un peu, afin de mélanger le pain et de produire ces marbrures qui caractérisent le fromage de Roquefort et que la fermentation accentue.

Après un égouttage convenable, les fromages sont portés dans les fameuses *caves* où ils doivent subir la fermentation et recevoir les soins qui leur assurent toute leur finesse.

On commence par les saturer de sel, et on les débarrasse à plusieurs reprises des couches visqueuses provoquées par l'exsudation qui se produit. Après ces opérations on les classe suivant leur aspect et on les porte à différents étages de la *cave*.

On nomme ainsi dans le pays des bâtiments à plusieurs étages formés d'une seule façade et dont le fond et les côtés sont constitués par le rocher même contre lequel ils s'appuient. Chaque étage est occupé par des gradins sur lesquels sont empilés les fromages, de façon à pouvoir être atteints commodément par les femmes préposées à leur traitement.

La paroi du fond est toute crevassée de fissures naturelles par où s'épanchent des courants d'air très frais et très violent appelés *fleurines*. Les fissures se prolongent souterrainement et se perdent dans l'intérieur de la montagne. De leur nombre dépend la valeur de la cave pour la fabrication du fromage.

La température se maintient ainsi uniformément basse dans ces caves, par suite des éboulements produits dans les assises inférieures du plateau calcaire et qui ont donné naissance à des crevasses à travers lesquelles l'air intérieur est en constante communication avec l'air extérieur. Il se produit un continuel mouvement d'équilibre qui tantôt rafraîchit et tantôt échauffe l'air des vides souterrains.

Pendant quarante à cinquante jours les fromages soumis aux réactions chimiques produites par les *fleurines* et par l'humidité sont retournés, raclés, percés pour faciliter le dégagement de l'acide carbonique.

Une fois *mûrs*, les fromages sont livrés à la consommation. Il s'en fabrique, chaque année, plus de 4 millions de kilogrammes, donnant lieu à un commerce qui se chiffre par plus de 20 millions de francs et s'étend à toutes les parties du monde.

Malgré toutes les tentatives faites pour utiliser des excavations analogues, les produits obtenus ne peuvent se comparer aux vrais fromages de Roquefort.

Les fromages cuits sont le Gruyère et ses imitations, le Parmesan et le fromage de Bresse. La Suisse et le Jura ont le monopole de la fabrication du premier, et il apporte dans ces contrées une telle aisance qu'il y est devenu la première industrie agricole.

C'est sur les pentes dénudées du Jura français que sont situées ces fromageries dont les rivales ne se trouvent que dans quelques cantons suisses. C'est dans la zone des châlets, livrée pendant sept mois à l'abandon, que, pendant les cinq autres mois de l'année, se déploie une activité extraordinaire.

Les chalets des montagnes sont ordinairement placés sous un régime d'association bien souvent décrit, nommé *fruiterie* ou *fruitière*. Plusieurs propriétaires mettent en commun leurs troupeaux et les confient à une

Une fromagerie dans la Brie.

sorte de gérant chargé de leur exploitation ; les bénéfices se distribuent en raison de l'apport. Souvent les associés sont nombreux, ce qui entraîne une comptabilité un peu compliquée parfois. Dans une *fruitière* chaque vache a son compte, auquel on inscrit la quantité et la densité du lait donné par elle. D'addition en addition on arrive, au bout de la campagne, à des résultats qui profitent avantageusement aux deux parties qui contractent association ; il faut le croire, du moins, car la coutume des fruitières, introduite d'abord dans les hauts chalets s'est peu à peu répandue sur les plateaux inférieurs au point d'y devenir la loi commune. Peu de grands propriétaires sont en mesure de lutter contre ces associations et préfèrent en suivre la fortune, tandis que le paysan, propriétaire d'une ou deux bêtes seulement, trouve à mettre son lait en commun des avantages qu'il n'aurait jamais rencontrés s'il avait été livré à ses seules forces.

On sait en quoi consiste la fabrication du fromage dans la Gruyère Suisse. Tous les vachers apportent à la *fruitière* le produit de leur traite, qui est noté soigneusement. Après un temps suffisant pour la montée de la crème, le tout est mis dans un vaste chaudron sur un feu doux, et y reste exposé jusqu'à ce qu'il atteigne à peu près 28 degrés.

On fait alors cailler au moyen d'une présure particulière, puis on la recoupe en petits morceaux. La masse est de nouveau chauffée à 40 degrés, en agitant continuellement au moyen d'un bâton armé de petites broches,

Fabrication du Gruyère. (Intérieur d'une *fruitière*.)

et jusqu'à ce que les grumeaux aient pris une consistance ferme et une couleur jaunâtre. Puis on soulève la masse entière du fond de la chaudière au moyen d'une étamine et on la porte dans un moule placé sur le plateau d'une presse. Après un égouttage suffisant, la presse est serrée et maintenue pendant vingt-quatre heures. Le fromage a pris sa forme définitive; il passe ensuite dans la cave où, pendant quatre à cinq mois, il est chaque jour saupoudré de sel fin après avoir été débarrassé de la couche déposée la veille.

Le Parmesan subit le même traitement que le Gruyère, mais il doit sa coloration particulière à la préparation de sa présure. Par suite d'une cuisson plus avancée, sa pâte est grenue et sèche, tandis que celle du Gruyère est unie, compacte et serrée.

Considéré au point de vue alimentaire et hygiénique, l'usage des fromages fermentés est encore l'objet de contestations assez vives. Les uns exagèrent leurs vertus digestives, les autres ne voient que les accidents produits par leur usage, les empoisonnements réels dont ils sont parfois la cause. La vérité, ici comme dans bien d'autres cas, est des deux côtés; pour la reconnaître il faut simplement se rendre compte de l'état des fromages incriminés. D'après les beaux travaux de M. Pasteur, il résulte que les transformations subies par les fromages au cours de leur fabrication sont dues à des ferments figurés : les uns, qui sont des aérobies, c'est-à-dire vivant au sein de l'air, déterminent une véritable digestion de la caséine; ils se retrouvent dans l'estomac et dans les intestins des animaux et contribuent efficacement aux phénomènes de digestion. Les autres, au contraire, sont des anaérobies, c'est-à-dire qui ne peuvent supporter le contact de l'air; c'est à eux que sont dues les matières de haut goût d'où le fromage tire la saveur plus ou moins forte qui le rend agréable et... dangereux.

L'emploi d'un lait infectieux pour la fabrication du fromage est, pour la plupart, la cause déterminante de certains empoisonnements produits par un développement d'acides gras.

Ces accidents, très communs dans divers pays, notamment en Allemagne et aux États-Unis, sont presque inconnus en France. Ils se produisent, la plupart du temps, avec des fromages fabriqués dans les maisons particulières ou dans les fermes au moyen de lait avarié, dans des conditions insuffisantes de propreté et nuisibles à une bonne fermentation. Les fromages préparés dans les manufactures spéciales ne présentent pas les mêmes inconvénients.

Les symptômes les plus caractéristiques de ces accidents sont des aphtes dans la bouche, des nausées, une diarrhée persistante, des maux de tête et une prostration nerveuse presque complète présentant beaucoup d'analogie avec l'empoisonnement par le poisson avarié.

Les fromages auteurs du mal sont difficiles à distinguer des autres en prenant pour guides l'odeur et le goût. L'analyse chimique permet seule de se rendre compte d'une façon certaine de la nocuité des fromages soupçonnés.

Malgré la richesse de notre production, nous sommes loin de suffire à notre consommation. Tandis que nous exportons seulement 4 millions de kilogrammes de fromages de diverses provenances, il nous faut en importer chaque année de 16 à 17 millions de kilogrammes. Dans cette importation le fromage de Hollande et celui de la Gruyère suisse, vulgairement désigné sous le nom de « Gruyère », tiennent la principale place.

Les Américains du Nord ont, eux, un moyen très simple pour suffire à la consommation considérable qu'ils font de fromage sans pour cela subir les exigences des producteurs : c'est de fabriquer du fromage artificiel. C'est toujours, comme dans le beurre falsifié, l'oléo-margarine qui en fait la base. Cette huile clarifiée, obtenue de la graisse de bœuf, possède, il faut le dire, une valeur nutritive incontestable.

Dans les crèmeries des États-Unis, la crème est soigneusement retirée du lait pour être vendue à part; le lait est mélangé avec l'oléo-margarine, et ce produit artistement travaillé se condense en une sorte de pâte malléable, qu'on bat soigneusement jusqu'à ce qu'elle ait pris la consistance du fromage. On la façonne ensuite et on la vend à très bon compte pour la consommation populaire.

CINQUIÈME PARTIE

LE POISSON

I

L'INDUSTRIE DE LA PÊCHE

Ancienneté de l'usage du poisson dans l'alimentation. — Les djokkenmodings danois. —
Ces monuments sont répandus sur tous les continents. — La pêche a conduit à la découverte des palaflttes. — Jadis et aujourd'hui. — Rôle de la pêche parmi les populations
maritimes. — Elles lui doivent leurs ressources. — Les trois pêches. — La pêche au
large. — La pêche côtière. — La pêche à pied. — Importance de cette industrie dans
les divers pays d'Europe. — Les États-Unis. — Le poisson dans l'Extrême-Orient.

Par le fait même qu'il plaça auprès d'un cours d'eau sa première
demeure, l'homme fit du poisson un des premiers et des principaux éléments de sa nourriture. Les plus anciens vestiges laissés par nos ancêtres
préhistoriques abondent en débris de poissons de tout genre : poissons
de mer et poissons d'eau douce. Tout le long des côtes danoises on
retrouve des monticules surbaissés auxquels on a donné le nom de
djokkenmodings ou restes de repas, et où les fouilles amènent au jour
d'innombrables ossements de poissons et des débris de coquillages comestibles abandonnés par les premiers habitants. Ces débris révèlent par
leur abondance la place importante que le poisson occupait dans l'alimentation des époques passées.

Ces monuments ne sont point particuliers au Danemark. La France en
possède quelques-uns sur les côtes du Pas-de-Calais et du Var. L'Écosse,
l'Angleterre en ont aussi révélé. L'Afrique, sur les côtes de la Guinée, et
l'Australie en possèdent également. Mais l'Amérique est particulièrement
riche en ruines de cette espèce. Elle en offre de deux genres : les uns,

situés sur les rivages de la mer et contenant en majeure partie des débris de poissons de mer ; les autres, situés le long des cours d'eau et ne contenant guère que des ossements de poissons d'eau douce.

C'est par l'industrie de la pêche que l'attention a été appelée pour la première fois sur les curieux restes des palafittes suisses. Depuis longtemps les pêcheurs des lacs signalaient, dans une zone assez voisine du bord et nommée par eux *blanc-fond*, des espaces importants qui semblaient tapissés de têtes de pieux ; dans ces endroits, leurs filets ramenaient souvent au jour divers objets de forme inconnue. En examinant ces débris, en rapprochant l'un de l'autre divers faits signalés, en comparant à ceux que fournissaient les tourbières de Danemark les restes provenant des lacs suisses, un savant de Zurich, le docteur Zeller, reconnut qu'il se trouvait devant les ruines d'anciennes habitations. Les recherches furent poursuivies ; dirigées avec soin, elles ont fini par permettre de reconstituer les habitations, les mœurs, les produits industriels et agricoles des premiers Helvétiens. Parmi tous ces curieux vestiges du passé figurent en grand nombre des hameçons, des filets et des engins variés de pêche montrant la place que cette industrie occupait aux premiers âges de notre histoire.

Chaque peuple nous est révélé comme faisant entrer le poisson dans son alimentation ordinaire. Pour certains, le régime était, il est encore, composé presque exclusivement de poisson. Les Polynésiens et les peuples septentrionaux, ichtyophages par excellence, démontrent par la vigueur de leur tempérament la valeur alimentaire du poisson et l'innocuité de son usage exclusif.

Nous n'entreprendrons pas ici l'historique de la pêche ; mais il est curieux de voir le chemin parcouru depuis le moment où le premier pêcheur s'aventura monté sur un tronc branlant mal évidé, guettant le poisson pour le harponner au passage. Aujourd'hui, le matériel le plus perfectionné est mis au service de l'industrie de la pêche : embarcations, engins de capture, appareils de conservation, méthodes raisonnées dans l'exploitation de la mer, associations puissantes permettant les expéditions lointaines et réglant les marchés, tout est mis à contribution pour rendre plus fructueux un travail qui offre cependant toujours des dangers à ceux qui s'y livrent.

Considérée à un point de vue général, la pêche est exclusivement pratiquée par les populations des côtes. C'est sur le bateau de pêche que se forme le mousse en attendant que l'inscription maritime le prenne pour les bâtiments de l'État. Les hommes disponibles s'emploient sur les bateaux de grande pêche quand ils ne naviguent pas au commerce. C'est encore à la pêche que le marin libéré, que le vieux matelot demandent leurs moyens d'existence.

Enfin, demeurée au logis avec ses enfants pendant que « son homme » navigue, c'est toujours à la pêche que la femme se livre pour subvenir à ses besoins, que les déshérités de l'âge, de la fortune ou de la santé, sur la côte, réclament un petit gain les empêchant à peine de mourir de faim.

On compte trois grandes catégories de pêcheurs : ceux qui pratiquent la pêche au large et restent absents plusieurs jours, souvent plusieurs semaines et plusieurs mois. Ils emploient des bateaux pontés dont le tonnage varie d'importance avec la durée de leurs campagnes. Ils vont pêcher au loin les poissons de conserve : la morue, le hareng, etc. ; ou bien, pêchant au poisson frais, ils vont à quelques milles des côtes et rapportent leur pêche après une ou deux marées pour la vendre sur les marchés.

La pêche côtière emploie, en France du moins, de nombreux individus. Le matériel que réclame cette industrie est bien plus restreint ; les embarcations ne sont point pontées ; par conséquent, les pêcheurs de cette catégorie ne peuvent s'éloigner du rivage et passent rarement plus de douze heures en mer.

Enfin il y a ce qu'on nomme la pêche à pied. Elle est l'apanage des femmes, des enfants, des vieillards, de ceux que l'insuffisance de leurs moyens, ou le manque de travail sur un bateau quelconque, empêche d'*embarquer*. Elle se pratique à chaque marée, sur tous les points que la mer met à découvert ou laisse accessibles à un piéton. Quelques crochets, de menus filets, des hameçons qu'on cache dans le sable, des panneaux à demeure pour retenir le poisson monté avec le « flot », voilà tout le matériel exigible pour ce petit métier, auquel les consommateurs doivent la plupart des coquillages qui se débitent sur les marchés.

Pêche au large, pêche côtière ou pêche à pied, contribuent chacune pour leur part à l'alimentation publique. Dans certains pays, comme la Norwège, c'est une grande partie de la population qui vit de cette industrie ; plus au nord encore, les Samoyèdes, les Esquimaux et les Lapons en vivent exclusivement, ainsi que la plupart des habitants des pays septentrionaux du Kamtchatka, des îles Aléoutiennes et de toutes les côtes boréales.

Dans nos pays civilisés, la pêche occupe un rang considérable dans l'industrie nationale. En Europe, c'est l'Angleterre qui occupe le premier rang par le nombre de bras occupés aux diverses pêches et par la quantité des produits livrés au commerce. On y compte 120 000 pêcheurs, dont les captures représentent à peu près 275 millions de francs. Parmi les espèces recherchées, le hareng tient le premier rang, puis viennent la morue et le maquereau, enfin le saumon et le turbot.

La France vient ensuite. Nous avons près de 84 000 personnes adonnées à la pêche et produisant pour environ 93 millions de francs.

L'Italie ne retire guère plus de 40 millions de ses pêcheries, malgré le développement considérable de ses côtes, et encore elle emploie à ce maigre résultat à peu près 60 000 pêcheurs.

L'Espagne est encore moins active et n'exporte que pour 2 millions de poisson.

La Grèce fournit surtout des navigateurs, et le produit de ses pêches échappe à la statistique.

Par contre, les Hollandais occupent un rang honorable par l'importance de leurs entreprises, limitées, il faut le dire, à peu près à la mer du Nord. Mais ils exploitent les eaux marines avec un soin qui leur assure de beaux résultats.

Si l'on tient compte de la population et de la proportion des habitants qui se livrent à la pêche, le premier rang, en Europe, appartient sans contredit à la Norwège. Ce petit pays, qui contient à peine 2 millions d'âmes, compte près de 80 000 pêcheurs, c'est-à-dire presque un habitant sur vingt. Il est vrai de dire que l'agriculture y est peu rémunératrice et que la pêche se pratique d'ordinaire à une époque où le travail de la terre n'est pas possible. L'importance des produits de ses pêches n'est pas moins remarquable; car ce pays en retire chaque année à peu près 80 millions de francs.

Par l'excellence et la perfection de leurs appareils, par les dimensions et l'aménagement de leurs navires, par la richesse de leurs eaux qui ne comptent pas moins de 1 500 espèces comestibles, les États-Unis se sont placés à la tête de l'industrie de la pêche dans le monde entier. Pour donner une idée de ces pêcheries, il suffira de dire qu'elles réalisent une somme d'environ 500 millions de francs.

Chacun sait à quel point le poisson fait partie essentielle du régime alimentaire dans l'Extrême-Orient. Les Chinois et les Japonais, non contents de se livrer avec ardeur à l'exploitation de leurs eaux, ont encore accompli des miracles d'industrie et d'intelligence pour la conservation et la multiplication de leurs poissons. Depuis des siècles nombreux ils sont familiers avec les meilleures méthodes de pisciculture. Et pourtant l'admiration qu'inspire leurs ingénieux procédés est moins justifiée maintenant qu'elle ne l'eût été dans les temps passés. Par suite des guerres civiles dont l'immense empire chinois a longtemps souffert, bien des travaux destinés à la conservation du poisson ont été détruits, et leur disparition a porté un coup sensible à l'industrie de la pêche.

Quoi qu'il en soit, les corporations de pêcheurs y sont nombreuses, riches et merveilleusement organisées dans le double but d'assurer l'approvisionnement public et leur prospérité.

Nous verrons plus tard, au moment où ils passeront sous nos regards, les développements de cette industrie en Europe.

II

LE COMMERCE DU POISSON

Si les pêcheurs n'avaient d'autre écoulement de leurs captures que celui qu'ils rencontrent dans un rayon rapproché d'eux, le rude métier qu'ils exercent ne leur donnerait pas de quoi subsister. Le temps nécessaire au colportage du poisson serait chèrement payé par eux; il faut que la femme et les enfants aillent vendre la pêche du père tandis qu'il se hâte de préparer ses lignes et ses filets pour repartir à la marée suivante.

D'ailleurs, il faut le dire, les résultats sont en rapport direct avec les moyens d'action dont dispose le pêcheur. La petite pêche ne fait que de petites captures, vu l'impossibilité d'aller chercher le fort poisson dans les eaux profondes qu'il fréquente.

Sur la côte tout le « petit monde » est pêcheur, au moins pour ses besoins; celui dont c'est la profession ne peut vendre sa pêche qu'à une classe plus aisée; aussi, dans tous les petits ports de pêche, a-t-on pris l'habitude de vendre à la criée ou à bord, à prix débattu, aux revendeurs qui parcourent la contrée. C'est là le commerce ordinaire du poisson.

Dans les ports d'une certaine importance, les opérations se conduisent tout autrement. La pêche des bateaux est achetée d'avance, quelle qu'en soit la quantité ou la rareté, par des commerçants spéciaux nommés *mareyeurs.* Ces acheteurs expédient à leur tour au loin, dans les villes où existe une consommation importante. Leur habileté consiste à ne faire arriver sur chaque marché que la quantité nécessaire aux besoins locaux, afin d'éviter l'avilissement des prix ; mais la concurrence déjoue souvent leurs calculs.

L'engagement qu'ils prennent à l'égard des pêcheurs d'assurer le placement de leur poisson leur permet par contre d'interdire à ceux-ci de vendre une seule pièce de leur pêche en dehors de la criée qui a lieu au marché au poisson.

Des intérêts plus intimes lient encore le pêcheur et le mareyeur : celui-ci est la plupart du temps l'armateur et le banquier de celui-là. Nombre de pêcheurs ne pouvant armer un bateau de grande pêche avec leurs seules ressources, le mareyeur fait les avances nécessaires. Il ouvre volontiers au pêcheur imprévoyant des crédits importants qui lui assurent pour long-temps le produit de son travail. En outre, il participe aux produits du bateau que son intérêt lui fait surenchérir au moment de la criée.

Une fois la vente à la criée faite, le pêcheur peut vendre de son côté certaines espèces inférieures de poissons qui ne trouvent point placement sur les marchés de l'intérieur.

Cette organisation explique pourquoi il arrive souvent aux personnes qui se trouvent en passant dans un port de mer de ne pouvoir se procurer auprès des pêcheurs eux-mêmes quelque poisson de choix dont la grande fraîcheur les séduit ; il ne faut pas, dans un port de pêche, songer à acheter du poisson à d'autres qu'aux revendeuses. Il ne faut point non plus s'étonner de ne pas trouver facilement la pièce de son choix : les hasards de la pêche sont grands et les résultats ne se commandent pas au gré des acheteurs ; aussi rien n'est plus vrai que cet axiome, plaisant en apparence, qui a le don de bien étonner les gens peu habitués aux choses de la mer :

« Au bord de la mer, quand on veut du poisson, il faut le faire venir de Paris. »

En effet, Paris étant, avec quelques autres grandes villes, le point vers lequel tout converge, c'est toujours là que sont expédiées par les mareyeurs les pièces de quelque mérite ; c'est là seulement qu'on est assuré de trouver à toute heure l'objet que l'on désire. De fait, les beaux poissons qu'une circonstance oblige d'avoir à jour fixe dans un port même sont réexpédiés de Paris.

Avec les moyens de communication multipliés et rapides d'aujour-d'hui, l'arrivage de la marée dans les villes n'offre aucune difficulté. Il suffit aux mareyeurs d'expédier promptement, dans des emballages bien conditionnés, le poisson qu'ils adressent soit aux facteurs des Halles, soit à des correspondants.

Devenu plus facile, leur métier rapporte moins que jadis et la concurrence restreint les bénéfices de chacun. Avant les chemins de fer il en était tout différemment. L'expédition du poisson sur Paris et sur les grandes villes relativement peu éloignées de la côte nécessitait une organisation coûteuse, un matériel considérable, des avances importantes.

Le poisson ne pouvant alors se transporter qu'en voiture, le mareyeur était tenu d'avoir à sa disposition des attelages vigoureux et rapides qui traînaient des voitures spéciales dans lesquelles les paniers étaient soigneusement arrimés. C'était alors une curieuse lutte de vitesse entre les mareyeurs guettant la rentrée des bateaux de pêche, allant au-devant d'eux jusqu'en mer et achetant incontinent toute leur charge. Puis, aussitôt à terre, avait lieu une course échevelée, qui durait souvent jusqu'à Paris, entre les diverses voitures qui emportaient le poisson. Du Havre, de Dieppe ou du Tréport, il s'agissait d'arriver le matin à Paris ; les chevaux ne quittaient point le galop ; des relais, dont quelques-uns appartenaient en propre aux mareyeurs, se tenaient tout prêts et repartaient avec une nouvelle ardeur. Quelques minutes d'avance seulement suffisaient à décider du gain ou de la perte de tout un arrivage. Le prix de la course était à Paris, où la marée, impatiemment attendue, était chèrement payée au premier arrivant. Aujourd'hui les choses se passent avec une grande régularité. Chaque matin, à des heures immuables, les camions des chemins de fer déchargent sur le carreau des Halles leurs bourriches et leurs paniers, dont le contenu donne lieu à des transactions nombreuses parmi une population toute spéciale de courtiers et de revendeurs.

A part quelques circonstances exceptionnelles, les prix ne subissent plus les écarts incroyables qu'ils éprouvaient autrefois ; les envois se sont spécialisés, c'est-à-dire que chaque localité de pêche a son produit dominant dont la saison assure le retour régulier. Boulogne, le Tréport, Dieppe, Fécamp, etc., envoient comme jadis leur assortiment de marée ; la Hollande expédie ses harengs nouveaux et son saumon ; l'Écosse envoie ses truites et l'Angleterre ses homards. Marseille fait parvenir ses thons jusqu'à l'extrémité de la France. Les distances et les délais ne sont plus des empêchements ; tout au plus créent-ils des difficultés. Les trains rapides suppriment les distances et abrègent les délais ; l'inclémence de la température est combattue par l'emploi de la glace qui permet l'envoi à longue distance des poissons les plus délicats.

Depuis quelques années l'on ne se borne plus à mettre quelques morceaux de glace dans un panier pour essayer de maintenir la fraîcheur du poisson ; on expédie actuellement des paniers composés de lits alternants de glace pilée et de poisson.

Le perfectionnement est même poussé plus loin encore. Il est, le croirait-on, emprunté aux Chinois, qui possèdent des sociétés de pêcheurs admirablement organisées et outillées, leur fournissant, entre autres facilités, celle de tenir à leur disposition des approvisionnements considérables de glace. Les pêcheurs emportent avec eux de gros blocs de glace qui leur permettent de rester plus longtemps dehors sans être tenus de rentrer pour vendre le poisson pêché depuis quelques heures. Au lieu de revenir toutes les deux marées, ils restent absents pendant plusieurs jours sans inconvénient pour la fraîcheur du poisson, et peuvent ou compléter leur chargement sur un fond propice, ou réparer la malchance de la journée précédente.

Stimulés par l'exemple des Américains, nos pêcheurs font mieux encore. Ainsi qu'aux États-Unis, quelques-uns (trop peu) ont des bateaux au milieu desquels est aménagé un vivier dont l'eau est sans cesse renouvelée par la mer elle-même. Ils restent dehors jusqu'à ce que leur chargement soit complet.

D'autres, réunis en société ou appartenant à de grandes compagnies, ont des navires à vapeur leur permettant l'usage de puissants engins qui fonctionnent jour et nuit sans interruption dans les grands fonds ordinairement poissonneux. Un service de bateaux vient chercher leurs captures pour les porter à la côte.

Le prix du poisson ne dépend pas absolument de son abondance ou de la finesse de l'espèce offerte sur le marché ; il dépend principalement de sa fraîcheur et de sa nouveauté dans la saison. Car, en marée comme en toute autre denrée alimentaire, les premières apparitions d'un article assurent de hauts prix au poisson nouveau.

Rien, assurément, n'est plus commun que le hareng. Néanmoins les Hollandais n'hésitent pas à se porter au loin à la rencontre des premiers bancs : le poisson pris est aussitôt amené à Amsterdam, emballé, puis expédié jusqu'à Londres, Paris, Lyon, Cologne, etc., supportant des frais élevés de manipulation et de transport, pour arriver en fin de compte jusqu'au consommateur, au prix relativement minime de 15 à 20 centimes par tête.

Les premiers maquereaux se vendent cher, tant à cause de leur délicatesse qu'à cause de la variété qu'ils apportent au régime alimentaire. Il en est de même des sardines demi-sel dites sardines de Nantes ou royans.

Quoi qu'il en soit des perfectionnements apportés à ce commerce, le poisson frais est une denrée dont le prix se maintient toujours assez élevé. Plusieurs causes y contribuent. Tout d'abord l'affluence des acheteurs, encore fort nombreux heureusement, qui, aux jours d'observance, assurent une vente fructueuse. Les facilités de communication ont répandu l'usage du poisson de mer dans une foule de localités où il était autrefois inconnu. Enfin la nécessité de vendre dans un délai rapide une denrée de difficile conservation oblige à multiplier les intermédiaires. Or il est une loi économique trouvant son application là comme ailleurs : c'est que le nombre des intermédiaires a pour effet d'élever le prix de l'objet mis en vente. Mais le jour n'est pas près où une réforme sur ce point paraîtra possible.

III

LES GRANDES PÊCHES

Tout ce que nous venons de dire concerne seulement la *marée,* c'est-à-dire l'ensemble des poissons consommés à l'état frais. Mais, si importante que soit cette industrie, elle pâlit devant la grande pêche, dont le rôle est d'alimenter d'une façon sérieuse et presque exclusive des nations entières.

La morue, le hareng, le maquereau, la sardine, le thon, etc., dont des quantités innombrables sont pêchées chaque année, forment le fond de la grande industrie de la pêche.

L'on ne se fait guère une idée exacte du nombre et de l'importance des intérêts en jeu dans cette exploitation de la mer. En Angleterre, ce sont trois habitants sur cent de la population du royaume qui sont intéressés, directement ou indirectement, au succès de la pêche. En Norwège, c'est la moitié, c'est-à-dire près d'un million d'individus auxquels le poisson assure le pain, l'aisance, la fortune.

Comme toutes les industries, celle-ci nécessite le concours de nombreux collaborateurs. Les armateurs, les négociants, les pêcheurs forment des associations où la part réservée au capital, au travail, à la direction, est réglée sur des bases depuis longtemps adoptées.

En France, ces grandes pêches sont entreprises au moyen d'équipages à qui est d'abord assuré un salaire fixe, auquel vient s'ajouter un intérêt en rapport avec les prises opérées par le bateau. Quand il s'agit de pêches n'entraînant que de courtes campagnes, le salaire fixe disparaît et le pêcheur est entièrement rétribué sur le produit des prises. Souvent même il doit fournir, pour l'armement du bateau, une part des filets nécessaires ; en ce cas, son gain augmente dans une proportion déterminée. La plus grande équité, la plus complète bonne foi règlent ordinairement les parts revenant à chacun.

Au lieu d'être tributaire du mareyeur, le pêcheur est ici sous la dépendance de l'armateur. Pendant l'absence du marin, c'est à l'armateur que la femme va, en cas de besoin, demander un acompte sur la part de « son homme » ; elle s'adresse à lui pour les avances nécessaires à la confection ou à l'acquisition du *lot* de filets qui doit remplacer, au prochain voyage, celui qui est en mer.

Avant d'aborder les divers détails relatifs à chacune des pêches principales, on pourra juger par quelques chiffres généraux de l'importance de la grande pêche.

L'Angleterre compte, en nombre absolu, plus de pêcheurs que les autres nations européennes ; elle en a 120 000 occupés sur ses bateaux, c'est-à-dire trois fois l'effectif de sa flotte. Elle tire de cette industrie pour 275 millions de francs de produits.

La France comptait, d'après une des dernières statistiques, près de 84 000 hommes montés sur 23 000 embarcations de tout genre. Le produit de leur travail atteint 93 millions de francs.

La Hollande se livre surtout à la pêche du hareng. Dans la mer du Nord ses pêcheurs en prennent 200 millions, qui sont tous mis en conserves ; dans le Zuyderzée, on en capture 50 millions, qui sont absorbés par le commerce du poisson frais. Elle capture en outre à peu près la même quantité d'anchois.

En Norwège, on compte onze habitants sur cent qui montent les bateaux, c'est-à-dire qu'elle a 80 000 pêcheurs sur moins de 2 millions d'habitants. On y récolte chaque année de 83 à 85 millions de francs.

La Suède s'adonne bien moins à cette industrie ; son produit ne dépasse point 12 500 000 francs.

L'Italie n'a qu'une industrie de pêche peu active, puisque 60 000 pêcheurs ne donnent que 40 millions de produits annuels, malgré l'extrême variété et la valeur des espèces qui peuplent ses eaux.

De toutes les pêches pratiquées dans la haute mer, la pêche à la morue est la plus importante par les résultats économiques et par le nombre d'hommes employés.

La morue a fait et continue la fortune des peuples du Nord. Sa chair,

Pêche de la morue à Terre-Neuve.

très abondante, blanche, ferme, d'une digestion facile et d'un goût agréable, se prête mieux que toute autre aux diverses préparations ayant pour but d'en assurer la conservation et l'envoi à de grandes distances.

D'ailleurs, tout est utilisé dans ce poisson. La langue, un mets très délicat, est mise de côté par les pêcheurs. Les branchies sont gardées pour servir d'appât dans la pêche de la morue elle-même. Le foie fournit en abondance une huile estimée à juste titre par la médecine et très employée pour la guérison du rachitisme; les tanneurs et l'industrie de

l'éclairage la recherchent également. La vessie natatoire fournit une colle
aussi appréciée que l'ichtyocolle provenant de l'esturgeon. Les pêcheurs
de sardines recherchent la rogue, c'est-à-dire les œufs préparés dans le
sel, le meilleur appât connu pour *faire travailler* la sardine. On emploie
les débris, tête, os, vertèbres, les côtes, etc., à préparer pour les animaux domestiques des rations alimentaires augmentant chez les vaches le
rendement du lait; desséchés, ces débris remplacent le combustible dans
les steppes bordant la mer Glaciale. Quand on y ajoute les intestins, on
en tire un guano très estimé en agriculture.

C'est à poursuivre les bandes innombrables de ce poisson, le long des
côtes de Norwège ou d'Islande et sur le grand banc de Terre-Neuve, que
se forment et s'entretiennent, on peut dire, les marines de l'Angleterre,
de la Norwège, de la Hollande, de la France, de l'Espagne et de
l'Amérique.

Dans notre pays, les seuls ports de Dieppe, Boulogne, Fécamp, Dun-
kerque, n'envoient pas moins de 10 500 hommes faire, chaque année, cette
pêche en Islande et à Terre-Neuve. La campagne rapporte ordinairement
de 1 200 à 1 500 francs par homme.

Nos pêcheurs ne préparent guère que deux sortes de morues : la morue
verte et la morue sèche.

La première sorte se prépare à bord même des bateaux. Au lieu de
descendre leur équipage à terre pendant la saison de pêche et d'avoir
des établissements de séchage, certains bateaux gardent leurs prises à
bord, les salent *en grenier,* c'est-à-dire en vrac, ou en barils, et, quand
leur chargement est complet, reviennent en France vendre leur pêche ;
puis ils repartent aussitôt faire une seconde campagne sur les mêmes
lieux.

La morue sèche exige pour sa préparation d'avoir à terre quelques
hangars et séchoirs où chaque jour est apportée la pêche de l'équipage.
Tandis que la majeure partie des hommes va au large pêcher à peu près
durant vingt heures par jour, quelques autres, restés à terre, lavent,
salent, entassent, retournent à plusieurs reprises le poisson jusqu'à dessiccation suffisante et l'enferment ensuite dans des barils.

En Norwège, cette pêche est le gagne-pain de toute la côte. Elle se pratique surtout le long des îles Loffoden et dans le Finmark ou région du
cap Nord. Dans ces parages la morue abonde d'une façon extraordinaire.
Jamais, de mémoire d'homme, cette manne des Norwégiens ne leur a
fait défaut; le succès est plus ou moins complet, des causes diverses en
modifient les résultats, mais la pêche de la morue est regardée comme
étant toujours assurée.

D'après une légende accréditée, la morue serait un poisson essentiellement migrateur revenant tous les ans passer dans les mêmes endroits au même moment de l'année, accomplissant une sorte de cycle qui semblerait imposé à l'espèce. Ces migrations, ces voyages ne sont point ce que la tradition les fait. Ils n'existent pas plus, d'ailleurs, pour le hareng et la sardine, autres soi-disant voyageurs, que pour la morue.

Ce poisson vit cantonné toute l'année dans des régions qui lui sont propres ; il se borne à changer l'altitude de son séjour selon la rareté ou le déplacement des petits poissons et des crabes dont il fait sa principale nourriture. A l'époque du frai, il cherche, comme tous les animaux de la création, l'endroit le plus propice à la conservation de sa progéniture. C'est ainsi qu'au printemps il s'approche des côtes, où il rencontre successivement des fonds favorables à l'éclosion de ses œufs et d'innombrables bandes de capelans, petits poissons qu'il suit avec acharnement pour s'en nourrir.

Il apparaît alors en bancs épais le long des fjords au nord de la Norwège, dans certains atterrages et sur quelques plateaux sous-marins où l'eau a peu de profondeur, tels que le banc de Terre-Neuve et le Doggerbank, entre le Danemark, la Hollande et l'Angleterre.

Dans tous les cas, c'est un poisson du Nord qui abonde dans les régions polaires, mais qui ne dépasse jamais au sud le 40e degré.

Les saleurs norvégiens apprêtent la morue sous toutes les formes possibles : en morue plate, en morue en bâton, en morue salée.

La morue plate est séchée après salaison. La morue en bâton est simplement desséchée à l'air vif ; on lie deux sujets ensemble et on les jette à cheval sur une perche. La morue salée se fait de moins en moins.

Autrefois l'extraction de l'huile se faisait toujours pour le compte des pêcheurs et après la pêche finie. Maintenant le foie est une marchandise recherchée par des négociants spéciaux qui se livrent à la fabrication de l'huile.

Le foie est déposé, à mesure que la morue est vidée, dans des tonnes étanches, où il peut séjourner pendant des mois, jusqu'à ce qu'on puisse le cuire.

Avant de procéder à cette cuisson l'on retire l'huile qui s'est exprimée d'elle-même et qui, sous le nom d'huile *pâle* (blanche), sert principalement en médecine.

Après la récolte de l'huile blanche, les foies sont mis à cuire : on en extrait successivement de l'huile *brune pâle* qui s'emploie encore en médecine, après un raffinage convenable, et de *l'huile brune,* produit inférieur très apprécié dans les tanneries, où il est employé sous le nom de *dégras* pour donner de la souplesse aux cuirs.

Le résidu charbonneux forme un engrais très recherché.

Mais, comme l'huile provenant des foies frais est meilleure et plus recherchée par la médecine, certaines fabriques se livrent exclusivement à l'extraction des huiles médicinales ; elles n'emploient que des foies frais soigneusement lavés et séchés. Ces foies sont déposés dans des caisses de fer étamé, dont les doubles parois sont traversées par un courant de vapeur ou d'eau bouillante. L'huile qui s'écoule est passée, au fur et à mesure de sa production, sur des filtres en papier, puis elle est emmagasinée dans des estagnons ou dans des fûts.

Les résidus sont soumis à une seconde cuisson et donnent encore des huiles brune et verte destinées à l'industrie.

Un troisième produit des pêcheries de morue est la rogue, dont une partie sert sur place d'appât pour la morue elle-même ; le reste est salé pour l'exportation. Elle s'emploie par les pêcheurs de sardines qui la payent parfois un prix très élevé.

Bien que la découverte des pêcheries de Terre-Neuve soit le fait de marins bretons, bien que nous ayons occupé jadis dans ces parages une position prépondérante, la France ne vient plus qu'au second rang par l'importance de sa pêche à la morue. Néanmoins l'étendue des intérêts en jeu est encore considérable, puisque nos pêcheurs y produisent chaque année pour plus de 3 millions de francs de ce poisson.

L'usage autrefois fort répandu de ce poisson tend à se restreindre et à se cantonner dans les pays du Nord qui suffisent, amplement d'ailleurs, à la consommation. C'était jadis la nourriture principale des nègres employés sur les plantations de sucre, de café, de cacao. Un certain nombre de barils de morue formait le fonds obligé des approvisionnements de tous les émigrants vers le Far-West, de tout navire prenant la pleine mer. Les conserves de viande sous des formes variées tendent de plus en plus à se substituer aux conserves de morue.

Bien que se traduisant par des résultats pécuniaires un peu moins considérables, la pêche du hareng est celle qui a eu, dans l'histoire, l'influence la plus marquée sur la prospérité de certaines nations : entre autres, la Hollande et la Norwège. Elle est pratiquée par tous les peuples qui s'étendent de l'extrême Nord à la pointe de la Bretagne. Chaque année des flottes nombreuses montées par de vigoureux équipages vont affronter la mer pendant la saison difficile et y récolter le hareng, qu'on pourrait appeler la manne des pays septentrionaux.

Sans le hareng les Hollandais n'auraient aucun moyen de subsistance sur le sol marécageux, inondé, où les premiers Bataves étaient venus chercher asile pour abriter leur liberté. C'est aux bénéfices résultant de cette pêche qu'ils ont pu demander les ressources nécessaires pour transformer le sol ingrat de leur nouvelle patrie en ces contrées fertiles, prospères, populeuses, riches et industrieuses que nous avons sous les yeux.

Bien que ce poisson passe pour un migrateur accomplissant avec une scrupuleuse régularité les grands voyages dont on le croit l'auteur, il faut

Pêche du hareng (Hollande).

abandonner la légende qu'on lui a faite et ne voir en lui, comme en ses congénères, qu'un poisson se déplaçant dans une zone restreinte.

Le hareng n'abandonne point une certaine région ; il s'y cantonne et disparaît dans les grands fonds une partie de l'année pour y chercher la nourriture qui lui fait défaut à la surface. D'ailleurs, la régularité de ses apparitions n'est pas absolue : on a vu, certaines années, les côtes les plus poissonneuses être complètement abandonnées ; on a souvent observé que, dans les parages qu'ils fréquentent, l'arrivée des bancs est retardée ou avancée selon que les bandes de crevettes, de petites annélides et de mollusques qui font sa nourriture d'été sont remontées du fond vers les eaux supérieures.

Le besoin de trouver des lieux favorables au dépôt de leur frai est également une des causes principales du déplacement de ces poissons.

Dans presque tous les pays qui se livrent à la pêche du hareng, les hommes formant l'équipage de chaque bateau sont intéressés aux prises. Chacun apporte son lot de filets qui, mis à l'eau et réunis, forment d'immenses enceintes où l'on enferme le poisson.

Cette pêche se pratique soit pour vendre le poisson frais, soit pour le conserver par le sel. Les bateaux sont armés suivant le but qu'ils poursuivent. Ils font la pêche du poisson frais, surtout dans la première partie de la campagne. Afin de pouvoir garder le poisson jusqu'à ce que leur chargement soit complet, ils embarquent avec eux une forte provision de blocs de glace. Quand la cale est remplie de harengs ils se hâtent de revenir au port, afin de pouvoir livrer leur pêche en bon état aux *saurisseurs* et aux *mareyeurs* qui les attendent. Quand la saison s'avance davantage ou que la pêche se fait à longue distance du port, c'est de sel et de barils que s'approvisionne le bateau. Les uns salent en grenier au fur et à mesure des prises, les autres encaquent immédiatement le poisson.

Pendant chaque campagne il faut revenir plusieurs fois au port, tant le produit est abondant. Pendant qu'une partie des pêcheurs décharge les poissons, une autre partie sort de la cale qui lui est spécialement réservée l'énorme amas des filets qui, entassés, pressés, imprégnés de matières animales sont entrés en fermentation pendant leur court séjour dans cet étroit espace. Tandis qu'on se hâte, car la masse déjà fumante menace de prendre feu, les femmes ont apporté une autre provision de filets pour remplacer les premiers. A chaque retour, pareil échange a lieu ; l'absence des pêcheurs dure à peine le temps nécessaire au lavage, au séchage et à la réparation des engins.

Nos pêches de harengs procurent, année moyenne, de 33 à 40 millions de kilogrammes de poisson, dont la valeur et de 8 à 9 millions.

En Norwège, où la pêche du hareng provoque un grand mouvement dès la seconde quinzaine de janvier, tout est organisé pour donner à cette industrie les facilités les plus grandes.

A ce moment paraît le hareng printanier, le plus productif de toute cette pêche.

Les hommes s'embarquent et se rendent de toutes parts vers les points où l'on signale les premières bandes. Les uns gagnent le lieu de pêche à force de rames montés dans leurs petites barques chargées de filets ; les autres (et c'est maintenant le plus grand nombre) affrètent des vapeurs qui les transportent eux et leurs engins. De son côté le gouvernement installe sur plusieurs points des côtes des baraquements où les pêcheurs peuvent, à peu près chaque soir, venir prendre quelques heures d'un lourd sommeil. Quand les baraques sont insuffisantes ou manquent, des bateaux pontés d'un certain tonnage sont disposés en bateaux-auberges et stationnent au milieu de la flottille, assurant aux travailleurs le vivre et le couvert.

Le gouvernement ne se borne pas à faire la police des pêcheries, il entretient des médecins et des hôpitaux dans chaque station. Pour faciliter les avis relatifs à cette importante industrie, les fils télégraphiques ont été multipliés le long des côtes. Les inspecteurs font afficher chaque matin, dans chaque station, la quantité de poisson pêchée et les prix moyens; ils envoient jour par jour tous les renseignements ayant trait à l'apparition des bandes de poissons. C'est un spectacle vraiment curieux que de voir, sur l'appel du télégraphe, le départ précipité de milliers de pêcheurs, acheteurs, saleurs, se rendant en toute hâte sur quelque point éloigné.

Le hareng d'été n'occasionne pas le même concours de personnes et d'embarcations.

L'ensemble de cette pêche se traduit par une quantité de 900 000 à 1 million de barils d'un quintal métrique et valant, *sur les lieux de pêche,* à peu près 25 millions de francs.

Nous ne pouvons négliger de rappeler que la Hollande emploie ses pêcheurs pendant six mois de l'année à la poursuite du hareng, que ce poisson est la base de la fortune du pays par l'importance et le développement qu'il lui a procurés.

Ce n'est pas dans ce pays que fut trouvé l'art de saler le poisson, bien que les Hollandais en fassent volontiers remonter l'honneur à leur compatriote Bewkals. L'industrie du salage était pratiquée depuis déjà cent ans au moins, lorsque Bewkals introduisit l'usage de *caquer* le hareng, c'est-à-dire de lui enlever les intestins et les branchies avant de le mettre dans le sel. Cette opération alors inconnue, eut pour effet de grandement améliorer les conserves de harengs; les Hollandais reconnaissants exagérèrent le mérite de leur bienfaiteur et lui attribuèrent volontiers la création d'une industrie qu'il se borna à améliorer. C'est par une simple allusion qu'ils prétendent que leur grande ville maritime, Amsterdam, fut fondée sur des têtes de harengs, voulant exprimer par là l'influence prépondérante que la pêche du hareng avait eue dans le développement de leur puissance commerciale et maritime.

Bien que moins abondant, le maquereau est un poisson qui parcourt certaines côtes à des époques à peu près fixes et en bandes innombrables. On a vu des coups de filet rapporter en une seule fois plus de 40 000 poissons; on cite le cas d'un bateau amenant, en une seule marée, au moins 200 000 maquereaux.

La chair de ce poisson est exquise ; ferme et feuilletée, d'une grande délicatesse de goût, elle est très recherchée. On en fait une grande consommation en France et surtout en Angleterre.

Dans ce dernier pays, le maquereau est si estimé qu'on ne se contente pas des quantités prodigieuses pêchées par les bateaux anglais, on accapare une grande partie des pêcheries norwégiennes dont les produits sont apportés jusqu'à Londres enfouis dans des lits de glace.

Les migrations que l'on fait accomplir au maquereau sont, ainsi que pour le hareng, en désaccord absolu avec les observations précises. Le maquereau passe l'hiver dans des fonds de mer plus ou moins éloignés des côtes dont il s'approche. Il semble subir une sorte de sommeil hivernal à la suite duquel il se réveille extrêmement affamé. A ce moment sa

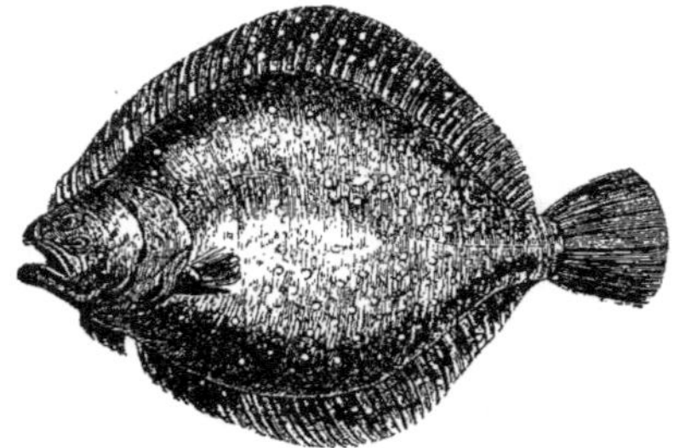

Le turbot.

capture est des plus faciles et donne des résultats magnifiques. En quelques semaines, grâce à une nourriture abondante, le poisson arrive à son maximum de taille et de finesse de chair.

La pêche du maquereau est spéciale à nos ports de la Manche. Boulogne, qui en était le principal centre, s'est depuis adonné plus complètement à l'industrie du hareng, mais Saint-Valery-en-Caux, Granville, Saint-Malo, Dieppe et Fécamp, surtout ces deux dernières villes, occupent le plus de bateaux à cette pêche. Nos marins vont chercher le poisson jusque dans la mer d'Irlande vers le commencement d'avril, puis ils redescendent au large des îles Sorlingues et sur les côtes de Bretagne. C'est ce qu'ils désignent par le terme technique de *grand métier*. Le *petit métier* s'exerce tout près des côtes par les pêcheurs pourvus seulement de petites embarcations.

Après celle du hareng, la pêche du maquereau est la plus lucrative. Les produits en sont vendus frais quand ils proviennent de la petite pêche.

Ceux de la grande pêche sont conservés dans le sel, à bord, au fur et à
mesure des captures. Arrivés au port, ils sont soumis à diverses opérations ayant pour but leur conservation. Les gens de Dieppe et de Fécamp
ont acquis dans ce métier une habileté qui n'a encore été atteinte nulle
part ailleurs. Il ne s'agit plus aujourd'hui de faire des maquereaux salés
comme ceux qu'on expédiait autrefois dans l'intérieur et qui n'étaient
consommés que par la classe la plus pauvre, cette nourriture étant très
inférieure à la morue salée et aux harengs saurs. On prépare aujourd'hui
les maquereaux dans l'huile d'olive, et leur délicatesse permet d'oublier

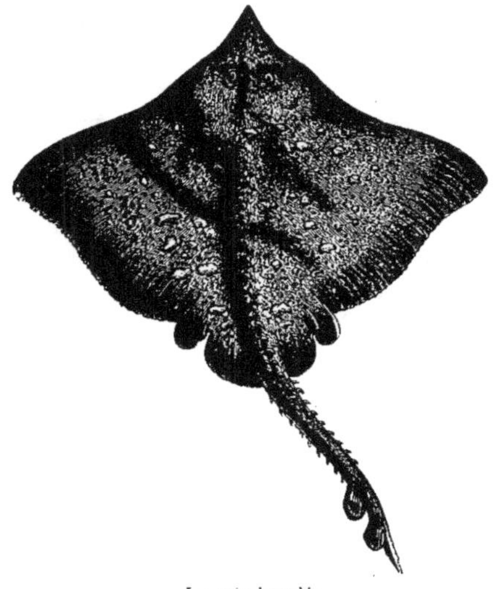

La raie bouclée.

le poisson frais pendant la période de l'année où ce poisson ne se trouve
plus dans nos mers.

Le merlan n'est pas, à proprement parler, un poisson de grande pêche,
mais il occupe une large place dans les produits de la pêche côtière. Il
est très abondant; sa chair délicate, légère, mérite l'estime qu'on lui
accorde, surtout pour les estomacs délicats, quand elle est consommée à
l'état frais. Conservée, elle perd toutes ses qualités et ne vaut pas, à
beaucoup près, celle de la vulgaire morue.

Parmi les poissons fournissant habituellement la *marée,* le turbot
occupe une place considérable. Sa taille, l'exquise finesse de sa chair,
son aspect engageant en font un poisson du premier ordre : c'est l'un des

rois de la table. Les Hollandais sont les grands pêcheurs de turbots, presque toute leur pêche est achetée en mer par les Anglais, qui la débitent sur les marchés de Londres.

La sole, la plie, la barbue, le carrelet, la limande, sont, comme le turbot, des poissons du genre pleuronecte. Le nombre des individus qui alimentent nos marchés est incalculable. La faveur avec laquelle ils sont accueillis des consommateurs marque bien les qualités de ces poissons.

Tout le monde connaît la raie, tracer son portrait est inutile. Sa pêche est abondante sur nos côtes, mais les sujets qu'on y prend sont ordinairement de taille plutôt réduite. Les grands sujets n'abandonnent point la pleine mer.

La raie est un des rares poissons dont la chair acquiert de la qualité en voyageant. Le mouvement, l'agitation la débarrasse d'une odeur particulière à l'espèce fraîchement sortie de l'eau. Il est d'usage, dans tous les marchés à poissons, de ne jamais porter la raie pendant les manipulations qu'elle subit ; on la traîne avec des crochets dans le but de la meurtrir, ou bien on la jette violemment à terre. Ce manque de soins est voulu, il a pour but de hâter l'expulsion des mucosités nauséabondes qui couvrent ce poisson.

L'espèce comestible la plus estimée est la raie *bouclée* ou *clouée,* ainsi nommée à cause des épines ou gros crochets dont sa peau est parsemée. Elle parvient à une taille souvent considérable et elle abonde constamment à portée des côtes.

Bien que petite par la taille, la sardine est un poisson considérable par la quantité d'intérêts que sa pêche met en jeu. On sait à quel point est estimée la chair de ce petit poisson, qui ne parvient guère cependant sur nos tables que sous forme de conserves. Elle s'altère si rapidement que les habitants immédiats du bord de la mer peuvent seuls le savourer dans toute sa fraîcheur. On a maintes fois tenté sans succès des méthodes de conservation ; toujours ce petit poisson est plus ou moins *piqué.* Toutefois, on le consomme à peu près frais sous le nom de royan en lui faisant subir une demi-salaison.

La pêche de la sardine se pratique dans la Méditerranée et le long des côtes de Bretagne où ce poisson rencontre des eaux tièdes dans lesquelles il se plaît. Il faisait la fortune des côtes bretonnes et vendéennes.

Nous parlons au passé parce que, depuis plusieurs années, la sardine semble avoir abandonné ses parages habituels.

A diverses reprises déjà l'on avait eu à supporter l'absence de ce poisson capricieux, mais jamais il n'avait fait défaut avec une telle continuité. C'est à peine si, depuis 1879, l'on pêche le quart, et parfois le sixième, de ce qu'on prenait habituellement. Quand on voit, dans les années médiocres, pêcher sur nos côtes à peu près 630 000 000 de sardines dont la valeur, sur place, est de 16 millons de francs, on peut juger du déficit que cause une mauvaise année parmi les 150 000 marins français qui s'en occupent et dont les nombreuses familles, ordinairement nécessiteuses, attendent avec impatience le retour de la sardine pour se procurer le pain de l'année.

Ce poisson se maintient toujours dans les eaux tièdes, avons-nous dit. C'est précisément au changement de direction de la branche du Gulf-Stream qui, sous le nom de courant de Rennell, vient baigner nos côtes bretonnes, qu'on attribue l'absence de la sardine. Elle est également retenue dans ce courant, dont elle suit toutes les déviations, par la quantité de détritus provenant de la pêche de Terre-Neuve et qui se trouvent entraînés par le Gulf-Stream et ses subdivisions.

On a observé que la direction des vents contribuait à accentuer sur un point ou sur un autre l'énorme amas provenant des pêcheries de morues, et que la sardine se cantonnait aux abords de ces provisions alimentaires. Ces causes réunies font que c'est tantôt un point et tantôt un autre qui se trouve favorisé d'une belle pêche. Quand Lorient capture abondamment, les Sables-d'Olonne font peu de chose; quand on est favorisé aux Sables, on l'est peu à Lorient.

Nous n'entrerons point dans le détail de la pêche et de la préparation de la sardine; cela nous entraînerait trop loin. Nous dirons seulement que cette pêche se fait exclusivement au filet et que l'on doit se hâter de préparer le poisson dès sa sortie de l'eau. On lui fait subir une série de lavages et de salaisons avant de pouvoir l'enfermer dans des barils contenant les conserves dites de *sardine pressée*.

Depuis la fabrication des sardines à l'huile, les ateliers de salaison pour la sardine pressée en barils ont singulièrement diminué d'importance, tant les consommateurs préfèrent l'autre préparation.

La fabrication de la sardine à l'huile, dit le docteur Sauvage, ne date que de 1825. Quelques ménages faisaient provision de sardines cuites au beurre et placées ensuite avec des aromates variées dans des pots que l'on remplissait de beurre fondu ou d'huile d'olive; mais c'était un article de luxe et non de commerce.

La nouvelle industrie est due à un magistrat, alors juge à Lorient, qui, portant intérêt à une vieille demoiselle nommée Le Guillou, l'engagea à essayer de cuire et de conserver à l'huile quelques centaines de sardines pour les envoyer à des épiciers de Paris. L'essai réussit et la fabrication augmenta avec les demandes. Ce magistrat lui fournit ensuite les moyens de fabriquer en grand; comme l'affaire. en prenant de l'extension, rapportait de beaux bénéfices, il donna sa démission de juge, monta un établissement important à Lorient et devint le premier fabricant de sardines à l'huile. Les heureux résultats de son opération furent bientôt connus, donnèrent l'éveil à la spéculation et en peu de temps Lorient, Port-Louis, Le Croisic, Belle-Isle, Doëlau, Concarneau et une foule de petits endroits se couvrirent de sardineries.

Cette industrie alimente une quantité considérable de métiers : les fabricants de boîtes en fer-blanc, les soudeurs, les imprimeurs sur tôle, les vernisseurs, les entreprises de transports, etc., trouvent là des moyens d'existence, car c'est par millions, et jusqu'au fond de l'Australie, qu'on expédie les boîtes de sardines.

Si la Méditerranée a également la sardine, elle est à peu près la seule à posséder le thon, un proche parent du maquereau, qui fournit une chair. succulente, d'une digestibilité assez restreinte et que l'on recherche tant sur les côtes que dans l'intérieur.

Ce poisson poursuit avec acharnement les bandes de sardines et se livre ainsi à des déplacements dans lesquels on a voulu, fort à tort, voir des migrations périodiques.

Depuis la plus haute antiquité, les pêcheurs de la Méditerranée se livrent avec ardeur à la poursuite du thon; mais c'est en Catalogne, en Provence, en Sicile et en Sardaigne que cette pêche est plus active. La thonaire et la madrague sont les engins les plus employés.

La thonaire n'est autre chose qu'une énorme senne ou bande de filet, sorte de muraille maintenue droite dans l'eau au moyen de flotteurs et de plombs. Profitant de l'habitude du thon de nager près du rivage, à la surface de la mer, on fixe à terre une des extrémités de la senne tandis que les bateaux décrivent un grand cercle en mettant le filet à l'eau et tâchent d'y enfermer la bande de poissons. On ramène l'extrémité au rivage et l'on s'empare des thons mis à sec.

Dans les localités où se pratique cette pêche, des guetteurs sont apostés et signalent l'approche des bandes voyageuses. Le long des côtes de Sicile on installe dans ce but de véritables postes restant en permanence durant la saison du thon. Les hommes se divisent en brigades formant autant d'associations distinctes. Tandis que le gros de l'escouade campe à l'abri de quelque rocher ou de quelque hangar ouvert, des veilleurs sont juchés au sommet d'un mât fiché en terre et s'inclinant sur l'eau afin d'étendre le cercle d'observation. Au signal d'apparition des thons, les pêcheurs quittent leur lit de camp, leur repas ou leur jeu, et se précipitent dans leurs bateaux vers le point signalé. La capture une fois faite, on reprend la partie, le somme ou le repas interrompus.

La madrague est l'engin caractéristique de la pêche du thon ; on ne l'emploie que contre ce poisson. Son importance, sa structure compliquée lui ont fait une popularité dont les pêcheurs sont fiers. Cet engin, sorte de château aquatique, d'une construction coûteuse, ne peut être établi partout. Les villes se cotisent pour monter une madrague ; les particuliers qui en possèdent en propre sont entourés de la considération

Pêche du thon à la madrague. — Levée de la chambre de mort.

publique. Pendant longtemps Marseille avait la sienne non loin du Prado, mais le mouvement des navires est si grand dans ce port qu'on l'a supprimée, à cause, prétendait-on, des obstacles que cet immense filet causait à la navigation.

Pour installer ce redoutable piège, il faut une pente régulière allant du rivage à la pleine mer. On commence par fixer obliquement à la côte une ligne de petits filets longue parfois d'un kilomètre ; c'est la queue de la madrague. Quand on a atteint des fonds de 40 mètres, on établit le corps de l'appareil. Celui-ci, parallèle à la côte, forme une sorte de poche que l'on divise en quatre compartiments. La dernière chambre, le *corpou* ou chambre de mort, a son fond tapissé de filets. La seconde chambre, l'*izolette*, s'ouvre sur la mer. Tout l'appareil est fixé au fond par des ancres et des poids pour résister à l'action des vagues ; au moyen de flotteurs divers on maintient verticaux les filets formant les murailles de cette construction.

Arrivant en troupes serrées et côtoyant la terre, suivant leur habitude, les thons se trouvent arrêtés par la queue de la madrague et se dirigent forcément vers l'izolette ; à ce moment on lève le filet qui sépare la chambre suivante, tandis que les pêcheurs font avancer le poisson devant eux, en plaçant derrière la bande un filet maintenu verticalement et que deux barques soutiennent. Quand on juge les poissons entrés dans le corpou, on lève brusquement un filet qui les enferme, puis, au signal que la bande, souvent composée de plusieurs centaines de poissons, est tout entière prisonnière, les barques tenues jusqu'alors à distance s'élancent dans le corpou et se placent tout autour. A grands efforts de bras et de cabestans on soulève la chambre de mort de manière à la faire monter près de la surface. En vain les thons se débattent dans l'espace trop étroit où ils sont pris, le carnage commence ; les malheureuses victimes sont harponnées ou assommées au fur et à mesure qu'elles apparaissent, et bientôt la mer est teinte de leur sang, tandis que leurs cadavres s'entassent à l'envi dans les barques.

Une levée de madrague, quand le corpou est sur le point de rompre sous le poids de son riche fardeau, est vraiment un spectacle dont les témoins ne peuvent parler sans une sorte d'enthousiasme. Aussi accourt-on souvent de très loin pour y assister.

Le thon, se pêchant généralement pendant les chaleurs et ne pouvant se conserver frais longtemps, est presque toujours salé ou mariné. Cependant, depuis quelques années, on en expédie de frais sur les marchés de l'intérieur, où il est très apprécié.

Comme conserves, c'est le thon mariné qui a les préférences du consommateur, et il donne lieu à un très grand commerce.

IV

LES POISSONS D'EAU DOUCE

L'appoint fourni à l'alimentation publique, en France, par les poissons d'eau douce, n'est pas évalué à moins de 40 millions de francs. C'est le produit, bien inférieur toutefois à ce que l'on pourrait en tirer, de 220 000 hectares d'étangs et de 400 000 kilomètres de cours d'eau de tout genre, fleuves, rivières ou canaux.

Diverses raisons le maintenaient autrefois plus élevé et faisaient de nos eaux françaises un domaine de haut rendement.

La batellerie, si nombreuse qu'elle fût, ne nuisait pas au frai comme les bateaux à vapeur qui envoient l'eau frapper les berges, éparpillent et font périr les œufs cachés dans les herbes. Si l'on déversait toutes les immondices dans les cours d'eau, en revanche aucune usine n'y envoyait ces déjections toxiques qui font périr tous les êtres vivants. Sous prétexte de curage et d'entretien l'on ne fauchait pas toute la végétation aquatique, refuge et nourriture à la fois pour le poisson.

Sans récriminer plus que de raison, on peut dire en toute vérité que le développement de l'industrie et du commerce a presque tari une des ressources alimentaires de notre pays.

Les poissons d'eau douce étaient en grande estime jadis en France. Alors que, dans les âges de foi, chacun se soumettait sans hésitation aux prescriptions de l'Église, les poissons étaient bien nécessaires pour la nourriture, les jours d'abstinence. Les habitants des côtes avaient l'inépuisable mer, mais ceux de l'intérieur, privés de communications faciles, n'avaient que le produit des rivières et des étangs. Aussi protégeait-on les poissons en beaucoup d'endroits du territoire, on cherchait à les multiplier. Les moines, qu'on retrouve partout où il y avait un bien à accomplir à cette époque de notre enfance sociale, les moines comptaient presque toujours dans les dépendances de leurs abbayes quelque rivière ou des étangs poissonneux qui devaient fournir une partie de la subsistance de la communauté. Dans chacune d'elles un frère était spécialement chargé de l'entretien des eaux et de la pêche; en raison de ses fonctions, il recevait le nom de frère *aquarius* ou intendant des eaux.

Les étangs et les marais, fort nombreux en France, contribuaient dans une large mesure à l'alimentation des provinces, comme ceux de la Bresse et des Dombes, qui approvisionnaient Lyon. Les dessèchements nombreux provoqués par le développement des cultures ont beaucoup amoindri ces ressources, et des esprits distingués se demandent si l'on y a rencontré une compensation suffisante.

La pêche sur les rivières et les lacs constitue malgré tout une industrie occupant un grand nombre d'hommes, et fournit une branche de commerce importante, surtout dans les villes, où les femmes y trouvent une occupation lucrative.

Au point de vue hygiénique, la chair du poisson d'eau douce se classe en deux catégories : celle des espèces d'eau dormante, dont la chair est d'une digestion difficile ; et les espèces d'eau courante, dont la chair est aisément supportée par l'estomac. Il n'échappe à personne que la truite, l'éperlan, mieux encore le lavaret, la féra, la perche, le goujon et la plupart des cyprins, ont une chair dont s'accommodent bien les estomacs peu robustes; que la chair de l'anguille, du saumon, de l'esturgeon, est en même temps plus pesante et plus nutritive.

Suivant M. Payen, le brochet et la carpe fournissent à peu près les mêmes proportions de substances azotées que la viande de bœuf; le saumon en donne un peu moins ; puis le goujon, l'ablette, l'anguille, enfin le barbeau, ont une teneur d'azote de moins en moins forte.

En France, dans toutes les eaux n'appartenant pas à des particuliers, le droit de pêche est affermé. On aura une idée du maigre produit à en espérer par le bas prix auquel les eaux sont louées. L'administration des forêts, lors du dernier recensement relatif aux eaux de l'État, louait un peu moins de 8 000 kilomètres de cours d'eau, à raison de 76 francs par kilomètre ; celle des ponts-et-chaussées donnait à bail seulement 5 000 kilomètres, ne lui rapportant que 29 francs par kilomètre.

Le produit général de la pêche d'eau douce ne s'évalue qu'à 23 millions de kilogrammes de poisson !

En dehors de l'exploitation de la carpe et du brochet, l'industrie de la pêche d'eau douce ne s'exerce, en France, que sur une petite échelle. Pour trouver de grandes entreprises de ce genre il faut se rendre aux pêcheries de saumon en Écosse, en Hollande, en Amérique et en Norwège, ou bien aux pêcheries d'esturgeon, sur le Volga, le Don ou l'Oural.

C'est surtout quand il s'agit du saumon, ce roi des rivières, que nous

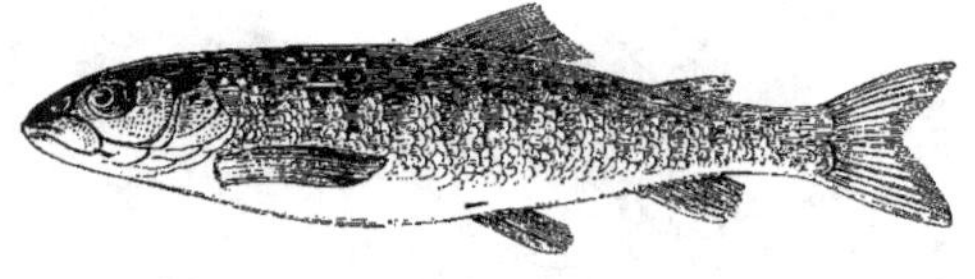

Saumoneau.

pouvons constater en France une diminution alarmante dans le produit des pêches. Ce poisson remontait autrefois en abondance toutes celles de nos rivières qui se déversent dans la Manche et l'Océan ; elles égalaient sur ce point la richesse des petits fleuves d'Écosse. Alors qu'à Châteaulin la pêche du saumon procurait de cinq à six mille sujets, on en prend maintenant, chaque année, tout au plus une douzaine. Il en est de même dans la Somme, dans l'Allier, la Vienne, l'Yonne et la Cure. Toutes ces rivières sont maintenant bordées d'usines altérant la pureté des eaux. Comme le saumon veut une eau limpide, saine et abondamment aérée, il délaisse toutes celles que l'industrie a contaminées.

On sait à quel point ses mœurs curieuses le rangent à part dans la série des êtres aquatiques ; on connaît ses migrations annuelles de la mer aux rivières, sa force, son adresse, sa persévérance à surmonter les obstacles qui s'opposent à sa marche. Nous ne pouvons nous y arrêter, tenu que nous sommes à n'envisager que le côté alimentaire et économique de la question. Cependant nous ne pouvons manquer de faire remarquer à quel point la Providence pourvoit aux besoins des êtres les plus déshérités en apparence. Aucun poisson ne prend un accroissement aussi rapide, ne donne une aussi grande masse de nourriture en aussi peu de temps. A peine le saumon, épuisé par son double voyage annuel de la mer à l'eau douce, a-t-il regagné la mer, qu'il se refait au point d'acquérir communément un accroissement de trois kilogrammes en deux mois seulement. Or, comme par son abondance il forme la base du régime alimentaire d'une multitude de peuples septentrionaux dont le territoire est incapable de donner aucune récolte, on voit sans peine l'immensité du bienfait que procure une telle rapidité d'accroissement.

Échelle à saumons.

Les pêcheries d'Écosse et d'Irlande ne pouvaient plus suffire à la consommation de Londres, bien que celles de la Tweed et du Tay en Écosse, du Baz en Irlande, fussent des plus productives. Elles ont été toutes si ravagées qu'il a fallu intervenir au moyen d'une législation sévère, afin d'entraver la destruction du poisson. Ces dispositions ont porté leurs fruits ; aujourd'hui la pêche du saumon à l'embouchure des rivières d'Écosse et d'Irlande est redevenue une industrie presque prospère.

On la pratique durant quatre mois, au moyen de filets dans lesquels le poisson s'engage à la marée montante.

On le prend fréquemment aussi à l'aide des barrages artificiels dits échelles à saumons, que l'on construit aux abords des chutes pour faciliter sa remonte dans les eaux supérieures.

La Hollande comptait également de très productives pêcheries de saumons; elles sont bien déchues de leur prospérité passée par suite de l'ensablement d'un bon nombre de rivières. Néanmoins la Meuse, le Rhin, l'Yssel, le Wah, le Lech ont gardé un certain nombre d'établissements où la pêche est assez active et donne lieu à un mouvement commercial assez important. Le produit en est expédié ordinairement sur Paris et dans l'intérieur.

C'est en Norwège que l'on rencontre les pêcheries les plus prospères d'Europe. Non seulement le saumon abonde à l'entrée des fjords et à

Pêche du saumon.

l'embouchure des nombreuses rivières qui s'y jettent, mais il y acquiert des qualités comestibles qui le font grandement rechercher par les consommateurs du continent.

La pêche se pratique au filet, à partir d'avril, et le produit en est presque complètement destiné à l'Angleterre, qui reçoit les saumons conservés dans la glace et les réexpédie en France.

Cependant même en Norwège on se plaint de la diminution du saumon; aussi le prix a-t-il sensiblement augmenté, nous apprend un document officiel norwégien. Le saumon, qui se payait (en Norwège seulement, hélas!) trente à trente-cinq centimes la livre, se paye maintenant le double.

Si la Norwège est un des principaux approvisionneurs du continent en saumon frais, par contre l'Amérique du Nord fournit presque toutes les conserves de ce poisson qui se consomment dans le monde entier. Sur toutes les côtes de cet immense pays, sur tous ses lacs, dans tous ses nombreux et puissants cours d'eau, de l'Atlantique au Pacifique, ce poisson foisonne et est l'objet de la pêche la plus active. Tout ce qui n'est pas consommé sur place ou fumé pour la provision d'hiver est renfermé demi-cuit dans des boîtes de fer-blanc recouvertes de vignettes dont les éclatantes couleurs sont connues de tout l'univers. Sur les côtes des deux océans des pêcheries importantes ne sont occupées qu'à alimenter les usines qui se livrent à ces préparations. Un chiffre donnera une idée de cette industrie : le Canada pêche à lui seul pour plus de 10 millions de francs de saumons.

En Californie, dans la Colombie anglaise et dans toutes les régions plus septentrionales de l'Amérique, le saumon constitue la nourriture presque exclusive des tribus de ces contrées. Il est si abondant dans ces rivières, à certaines époques de l'année, qu'il n'est pas besoin de le pêcher ; les sauvages entrent tout simplement dans l'eau peu profonde, prennent le poisson à la main et le jettent sur la rive, où les femmes s'en emparent pour le tuer et le dépecer.

L'esturgeon est un des monstres de nos fleuves. Nous disons de nos fleuves, parce que ce poisson quitte la mer au printemps pour remonter frayer dans les eaux douces.

Bien que répandu dans beaucoup de contrées, il ne forme guère qu'en Russie un appoint sérieux à l'alimentation.

Dans le Volga et dans l'Oural, leur pêche occupe un grand nombre de bras, et comme elle se pratique également durant l'hiver, elle est une occasion de réjouissances pour les riverains de la Caspienne.

Les bords de ces fleuves sont peuplés d'établissements où se pratique cette pêche. Des cabanes sur pilotis abritent les pêcheurs pendant la pêche du printemps. De là ils établissent des barrages et tendent leurs filets, et ils vont ensuite porter à des magasins établis sur la rive leurs énormes victimes, que l'on tue et que l'on dépèce pour placer les chairs palpitantes encore dans de grands bacs pleins de saumure.

Jadis on ne tuait qu'une partie des esturgeons capturés ; le reste était mis en réserve dans d'immenses viviers où ils attendaient l'hiver. Il était formellement interdit de s'attaquer à ces réserves, et si quelque esturgeon venait à se prendre avant l'heure dans les filets des pêcheurs, il était prescrit, sous peine de bastonnade, de le rejeter à l'eau.

Durant l'hiver, quand le froid convertit la surface du fleuve en un solide plancher, les pêcheurs se réunissent pour faire des trous dans la glace et harponner les esturgeons qui viennent, avides d'air, aspirer près de ces trous une eau plus oxygénée. Des marchands de tout genre s'installent autour de ces campements et attirent des visiteurs curieux d'assister aux péripéties de la pêche. Une sorte de foire s'organise, et l'on voit parfois plusieurs milliers de persónnes groupées sur un même point. Quand le succès est épuisé à un endroit la colonie des pêcheurs se transporte ailleurs, suivie généralement par tous les forains que leur présence a amenés.

Indépendamment de sa chair, qui se consomme fraîche, salée et fumée, l'esturgeon fournit les éléments d'un mets national, le *caviar*.

Cette préparation, qui commence à se répandre en Europe, est composée des œufs de l'esturgeon, ou, mieux encore, du sterlet, une des espèces les plus délicates d'esturgeons. Malgré l'élévation de son prix,

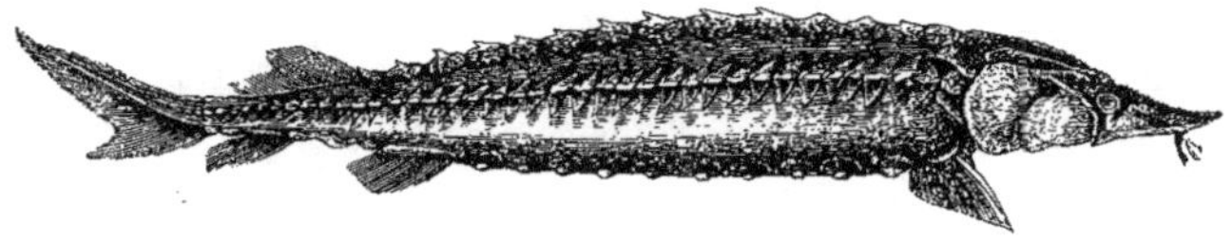

L'esturgeon.

toutes les classes de la société, même les plus pauvres, en font usage dans la Russie méridionale et la Turquie.

Les œufs sont extrêmement nombreux dans un esturgeon ; un individu du poids de 80 kilogrammes en renferme à peu près un million et demi. Il faut la fécondité de cette espèce pour suffire à sa reproduction et à la confection du caviar.

Les œufs destinés à cette préparation sont tamisés et versés sur un lit de sel où ils s'imprègnent. Quand ils sont affermis par le sel qui les a pénétrés, on les enferme dans de petits barils. Mais cette préparation, nommée caviar liquide, ne peut se conserver que peu de temps.

Le caviar solide peut s'expédier au loin. Les œufs qui le composent sont imprégnés d'une solution saline concentrée, puis placés dans des sacs de nattes permettant l'écoulement de la saumure, enfin mis sous presse pour être convertis en une masse compacte.

Ce condiment donne lieu à un commerce considérable, surtout à Astrakan, qui fournit la plus estimée de toutes les sortes de *caviar*.

Ajoutons pour mémoire que l'esturgeon fournit aussi l'ichtyocolle, qui se fabrique avec sa vessie natatoire et sert à la clarification des vins, des bières, des liqueurs, ainsi qu'à fixer dans les perles fausses l'*orient* emprunté aux écailles de l'ablette.

A côté de la pêche qui consiste à poursuivre, à capturer les sujets vivant en liberté, il en existe une autre, aussi importante au point de vue alimentaire, et que sa pratique facile et périodique pourrait plutôt faire dénommer une récolte. Nous voulons parler du produit des étangs.

Dans beaucoup d'endroits, la nature du terrain, la rareté de la main-d'œuvre, le manque de voies de communication rendent la culture difficile. Quand les mouvements du sol s'y prêtent, on convertit ces terrains en étangs au moyen d'une levée de terre qui retient les eaux pluviales des pentes environnantes et les accumule, on y jette de l'alevin ou jeunes poissons, et au bout d'une ou deux années l'on récolte le poisson qui a prospéré dans ces eaux chargées de détritus végétaux.

Les espèces ainsi récoltées sont la carpe, la tanche, l'anguille, le brochet, la perche.

C'est d'étangs ainsi aménagés, situés en Sologne et dans le Berri, en Lorraine, dans le Morvan, dans la Bresse et dans les Dombes, que les grandes villes de France tirent la majeure partie de leurs approvisionnements en poissons d'eau douce.

V

LA CULTURE DES EAUX

Antiquité de la pisciculture en Chine. — Les moines pisciculteurs. — Essais scientifiques de Rémy et Géhin. — Histoire de la pisciculture officielle. — Établissements piscicoles des diverses puissances. — Élevage de la truite dans les Vosges et dans la Forêt-Noire. — Essais et pratique. — Frayères artificielles. — Transport des œufs de salmonides. — Culture des étangs. — Carpes et brochets. — Transport du poisson. — L'ostréiculture. — Les claires. — Éducation de l'huître. — Les huîtres en Amérique. — Les moules. — Les bouchots. — Le homard. — Sa prise et sa conservation. — Les parcs. — Commerce du homard. — Les États-Unis et leurs conserves. — Les fermes d'eau.

On assure que l'art d'élever et de multiplier les poissons est pratiqué en Chine depuis une très haute antiquité. L'époque n'a pu être déterminée; mais, dès 1735, un jésuite missionnaire, le P. Duhalde, signalait l'étendue des connaissances chinoises sur ce point.

Des missionnaires contemporains, des observateurs dignes de foi nous apprennent que, si cette industrie a beaucoup dégénéré, elle n'a point disparu, et que chaque année, au printemps, on vend sur les marchés chinois du frai de poisson destiné à l'ensemencement des étangs et des fossés aussi couramment que n'importe quelle autre denrée.

En Europe, les anciens ne connaissaient, en fait de pisciculture, que l'art d'engraisser certains poissons dans des viviers. Ce sont les moines du moyen âge qui ont tenté les premiers essais de reproduction, guidés, ainsi que nous l'avons dit précédemment, par les nécessités alimentaires qu'imposaient les mœurs de l'époque et les règles de leur ordre.

Plus tard, Jacobi, puis Adanson signalaient la fécondation artificielle comme le point de départ d'une industrie alimentaire destinée à un brillant avenir.

Quelques savants et quelques curieux reprirent, vers 1820 et durant les années suivantes, les expériences de Spallanzani et de Jacobi sans trouver d'écho. Le baron Rivière, qui fit de si grands efforts pour acclimater la pisciculture en France, ne parvint même pas à éveiller l'intérêt. Il fallut un petit événement mettant en jeu l'amour-propre de nos savantes sociétés pour donner à l'idée l'essor dont elle avait besoin. Ce fait, le voici.

Un pêcheur des Vosges nommé Joseph Rémy, soucieux de voir la truite,

Frayères à truites.

autrefois si abondante dans les eaux de ses montagnes, devenir rare au point de compromettre son gagne-pain, voulut essayer et mit en pratique la fécondation artificielle, en se basant sur les habitudes intelligemment observées de la truite au moment de frayer. Peiné de ne tirer qu'un maigre parti de son habileté, se trouvant malade, il confia *son secret* à un de ses amis, aubergiste, nommé Antoine Géhin. Celui-ci devint un collaborateur intelligent et plein de zèle ; il se fit pêcheur et pisciculteur.

A force de démarches les deux associés parvinrent à intéresser à la question la Société d'émulation des Vosges.

Un mémoire relatif à la fécondation artificielle des poissons était lu vers la même époque à l'Académie par M. de Quatrefages. Cette lecture, mentionnée par les journaux, ayant été connue quelques mois après par le secrétaire de la Société d'émulation des Vosges, celui-ci, jusqu'alors si peu empressé de propager les travaux des humbles pêcheurs, écrivit aussitôt à l'Académie que sa société avait depuis cinq ans déjà la gloire d'avoir patronné cette idée. Le ministre qui dirigeait alors le département de l'instruction publique, le savant Dumas, chargea un homme éminent, mort récemment, M. Milne-Edwards, de se livrer à un examen propre à éclairer sur la valeur des divers essais tentés dans cette voie.

Le rapport officiel publié à ce sujet constate la priorité de Géhin et de Rémy dans l'application pratique en France de la fécondation artificielle. Une commission gouvernementale vint s'assurer par elle-même des succès obtenus par les deux pêcheurs dans les eaux peuplées par leurs soins et

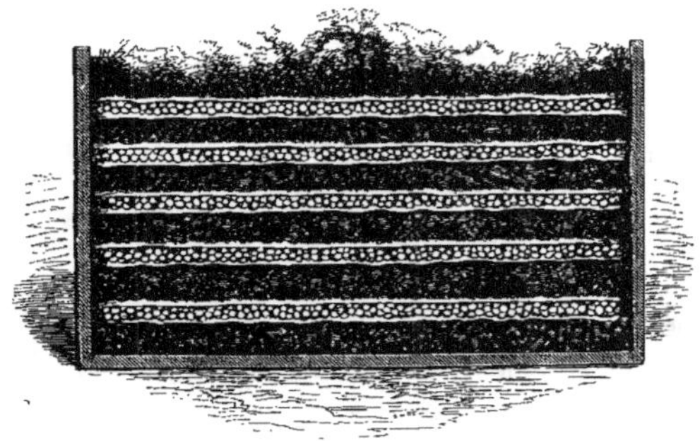

Boîtes pour le transport des œufs de poisson.

conclut en faveur de la diffusion de leurs procédés pour l'empoissonnement de nos eaux.

Notre gouvernement s'émut de la question, en confia la réalisation à des ingénieurs qui déposèrent dans le canal du Rhône au Rhin d'immenses quantités d'œufs fécondés.

Un peu plus tard, M. Coste, professeur au Collège de France, prit à cœur la question ; encouragé par quelques succès obtenus dans son laboratoire, il parvint à faire créer l'établissement d'Huningue.

Cet établissement, que la perte de l'Alsace nous a enlevé, était destiné à l'éclosion des œufs fécondés artificiellement et devait répandre dans nos rivières les jeunes sujets produits par lui.

Quels qu'aient été les résultats de ces laboratoires, l'idée était lancée ; les gouvernements, préoccupés de la dépopulation des eaux, s'émurent assez pour favoriser largement les établissements d'élevage et encourager la pisciculture.

De tous les côtés on travaille à la multiplication, à l'acclimatation des espèces comestibles les plus méritantes. L'Amérique possède d'admirables installations de pisciculture; cette branche administrative a ses fonctionnaires, son budget, son organisation. L'Écosse et l'Irlande, le Danemark, la Russie, la Norwège, l'Autriche ont un établissement modèle créé par l'État; la Suisse en a trois; la France, elle, n'a même pas encore remplacé Huningue enlevé par les malheurs de la guerre. C'est l'industrie privée qui donne et maintient l'élan si nécessaire à la prospérité de la pisciculture française.

Il est cependant juste de reconnaître qu'à défaut d'établissement officiel le gouvernement français a cherché à propager sur un certain nombre de points, dans les Vosges, la pratique de la pisciculture, en faisant aménager par ses agents forestiers des lieux et des appareils favorables à la ponte, à l'éclosion et à l'élevage des truites.

Les Allemands ont, de leur côté, répandu les méthodes mises en pratique à Huningue, et, dans la Forêt-Noire, l'élève de la truite est devenue une véritable industrie, assez lucrative pour les montagnards badois.

La pratique de la pisciculture passe chaque jour davantage du laboratoire à la reproduction fidèle des conditions de la nature. Au lieu de cuves à éclosion fort ingénieusement combinées, fort soigneusement tenues, et où, malgré tous les soins, les insuccès dépassaient la réussite, l'on multiplie dans les forêts, dans la montagne, les installations les plus simples, avec plein succès d'ailleurs.

La base du système est un ruisselet aux eaux vives et fraîches, dans lequel on pratique de distance en distance quelques petites cuvettes remplies de gravier bien lavé où les poissons trouvent des frayères convenables. Des fossés convenablement disposés reçoivent les jeunes poissons dès leur naissance, puis on les fait passer successivement dans des bassins plus vastes au fur et à mesure de leur croissance, jusqu'à ce que leur taille les rende propres à la vie libre.

Depuis que l'élevage du poisson est remis en honneur, la truite, qui avait presque disparu de nos eaux vosgiennes, recommence à s'y montrer en assez grande abondance.

Dans les pays se livrant à cette industrie, en Allemagne, en Suisse, en Amérique, on a pu faire un choix judicieux des espèces utiles, à multiplication facile, à croissance rapide, et s'organiser de façon à garantir désormais les eaux de ces contrées contre la pénurie de poisson, tout en se livrant à une exploitation régulière et profitable de la pêche.

On a également tenté, avec succès, des essais d'acclimatation ayant pour but de doter d'espèces méritantes des eaux où ces poissons étaient inconnus auparavant. C'est ainsi qu'on est parvenu à faire reproduire certaines truites et certains saumons dans des eaux non courantes, et sans que les individus aient accompli les pérégrinations de la rivière à la mer, sans lesquelles les salmonides ordinaires ne se développent point.

Ces succès ont une importance considérable au point de vue alimentaire ; ils prouvent que, sans se livrer à des entreprises dont les difficultés ne peuvent être résolues que dans des conditions particulièrement favorables, il est facile d'imiter les opérations les plus habituelles. Il faudrait, à l'exemple des Chinois, qui ne laissent pas la moindre flaque d'eau sans l'ensemencer de poisson, il faudrait que nos fermiers se missent à peupler les étangs, les mares, les fossés, des espèces si productives et si résistantes que nous possédons.

Aujourd'hui, le transport facile des œufs de poissons fécondés supprime le principal obstacle. Les œufs libres sont emballés dans des caisses formées de lits alternatifs d'œufs et de mousse humide ; les œufs adhérents sont recueillis avec la branche, la pierre ou la plante qui les supporte, et expédiés dans des caisses ou des corbeilles garnies d'herbes fraîches.

Les œufs de saumon principalement résistent fort bien aux chances de transport. C'est grâce à cette faculté que l'Australie, dont les eaux ne nourrissent naturellement aucun salmonide, a pu, après de nombreuses tentatives, obtenir des saumons et des truites provenant d'œufs apportés d'Europe dans la glace afin d'en retarder l'éclosion. Aujourd'hui les eaux du continent australien nourrissent une quantité considérable de ces poissons.

C'est par le même procédé que le saumon de Californie, espèce particulièrement robuste, a pu nous parvenir et nous donner quelques sujets qu'on s'applique à multiplier jusque dans nos rivières les plus fréquentées.

Mais, nous le répétons, il y a de beaux succès et des résultats utiles à obtenir avec nos espèces indigènes. Partout où on l'a compris, les étangs sont devenus, soit par suite de vieilles traditions, soit par suite d'entreprises récentes bien conduites, des fermes de haut rendement.

Suivant le terrain, la nature des eaux et l'abondance de la nourriture, ces étangs nourrissent, en proportion variable, diverses espèces de poissons. Le plus habituellement ce sont la carpe et le brochet. La grande fécondité de la première oblige à introduire de temps à autre le second, afin de débarrasser d'une façon profitable les eaux de leur excès d'alevin. La trop grande abondance de jeunes poissons nuit à l'accroissement du poisson adulte en lui soustrayant une grande masse de nourriture. En mettant au moment convenable de jeunes brochets dans les étangs aménagés, ceux-ci, trop faibles pour s'attaquer aux grosses pièces, s'en prennent au fretin, qu'ils dévorent à belles dents.

Mais, comme l'accroissement du brochet est fort rapide, un temps arrive où, devenu assez fort, il détruirait les plus beaux poissons. C'est alors qu'on le pêche par la mise à sec de l'étang. Les carpes sont également recueillies et vendues. On garde de chaque espèce un nombre suffisant de sujets pour repeupler et on les place dans des pièces d'eau séparées ; puis on referme l'étang, et, quand les eaux de la pluie et des sources s'y sont amassées en quantité convenable, on y apporte l'alevin provenant de la réserve.

Cette opération de l'empoissonnement est presque la plus délicate à cause du transport du poisson. Elle a souvent lieu dans des conditions défectueuses, malgré la résistance vitale des espèces qui y sont ordinairement soumises. Pour réussir, il faut fournir au poisson une eau suffisamment aérée ; dans ce but, on a l'habitude d'agiter celle des baquets et des tonneaux contenant le poisson, de la battre et même de la changer quand on le peut.

Mais ces conditions ne sont pas toujours remplies, et quand le poisson destiné à repeupler un étang arrive parfois d'une longue distance, il est fatigué, épuisé, à moitié asphyxié ; il se fait mal à son nouveau milieu, et, lorsqu'il ne meurt pas, son accroissement est lent.

Pour éviter les chances d'insuccès on a généralisé une méthode fort simple, consistant à insuffler de l'air dans l'eau au moyen de soufflets, ou même de pompes, dont le bout plonge jusqu'au fond du récipient à poissons.

La culture des eaux n'est pas limitée aux exploitations d'étangs et de rivières. La mer offre un vaste champ qui ne pouvait échapper à l'industrieuse activité de l'homme.

A l'énoncé de cette question, l'esprit se porte aussitôt vers l'ostréiculture, qui a été l'objet de si nombreuses tentatives depuis vingt ans.

Nous rappellerons seulement pour mémoire les époques critiques traversées par nos pêcheurs dépeuplant, ruinant les bancs au moyen d'instruments barbares. Des savants dévoués sont venus à leur secours en établissant des essais longtemps malheureux, mais desquels est sortie néanmoins une industrie aujourd'hui florissante : l'élevage des huîtres dans des parcs appropriés et leur engraissement dans des *claires* ou bassins.

Malgré la multiplication énorme qui en est faite, l'huître est un comestible dont le prix se maintient toujours très élevé parce qu'elle est très recherchée.

Ce n'est point qu'elle manque, car les dernières statistiques nous apprennent qu'il a été livré à la consommation 231 millions de sujets durant le cours de l'année ; mais son traitement, sa manipulation exigent des soins minutieux.

La finesse de nos huîtres de Marennes et de Cancale les font rechercher au loin, et l'on en expédie jusqu'en Égypte.

On parvient à ce curieux résultat au moyen d'un artifice assez ingénieux que nous allons faire connaître. Pour donner aux huîtres leur maximum

Draguage de l'huître.

de qualité, on les place dans des bassins peu profonds, à pente douce, formés d'argile battue, disposés de façon à être à volonté remplis par la marée montante, et que l'on nomme des *claires*.

Quand l'huître a atteint à peu près son développement, on l'habitue à *retenir son eau*. Pour cela on la sort chaque jour au moyen de rateaux et on la laisse exposée quelque temps à sec sur le bord de la *claire*. A chaque séance on prolonge un peu la station, si bien qu'au bout d'un certain temps l'huître ne s'ouvre plus dès qu'elle n'est pas dans son élément. Une huître *bien faite* retient son eau pendant un laps de temps atteignant jusqu'à six semaines. C'est par ce moyen qu'on peut les expédier au loin et qu'on parvient à les avoir vivantes longtemps après leur sortie des bassins.

Depuis quelques années ce délicat mollusque est devenu d'un prix plus abordable par suite de la propagation faite sur nos côtes de l'huître dite portugaise, plus rustique et plus féconde encore que l'huître commune.

Quel que soit notre goût en France pour ce délicieux mollusque, il n'atteint pas celui des Américains. Les habitants de l'Union en font une effroyable consommation, à laquelle il faut, pour suffire, les fonds productifs de leurs côtes. A New-York et dans les grandes villes des États-Unis, l'huître se mange à tout propos et en quantités considérables. Elle est la base d'une foule de préparations culinaires : soupes, conserves variées, daubes, hors-d'œuvre, etc. Il y a des restaurants spéciaux, en

Huîtres sur pierres.

grand nombre, où l'on ne sert absolument que des huîtres accommodées de mille façons.

A défaut des huîtres, que leur prix élevé rend inaccessibles, les classes pauvres de France font une énorme consommation de moules.

Ce sont les côtes de Normandie et de Bretagne qui les fournissent en majeure partie, et certains points ont sous ce rapport une réputation méritée, soit par l'abondance, soit par la qualité de leurs produits.

Si étendus que soient ses bancs sur les rivages où elle vit à l'état sauvage, la moule livrée sur nos marchés provient surtout des moulières artificielles, où elles acquièrent une taille et une saveur qu'elles ne peuvent atteindre livrées à elles-mêmes.

Les moulières artificielles se composent de rangées de pieux appelées *bouchots*. Ces pieux, assez forts pour résister à la marée, sont espacés d'un mètre et reliés par un grossier clayonnage. Ils sont disposés sur des lignes atteignant parfois un kilomètre de long et formant jusqu'à sept rangées parallèles figurant un angle dont la base s'appuie au rivage et dont le sommet regarde la mer.

Le frai des moules vient se fixer sur ces obstacles; en peu de temps il y acquiert un volume considérable. A l'abri du contact immédiat de la vase, la moule gagne en finesse et en grosseur.

Le département de la Charente-Inférieure est le grand centre de la myti-culture. On calcule, sans pouvoir préciser les chiffres, que les bouchots de la seule baie d'Aiguillon, où cette industrie a pris naissance, pro-duisent pour 800 000 francs environ de moules.

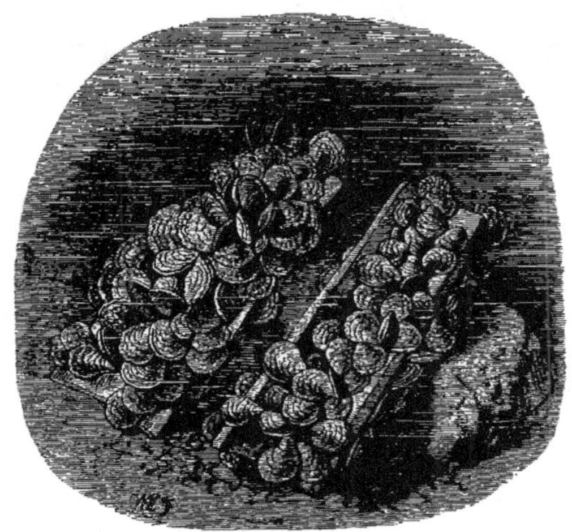

Huîtres sur tuiles.

Le homard est le plus gros et le plus utile des crustacés des mers d'Europe. Il y est abondant, surtout dans les fonds rocailleux. Il y est l'objet d'une pêche active à laquelle s'emploient surtout les invalides de la mer, tant elle est simple et nécessite des engins peu compliqués.

On le prend avec des coffres figurant des barils en filets qu'on amorce avec un poisson quelconque, hormis du maquereau ou du hareng, car l'expérience a démontré, sans qu'on en ait pénétré la raison, que le homard ne vit pas longtemps quand il a été pris avec ces appâts.

Or le grand avantage de cette pêche est de pouvoir conserver le homard dans des viviers profonds, d'où il est retiré suivant les besoins de la vente. Mais il faut d'abord leur lier les pinces avec une cordelette; sans cette précaution les homards se détruiraient mutuellement, et si l'eau du vivier n'était point profonde ils ne tarderaient pas à périr.

Cette nécessité a poussé à l'idée de tenter l'éducation de ce crustacé dans des parcs convenablement aménagés. Après bien des tâtonnements on y est parvenu : les parcs de Roscoff et de Concarneau en France,

Les bouchots de la baie d'Aiguillon.

de Holen-Have, de Hamble en Angleterre, disent assez l'importance de cette industrie.

Les grands approvisionneurs de ce commerce sont encore les pêcheurs

Pieux composant un bouchot.

norwégiens. Le homard pullule sur leurs côtes découpées ou remplies d'excavations. La majeure partie de leur pêche est achetée par les Anglais, qui viennent sur des bateaux à vapeur dont la cale est divisée en compartiments baignés par la mer et pouvant contenir chacun de 5 000 à 10 000 homards. Ils vont ainsi tout le long des côtes, achetant aux pêcheurs

a un prix établi d'avance par des traités. Quand le navire est plein, il va
déverser son chargement dans les parcs qui alimentent Londres et les
grandes villes d'Angleterre, puis il retourne dans les fjords composer
une nouvelle cargaison.

L'Irlande, l'Écosse, l'Angleterre, malgré les nombreuses découpures
de leurs rivages si propices à la propagation de ce crustacé, n'en fournissent plus assez pour la consommation du royaume. Non seulement la

Homard américain.

Norwège contribue à l'approvisionnement de homards vivants, mais
l'Amérique apporte des chargements entiers de homards conservés en
boîtes.

Les Américains, pourrait-on dire, abusent parfois de la fécondité de
leur pays. Très amateurs de ce crustacé, ne suffisant pas, malgré leur
énorme consommation, à absorber les produits de leurs rochers qui pullulent de homards, ils ont inondé le monde entier de leurs conserves.
Malgré l'infériorité du produit, la consommation se propage et s'étend par
suite du bas prix de ces conserves, qui rend abordable aux classes peu

aisées un mets regardé par elles comme exclusivement réservé aux riches à cause de sa finesse.

Soit qu'il s'agisse de la reproduction d'espèces précieuses telles que les salmonides, pour le repeuplement de nos rivières, soit qu'on s'occupe de cultiver nos étangs, soit qu'on envisage la pisciculture de mer, on ne peut que constater en France un état singulièrement inférieur à ce que devrait être la culture des eaux. On recueillerait en abondance et à bas prix une nourriture recherchée, salubre et productive pour l'exploitant. La pêche dans les viviers, réserves ou étangs est une opération des plus faciles et des moins dispendieuses. Il y a donc lieu de s'étonner de voir répandues en si petit nombre les fermes d'eau, malgré l'exemple encourageant des hommes d'initiative qui se sont lancés dans cette voie à leur profit et au grand avantage de leurs concitoyens.

SIXIÈME PARTIE

LES FRUITS ET LES LÉGUMES

I

JADIS ET AUJOURD'HUI

Les fruits aux temps préhistoriques. — Les progrès accomplis. — Étendues consacrées à l'arboriculture fruitière. — Avantages de la culture fruitière. — L'alimentation y trouve profit. — Résultat des facilités de communication. — Les bonnes et les mauvaises espèces. — Les conserves. — Procédés de conservation. — Conditions pour réussir. — Les combinaisons chimiques de la maturation. — Influence respective de la chaleur et de la lumière. — Les fruitiers. — La dessiccation. — L'évaporation des fruits aux États-Unis. Les évaporateurs.

C'est en découvrant les cités lacustres qu'on a rencontré, pour la première fois, la preuve que les hommes préhistoriques faisaient servir les végétaux à leur nourriture. Les plus anciens monuments de ce genre ne remontent pas au delà de la période néolithique ; rien, parmi les débris provenant des troglodytes, ne prouve que les hommes de ces âges antiques aient connu les propriétés alimentaires des fruits.

L'incendie qui a détruit les palafittes a servi également à nous les révéler en conservant par la carbonisation une quantité de choses appartenant à leurs habitants. C'est ainsi qu'à côté des amas de grains agglutinés par le feu, l'on a retrouvé pêle-mêle avec eux des pommes, des poires, des cerises, des prunes, des noisettes, des faînes, des châtaignes, des glands renfermés en quantités notables dans de grossiers vases de terre. Les pommes et les poires, ordinairement coupées en deux, indiquent bien que c'étaient là des provisions d'hiver. On a même constaté par la présence de leurs petites graines que la fraise, la mûre, la framboise et la prunelle étaient consommées par les gens de cette époque.

Cependant tout porte à croire que nos ancêtres d'alors se contentaient des fruits sauvages et qu'ils ne connaissaient pas la culture des arbres fruitiers.

De grands progrès ont été faits depuis ces temps lointains; les fruits, déjà appréciés malgré la saveur âcre de l'état sauvage, sont devenus savoureux grâce aux soins de la culture, les variétés se sont multipliées, les espèces de tous les pays ont été acclimatées successivement de tous côtés, ils ont pris dans l'alimentation une place du premier ordre.

Pour suffire à la production que le consommateur réclame, les cultivateurs ont dû consacrer à les produire des espaces souvent fort étendus : des contrées entières se sont fait une réputation dans la production particulière de certains fruits, des villages entiers consacrent à peu près tout leur territoire aux vergers.

On voit des jardins fruitiers couvrant de leurs innombrables espaliers des espaces de quatre et de cinq hectares. En un mot, l'arboriculture fruitière est entrée dans une voie de grande culture et de grande production ; elle est devenue une branche importante de la richesse nationale.

Ce développement ne s'est pas manifesté seulement en France; la Belgique, la Hollande, l'Angleterre, la Russie, l'Allemagne, la Suisse, les pays baignés par la Méditerranée, tous ont suivi, avec un empressement et des succès variables, cet utile exemple.

Si nous traversons l'Atlantique, nous trouverons dans cet étonnant pays des États-Unis plus de 2 millions d'hectares consacrés aux vergers dont on tire pour plus de 800 millions de francs. Et, non contents d'écraser notre agriculture par leurs blés à bas prix, les Américains commencent déjà à nous inonder des produits de leurs vergers !

Non seulement l'arboriculture fruitière est profitable à ceux qui s'y livrent, elle est, elle peut devenir aux époques de détresse et de mauvaises récoltes, le salut des agriculteurs. Elle leur permet de mettre en état et de planter des surfaces improductives; par elle un grand nombre de friches, de fermes abandonnées, de terrains vagues deviennent désormais des sources de revenus élevés. Alors que la culture des champs ne rémunère pas le travailleur, la culture des fruits est une source de profits n'entraînant presque point de frais d'exploitation; tout y est bénéfice.

L'alimentation y gagne de la façon la plus heureuse. Les fruits se joignent aux légumes pour fournir un régime hygiénique très salutaire; l'abondance des produits en rend les prix de jour en jour plus accessibles.

Par suite de la facilité des transports, les conditions et l'époque de vente des fruits se trouvent modifiées sur tous les marchés. C'est ainsi que, depuis l'ouverture du Saint-Gothard, l'Allemagne reçoit quotidiennement de trente à quarante wagons de fruits et de légumes d'Italie. A Londres, on promène et on vend dans les rues des ananas de Madère et de la Floride presque au même prix que des pommes. Tandis que nos raisins de la région parisienne sont encore tout verts, nos départements méridionaux nous en expédient, dès le mois de juillet, à des prix fort abordables, et la Kabylie nous en fournit trois mois avant nos vignes.

La qualité du fruit est également améliorée par la force des choses. L'utile concurrence pousse le cultivateur à choisir chaque jour pour ses plantations les espèces les plus méritantes. Il est constaté, en effet, par une longue expérience, que la culture des meilleures espèces de fruits n'occasionne pas plus de dépense que la culture des qualités inférieures, tandis que le profit s'accroît considérablement. Les frais de transport sont un obstacle à l'expédition de fruits de basse qualité; souvent la vente ne couvrirait pas ces frais. Cultiver des fruits que leur mérite fait toujours rechercher est donc un calcul judicieux, car il permet d'étendre le champ des opérations de vente; même en cas de mauvaise récolte, les bons fruits sont toujours rémunérateurs.

Ils sont toujours demandés par le consommateur : quand ils n'existent plus à l'état frais, ils sont encore désirés sous forme de conserves. D'ailleurs, dans les années d'abondance où l'on ne pourrait pas toujours consommer tout à l'état frais, les conserves forment une réserve précieuse pour le cultivateur, qui souffre moins de l'avilissement des prix, et pour le consommateur, qui retrouve toujours mieux les qualités du fruit frais dans un fruit conservé de bonne nature que dans un fruit sans saveur.

Les fruits se conservent par de nombreux procédés suivant l'espèce à laquelle cette opération s'applique. On les conserve frais, à l'état de compotes très cuites ou confitures, de pâtes ; on les garde en boîtes au moyen d'une demi-cuisson ou bien on les dessèche.

Pour réussir d'une façon satisfaisante dans ces diverses opérations, il faut d'abord que le fruit à conserver se présente dans des conditions convenables de maturité.

Ce point auquel arrivent tous les fruits en saison normale n'est pas toujours atteint au même degré, parce que les opérations chimiques ayant pour effet de produire la maturation ne s'accomplissent pas toujours complètement. Les deux agents essentiels, la chaleur et la lumière, ne concourent pas toujours d'une façon suffisante à ce but. La lumière a principalement une influence considérable sur la coloration et sur la maturation des fruits. On s'est livré à des expériences précises et prolongées, desquelles il résulte que la lumière est encore plus nécessaire que la chaleur pour la production du glucose auquel les fruits doivent leur saveur. Des fruits bien éclairés arrivent à maturité malgré le peu d'élévation de la température. On peut être sûr que le vin de la récolte des années pendant lesquelles le ciel a été généralement couvert sera de médiocre qualité quand bien même l'été aurait été très chaud. Par contre, des vignes formant treille et destinées surtout à servir d'abri ne parviennent jamais à mûrir leurs raisins bien qu'exposées aux chauds rayons du soleil d'Afrique. L'ombre du feuillage maintient le fruit dans une obscurité relative, nuisible à sa maturation.

Ce sont ordinairement les fruits à pépins que l'on tente de conserver à l'état frais ; eux seuls, d'ailleurs, ont un épicarpe suffisamment résistant pour affronter les variations de température et défendre le fruit proprement dit ou péricarpe contre les combinaisons chimiques dues aux influences sans cesse agissantes de l'air extérieur.

Sans connaître toujours les raisons déterminantes, les industriels qui s'occupent du commerce des fruits de conserve reconnaissent six conditions essentielles à la réussite de leurs opérations :

Une température très égale et peu élevée ; l'absence de la lumière ; une proportion très faible d'oxygène dans les locaux renfermant les fruits ; conservation aussi complète que possible de l'acide carbonique émis par les fruits ; une atmosphère plutôt sèche qu'humide ; enfin l'isolement des fruits.

Pour réaliser ces *desiderata,* on récolte les fruits par un temps sec, on les laisse en repos pendant quelques jours afin de leur faire perdre une partie de leur humidité et leur faire « jeter leur sueur », selon le langage des jardiniers. On les range ensuite dans le fruitier, sur des claies, en évitant de les mettre en contact les uns avec les autres, puis on ferme soigneusement toutes les issues du fruitier et l'on ne les ouvre que pour le service intérieur, c'est-à-dire pour la surveillance nécessaire.

Il faut, en un mot, maintenir le plus possible les fruits qu'on veut conserver à l'abri des trois agents de la végétation : la chaleur, la lumière et l'humidité.

Nous n'avons rien à dire des procédés basés sur la cuisson plus ou moins complète des fruits. Toutes les ménagères qui font leurs provisions de pâtes, de compotes et de confitures ont à cet égard une compétence incontestable.

Quant à la conservation en boîtes, bien que le fruit ainsi présenté garde presque intégralement son aspect et sa saveur originaires, l'opération nécessite trop de frais pour se généraliser : elle n'est applicable qu'à un petit nombre de fruits de premier choix.

Lorsqu'il s'agit d'opérer rapidement sur des masses de produits destinés à la grande consommation, il est préférable d'avoir recours à un procédé depuis longtemps pratiqué en Orient, en Espagne et dans toutes les contrées favorisées du soleil. Nous voulons parler de la dessiccation, qu'on nomme assez judicieusement évaporation aux États-Unis.

Les prunes, les raisins, les dattes, les figues sont séchés au soleil dans leur enveloppe naturelle, et l'on sait l'énorme quantité de ces fruits consommés à l'état sec.

Les Américains, ainsi que nous l'avons dit, ont donné un très grand essor à leurs cultures fruitières, surtout dans les comtés de San-Francisco et de los Angelos, en Californie. Pendant certaines années, les récoltes sont si considérables qu'elles ne rapporteraient pas les frais de cueillette et d'emballage, surtout dans les pays éloignés des grands centres de consommation. Les Américains tirent néanmoins un excellent parti de ces énormes récoltes en les soumettant à la dessiccation, à l'évaporation, dans des appareils à action rapide.

Le fruit est placé dans un courant d'air chaud qui lui enlève ses parties aqueuses sans lui ôter son goût ou son parfum spécial; ce procédé crée sur le fruit une sorte d'enveloppe ou d'écorce artificielle qui retient et emprisonne ses principes sucrés ; il permet d'utiliser les fruits de toute catégorie ; le volume et le poids étant diminués des quatre cinquièmes, le transport s'en affectue avec économie et facilité.

Dans les comtés du Nord, on se sert dans ce but d'appareils disposés en façon de hautes caisses quadrangulaires du haut en bas desquelles circule une chaîne sans fin supportant des claies chargées de fruits qui viennent successivement subir le contact de l'air chaud s'échappant d'un foyer inférieur. Comme ces appareils sont assez coûteux, les fermiers se syndiquent comme font les nôtres pour l'achat de leurs moissonneuses ou de leurs pressoirs à vin.

Dans le Sud, on utilise la chaleur du soleil. L'évaporateur consiste en une immense caisse fermée dont le dessus est vitré et les côtés garnis intérieurement de plaques de fer-blanc formant réflecteurs. L'appareil est monté sur des galets afin de pouvoir l'orienter constamment vers le soleil, et le fond est muni de cheminées pour l'évaporation de l'eau.

II

LES FRUITS A NOYAU

Le cerisier est un des arbres fruitiers les plus populaires et les plus productifs à la fois.

Originaire de l'Asie ainsi que la plupart de nos fruits comestibles, la cerise passe pour avoir été apportée en Europe par Lucullus et dans notre pays par les Romains.

On trouve cet arbre partout où l'air et la lumière circulent librement; plaines, pentes ou hauteurs, depuis la zone de l'oranger jusqu'à celle du chêne, toutes les stations lui sont bonnes pourvu qu'il y rencontre un sol sec, léger et même caillouteux.

Il y a de cet arbre si connu quatre groupes bien distincts comportant chacun de nombreuses variétés : la cerise proprement dite, la griotte, le bigarreau, la guigne.

Le premier groupe comprend les fruits à chair douce ou 'légèrement acidulée, à jus incolore parmi lesquels on distingue les espèces si connues de la Montmorency, de la cerise anglaise et de la cerise franche.

La griotte est un fruit pourpre noir, à chair tendre, au jus coloré ; sa saveur acidulée, qui paraît aigre, lui a valu son nom. Elle se rencontre surtout vers l'Europe septentrionale.

Le bigarreau réussit dans les sols arides, où il donne un fruit à chair ferme et croquante.

La guigne a la chair tendre, son jus est rarement coloré ; elle tient le milieu entre la cerise et le bigarreau.

Une courte visite dans quelques principaux centres de production ne sera pas tout à fait dépourvue d'intérêt.

Depuis longtemps la Basse-Bourgogne a compris l'avenir réservé à la culture du cerisier sur ses coteaux. Certains villages, Saint-Bris entre autres, récoltent pour 100 à 120 000 francs de cerises chaque année. Tout le long de l'ancienne route d'Auxerre à Avallon, ce ne sont que cerisaies aussi productives.

La Champagne a imité cet exemple et produit maintenant autant que la Basse-Bourgogne.

La Picardie avait aussi de robustes et fécondes cerisaies dont le produit était surtout destiné à Londres. Au moment des premiers fruits, on pouvait voir chaque paquebot de Boulogne se remplir de paniers ronds apportés par le chemin de fer et contenant les cerises précoces que la Picardie expédiait à Londres.

Nous disons « expédiait », car le rude hiver de 1879-80 a détruit plus de 100 000 sujets aux environs de Château-Thierry seulement.

Dans bien des communes de l'Aisne, de l'Oise et de la Somme c'est le produit des cerisaies qui fournit à l'entretien des bâtiments et des chemins communaux.

Le Midi nous donne en abondance des bigarreaux précoces dont la culture procure de gros bénéfices. Dans la banlieue de Toulon, la commune de Soliés-Pont, bien connue par sa culture de primeurs, expédie pour près d'un million de cerises de primeurs. On a vu deux arbres produire une récolte évaluée à 1 300 francs !

C'est à l'étranger, vers le Nord, qu'il faut se diriger pour trouver les plus importantes cerisaies. Sur les confins de la Pologne et de la Russie, il est des vergers comptant 10 000 cerisiers d'une espèce résistant supérieurement au froid, et dont le produit s'expédie sur les marchés du Nord par chars entiers et par trains complets.

Les cerisaies de la Bavière rhénane peuvent seules leur être comparées. On cite des villages de 1 500 âmes où il se vend pour plus de 225 000 francs de ce fruit. Des commissionnaires achètent en masse la récolte et l'expédient dans les grandes villes d'Angleterre, d'Allemagne et de Russie.

Dans ces pays, où la valeur de l'hectare planté va jusqu'à 12 000 francs, on a vu, lors d'une construction de chemin de fer, être obligé de payer certains arbres de 800 à 900 francs pour indemniser leurs propriétaires ; l'un d'eux même a été payé 2 000 francs.

Dans nos régions de l'Est, la fabrication du kirsch est le grand but de la culture du cerisier. C'est pour ces contrées une source de gros bénéfices. Là encore, l'hiver de 1879-80 a fait bien des ruines, puisque, l'année suivante, un document officiel cotait à 80 000 francs la différence des droits perçus par l'État sur la fabrication du kirsch dans le seul département des Vosges.

L'abricotier est plus délicat que le cerisier ; son habitat s'étend davantage vers le Midi ; il se plaît dans les climats doux, réguliers, dépourvus de brouillards. Toute la zone de culture du mûrier, en France, lui est très favorable. Il est également répandu dans toute l'Europe méridionale, l'Algérie, l'Égypte et les États-Unis.

L'abricot fait bonne figure comme dessert ; la pâtisserie lui emprunte d'excellentes garnitures ; on en fait, surtout en Auvergne, des pâtes estimées ; les confiseurs gardent l'amande pour les confitures, et les distillateurs pour en tirer la liqueur de noyau ou ratafia.

Il est hautement apprécié par la grande consommation, puisque Paris seul en reçoit 5 millions de kilogrammes ; on le recherche à Bordeaux pour fournir à la marine et à l'étranger des conserves en boîtes où le fruit est à demi cuit dans un sirop ; aux États-Unis son abondance est telle qu'on le traite comme la pomme et la poire ; il est évaporé et comprimé pour fournir aux compotes des Yankees. Au Turkestan il est séché, étalé sur le toit des maisons, et plus tard il est consommé à l'état de soupe.

Les indigènes de l'Himalaya ont dans leurs montagnes une telle abondance d'abricotiers à l'état sauvage que le fruit en est ramassé au balai pour faire de l'huile avec les noyaux.

Quand il est placé à une exposition favorable, l'abricotier donne de superbes récoltes. Il n'est pas rare de voir des arbres donnant chaque année pour 50 francs de fruits.

Le commerce de notre pays classe toutes les espèces d'abricots sous trois dénominations : l'abricot de Paris, celui de Bordeaux, celui de Bourgogne.

Le territoire de Triel, à quelques lieues de Paris, sur la rive droite de la Seine, fournit la plus forte partie des approvisionnements de la confiserie parisienne. Des petits hameaux vendent jusqu'à 200 000 francs d'abricots dans leur saison. Chose remarquable, le sol de ces villages, composé de pentes abruptes, n'était pas autre chose, il y a quelques années, que des *mergers* de pierre meulière ayant fourni les matériaux employés à la construction des fortifications de Paris, en 1840. Les déblais provenant de l'exploitation d'alors ont été plantés en abricotiers et sont devenus des sources de riches revenus.

Les produits sont tout aussi rémunérateurs dans les autres contrées qui se livrent à la culture de l'abricotier. Le Midi s'y est adonné avec ardeur et profit. Pour ne citer qu'un exemple, nous nommerons les communes de Barbentane, Boulbon, Châteaurenard, qui, pendant six semaines, expédient chaque jour cinquante wagons de primeurs parmi lesquelles l'abricot forme le principal chargement.

Le prunier occupe une des places les plus importantes parmi les arbres contribuant à la richesse agricole et commerciale. On les classe en deux grandes catégories, comprenant les prunes de dessert et les prunes de séchage.

Parmi les premières, tout le monde connaît et apprécie les prunes de Monsieur, les reine-Claude, les mirabelles, dont les variétés sont nombreuses.

Les prunes de séchage comptent surtout les quetsches, les prunes d'Agen, celles de Sainte-Catherine.

La plus populaire, la plus méritante aussi des prunes de table est la reine-Claude. Le produit de cette seule prune peut s'évaluer, pour la France, à 2 millions de francs.

Certains territoires fournissent des récoltes merveilleuses : 50 000, 80 000 et 100 000 francs sont des chiffres que tirent de leurs pruniers de petites communes des environs de Bar-sur-Aube et de la Picardie.

Certaines parties de la vallée de la Marne sont absolument boisées de reine-claudiers.

Ce prunier est un des arbres les plus productifs ; on évalue son rendement, à l'âge de dix ans, à la somme de 4 000 francs l'hectare.

En Angleterre, à l'est du comté de Kent, le reine-claudier réussit particulièrement bien et donne un revenu encore plus élevé.

Les confiseurs de Paris recherchent principalement, pour faire des prunes à l'eau-de-vie, la reine-Claude de Vaux. Ce pays touche le territoire de Triel, si favorisé par ses cultures d'abricots. Vaux et ses environs sont, au moment de la récolte, extrêmement parcourus par les acheteurs ; ils vont dans les champs visiter les arbres dont on leur propose la récolte.

Pour ce genre de conserves, le fruit doit être encore vert, bien couvert de sa *fleur* et être d'une conformation irréprochable. Aussi sa récolte exige-t-elle beaucoup de soin et se paye-t-elle fort cher. Il est des négociants qui, chaque semaine, durant près d'un mois, achètent pour plus de 20 000 francs de prunes destinées au bocal.

On a vu parfois tant d'abondance jointe à une belle qualité que l'acheteur, las de récolter et d'emporter, abandonnait au vendeur une partie de la récolte bien qu'elle fût payée d'avance.

La mirabelle seule peut lutter de popularité avec la reine-Claude. Ce fruit délicieux fait, lui aussi, la fortune de villages entiers dans l'est de la France. La mirabelle de Metz a une réputation universelle, qui vaut aux récoltes de la contrée des prix plus avantageux que partout ailleurs. C'est par centaines de chariots que se fait l'enlèvement de ce fruit.

Dans toute la Lorraine, où le mirabellier abonde, la récolte se vend à des courtiers qui l'expédient aux halles de Paris. Le tambour du village parcourt la commune annonçant que l'acheteur offre tel prix et prendra tout ce qui lui sera présenté. S'il se rencontre un ou deux concurrents, chacun surenchérit, et il arrive souvent que le tambour fait, dans la même journée, deux et trois tournées d'annonces dans lesquelles il exhausse chaque fois le prix d'achat. Aussitôt sa proclamation faite, les paniers arrivent de tous côtés et sont déposés près de la bascule où l'acheteur les reçoit et les expédie aussitôt.

Les prunes d'Agen, de Sainte-Catherine et les quetsches sont les seules dont le nom fasse autorité sur le marché des prunes sèches ; mais chacune a sa région où elle domine. La quetsche est populaire en Alsace et en Lorraine ; la Touraine fait ses pruneaux avec la prune de Sainte-Catherine ; tout le sud-ouest a adopté la prune d'Ente ou d'Agen.

Cette dernière a fait la fortune de la région. Les maisons vouées à cet article chiffrent leurs affaires par centaines de mille francs. A Cassaneuil, la principale expédie annuellement pour 4 millions de pruneaux. La place de Bordeaux en exporte pour plus de 15 millions de francs. Le département de Lot-et-Garonne en livre, à lui seul, pour une somme de 25 millions. Actuellement, le pruneau d'Ente occasionne, à la succursale de la Banque de France à Agen, un mouvement de fonds évalué à 20 millions de francs.

Dans cette riche contrée, tous les propriétaires tirent un gros profit de leurs pruniers. La saison venue, tout le monde est occupé au séchage des prunes ; tout autre travail est abandonné. La méthode la plus simple consiste à exposer le fruit au soleil pendant cinq ou six jours, puis à le passer, à trois reprises différentes, dans un four de boulanger en observant soigneusement de ne pas élever la température au delà du point voulu.

Toute la difficulté de ce travail consiste à laisser à la prune desséchée « toute sa chair ».

Maintenant on substitue peu à peu à cette méthode rustique l'emploi d'appareils analogues aux évaporateurs des Américains, dans lesquels les opérations de séchage s'accomplissent avec plus de rapidité et de régularité.

Dans la région du Sud-Est le prunier Perdrigon sert à la confection des *pistoles*. Le fruit est pelé au couteau, débarrassé de son noyau, enfilé sur une baguette, séché au soleil, puis aplati à la main et séché une seconde fois. A la saison, le voyageur passant dans les villages ne voit partout que des gens occupés à peler les prunes et des claies chargées de pistoles exposées aux rayons du soleil.

Quant au pruneau de Tours, fabriqué surtout dans les parages de Chinon et de Saumur, il est *cuit* par les propriétaires eux-mêmes, qui s'y prennent jusqu'à huit fois pour l'amener au point voulu. La dernière opération consiste à lui donner le *blanc* ou la *fleur*. Certains raffinés se préparent des desserts exquis en mettant deux pruneaux l'un dans l'autre et en remplaçant le noyau par une amande douce.

Dans tous les vergers d'outre-Rhin c'est la quetsche qui domine. Elle fournit à toute la consommation ménagère, soit fraîche, soit séchée. Tout ce qui n'est pas mangé s'emploie pour la confection d'une eau-de-vie justement réputée.

La Turquie, la Bosnie, la Roumanie font d'abondantes récoltes de prunes; le fruit en est séché et, malgré son infériorité, il est largement répandu sur les marchés européens sous l'étiquette de prunes d'Agen de qualité ordinaire.

Le prunier est si apprécié dans toutes les provinces danubiennes que les popes imposent souvent comme pénitence, à ceux qui se confessent à eux, de greffer plusieurs pruniers sauvages pour apaiser la soif du voyageur.

Comme pour tous les fruits que leur saveur hautement appréciée a répandus de tous côtés, la culture du pêcher a produit, avec le temps et avec le changement de milieu, de très nombreuses variétés qui se groupent sous quatre noms généraux ; la pêche de vigne, à peau duveteuse et à noyau libre ; la pavie, adhérente au noyau ; la persèque, dont la chair est jaune et adhère au noyau ; enfin les brugnons, dont la peau est lisse et non duveteuse comme celle des autres genres et dont le noyau est tantôt libre et tantôt adhérent.

En France, nous possédons de nombreuses plantations de pêchers, vers le centre, l'ouest et dans tout le sud. Dans l'Est, cet arbre ne forme qu'exceptionnellement des plantations de rapport. A part les cultures de Montreuil, dont nous dirons quelques mots tout à l'heure, les plantations commerciales ne commence guère qu'en Bourgogne et dans le Lyonnais. Dans certaines vallées bien exposées du Midi, c'est-à-dire garanties des grandes chaleurs et arrosées, les espèces locales donnent à peu près 50 kilogrammes de fruits par arbre. Le sol est en même temps couvert de fraisiers qui prospèrent à l'abri des pêchers.

Dans la Crau d'Arles les plantations de pêchers se sont tellement multipliées que le marché de Salon, fort renommé, est devenu insuffisant.

Tout le sud-ouest, surtout la région des Pyrénées-Orientales, est couverte de pêchers d'un haut rendement. L'espèce cultivée, la pavie, a une chair se prêtant bien aux manipulations du commerce et résistant aux fatigues du voyage. C'est cette pêche que l'on voit en si grande abondance sur le marché de Paris, où elle est vendue à bas prix avant l'apparition de la pêche de Montreuil. A certains moments, elle est si abondante dans la contrée que l'excédent de la vente sert à nourrir le petit bétail.

Mais la reine de cette culture, de toute la culture de pêches en espalier, c'est la pêche de Montreuil. Elle tient la tête du marché ; elle a enrichi et elle continue à enrichir ce pays, dont elle porte le nom ainsi que toutes les localités environnantes.

Ce village de la banlieue parisienne comprend 300 hectares qui sont exclusivement consacrés à la production de la pêche. Ces 300 hectares sont coupés et recoupés par plus de 600 kilomètres de murs contre lesquels s'abritent les arbres. On n'évalue pas à moins de 15 millions de pêches le nombre de fruits produits chaque année par ce pays ; la valeur du rendement net de chaque hectare n'est pas inférieure à 3 500 francs. Quelques cultivateurs récoltent jusqu'à 100 000 pêches par an. Le prix en est extrêmement variable. Jusqu'au moment où la pêche du Midi arrive sur le marché, les fruits de primeur atteignent le prix de deux à trois francs la pièce ; quand l'arrière-saison a fait disparaître toute concurrence, les fruits tardifs dépassent encore quelquefois ce chiffre.

Si la culture du pêcher demande des soins fréquents et minutieux, la récolte en exige davantage encore. Elle offre un spectacle animé méritant au moins un coup d'œil. La cueillette se fait au milieu d'une grande animation, de cinq à huit heures du matin ; puis a lieu la *descente* à la maison des cultivateurs, de leurs ouvriers, des femmes et des jeunes filles, le panier plat sur la tête.

La pêche destinée aux voyages ne doit pas être chaude ; il faut la cueillir à la fraîcheur du matin et la laisser reposer quelques heures avant de l'expédier. Aussitôt cueilli, le fruit est mis sur une feuille de vigne, puis soumis au triage et au brossage.

Le duvet qui se dégage par suite de cette dernière opération est si abondant et cause des démangeaisons si désagréables, que les personnes employées au brossage doivent se garantir le cou et la bouche avec un mouchoir.

L'emballage exige des soins et une habileté toute particulière pour que le fruit parvienne au loin sans avarie; car de sa fraîcheur dépend le haut prix qu'il atteint.

Estimée à l'état frais, la pêche est encore recherchée sous forme de conserves en boîtes. Elle a le rare mérite de ne prendre aucunement le goût du fer. En Bourgogne et partout où l'abondance rend impossible la consommation de toute la récolte, la pêche fournit, à l'alambic, une eau-de-vie d'un goût particulier.

Les Américains, avec leur sens pratique, ont compris la grande importance de la pêche pour l'alimentation directe et pour l'industrie des conserves. On évalue à plus de 120 millions le nombre des arbres exploités par le commerce et à près de 300 millions de francs le revenu qu'ils procurent. Ils ont des fermes où la moitié des terres est occupée par des pêchers dont les récoltes se vendent sur pied entre 20 000 et 35 000 francs.

Dans le Delaware et le Maryland on compte plus de 20 000 hectares exploités en pêchers. Dans ces deux États existent des usines qui fabriquent des boîtes de pêches conservées pour desserts; il en est plusieurs qui débitent chaque année près d'un million de boîtes.

A d'autres titres que les fruits précédents, nous ne pouvons passer sous silence la drupe de l'olivier, dont le fruit occupe une place considérable selon l'espèce.

C'est l'arbre par excellence du bassin de la Méditerranée; pour prospérer il lui faut l'influence de l'air salin, et il donne un produit plus abondant lorsqu'il est planté dans des terrains secs que s'il est cultivé dans de grasses vallées. Dans ce dernier cas, il perd en production fruitière ce qu'il gagne en luxuriant feuillage. Il abonde dans l'Italie, dans l'Espagne, en Algérie. Il forme dans notre colonie une des plus belles cultures d'avenir pour celui qui entreprend sa plantation. Les Kabyles en possèdent de fort beaux et fort anciens qu'ils soignent avec beaucoup d'intelligence.

L'huile qu'on retire de l'olive de Provence a une réputation universelle due à sa finesse; celles d'Aix et de Nice font prime dans le commerce.

Dans toute la région méditerranéenne l'huile d'olive remplace le beurre dans les manipulations de la cuisine.

C'est un des produits les plus falsifiés. Ordinairement on se borne à y mêler des huiles de colza, de sésame, de coton et d'arachide. Toutes ces huiles, d'une valeur commerciale inférieure, se retrouvent dans l'huile d'olive falsifiée au moyen de quelques réactifs d'un emploi facile.

Olivier.

On pratique beaucoup, dans le Nord de la France, un mélange d'huile d'olive et d'huile d'œillette, parce que, la saveur de cette dernière étant douce et neutre, sa présence se révèle moins dans l'huile adultérée.

Le dattier mérite tout au moins une mention, tant sa culture présente d'avantages aux habitants de l'Afrique et des pays brûlants.

Il exige le voisinage d'une source ou d'un puits, mais il abrite sous son feuillage élevé toutes les récoltes de l'oasis.

Son fruit est d'autant plus précieux qu'il se conserve facilement une fois séché au soleil. L'Arabe en fait souvent, par besoin ou par inclination, son unique nourriture; sans la datte, les Africains septentrionaux seraient parfois dans une complète détresse.

Le dattier ne donne pas seulement à celui qui le soigne un fruit rafraîchissant et nutritif; il lui procure encore une boisson fortifiante, des fibres et des feuilles pour tresser ses ustensiles de ménage et pour confectionner ses vêtements. Quand il est mort il donne son bois, le seul connu dans le désert.

Aussi est-il naturel d'entendre les Arabes du Sahara évaluer la fortune d'un des leurs par le nombre de dattiers qu'il possède.

Le palmier-dattier.

III

LES FRUITS A PÉPINS

La multitude de variétés qu'on en cultive montre à quel point la poire est appréciée. C'est, en effet, un des plus savoureux de nos fruits et un des plus convenables pour l'estomac.

La haute estime en laquelle il est tenu explique les efforts tentés par la culture de tous les pays pour en multiplier les espèces et prolonger la durée du temps où ce délicieux fruit peut servir à l'alimentation.

L'on est parvenu à créer des variétés dont la maturité commence en juin et se succède de façon à ne finir qu'au printemps de l'année suivante. Cet échelonnement a fait classer les fruits les plus méritants en poires d'été, poires d'automne et poires d'hiver.

Mais tous les efforts ne peuvent l'acclimater au delà d'une certaine zone méridionale limitée à la Provence, car il se dessèche sous un soleil trop ardent; les brouillards lui forment au nord une barrière infranchissable.

Nous n'avons pas à faire ici une étude gastronomique sur le mérite des nombreuses variétés qui en seraient dignes; il suffirait de nommer certains *beurrés* et plusieurs *doyennés* pour réveiller « les souvenirs les plus succulents ».

Cependant il faut dire que les meilleures espèces sont fort peu connues, parce que leur consommation ne s'étend guère au delà d'un cercle très restreint d'amateurs. Les poires n'arrivent au consommateur de la ville que par l'intermédiaire du négociant. Or celui-ci recherche par-dessus tout les poires qui à de réelles qualités alimentaires joignent aussi la bonne mine et la rusticité nécessaire pour résister aux maniements et aux transports. C'est pourquoi les espèces les plus délicates, les plus fines, ne pénètrent pas dans la grande consommation. Le spéculateur, de son côté, s'attache avant tout aux espèces ayant le plus facile accès sur le marché.

Dans la région de Paris, c'est la poire *de couteau* qui obtient les préférences ; les vergers où l'on cultive les espèces remplissant cette condition sont nombreux, productifs et habilement conduits. On cite des résultats merveilleux. De petits jardins donnent des récoltes que les marchands en gros payent, sur pied, 400, 500 et même 600 francs. Des vergers comportant deux hectares, dans lesquels on rencontre 300 mètres d'espalier, rapportent jusqu'à 25 000 francs à leur intelligent propriétaire.

Il faut dire encore que tout fruit de choix atteint une valeur qui double et triple son prix de vente.

S'il s'agit d'espèces très précoces ou très tardives, la spéculation est des plus avantageuses ; mais les grosses transactions ont lieu sur la poire d'automne. Ces espèces sont expédiées des lieux de production sur Paris par wagons et par bateaux entiers pour être revendues à la criée et dans les rues. Les fruits de choix nous parviennent peu ; ils sont expédiés, soigneusement emballés, à destination de l'Angleterre et de la Russie, qui les payent de hauts prix : à Saint-Pétersbourg, une belle poire se vend facilement un rouble (4 francs).

Les Américains, qui ont compris l'avantage mutuel pour le producteur et le consommateur d'une culture de beaux fruits, ont planté des vergers où l'on compte 15 000 et même 20 000 poiriers. Des compagnies financières se lancent dans des opérations de ce genre et offrent au public des actions de fermes à fruit comme elles offriraient des actions de chemins de fer. Les actionnaires ne manquent pas, et leur confiance est récompensée par des dividendes allant, chaque année, de 20 à 50 pour 100 du capital.

Les poires d'hiver offrent au spéculateur des débouchés constants dans les pays du Nord qui ne peuvent mener toutes les espèces à maturité ; dans nos grandes villes également elles sont payées un très haut prix par les restaurateurs.

Toutes les espèces ne se prêtent pas à la consommation de table ; un bon nombre est réservé pour la fabrication du cidre ; d'autres ne sont appréciables que cuites ; beaucoup enfin se prêtent merveilleusement à la dessiccation. A l'état sec, la poire forme un article de commerce important en Suisse, dans le Tyrol, le long de l'Adriatique et dans le centre de l'Allemagne. En France, Abbeville est devenu un centre important de préparation de pâtes de poires : un seul établissement peut fournir 10 000 kilogrammes par jour et produit annuellement un million de kilogrammes.

Paris, qui n'est pas le plus grand consommateur de poires, en reçoit cependant plus de 20 millions de kilogrammes dans la saison.

La zone où se plaît le pommier s'élève plus au nord que celle du poirier. Aussi son fruit entre-t-il pour une large part dans l'alimentation générale. La pomme est le fruit le plus recherché pour l'approvisionnement des ménages, de la ferme, du château, des établissements importants. L'art culinaire, la pâtisserie, le séchage, la confiserie, la médecine, le pressurage, la distillation en font un usage extrêmement varié.

Comme pour la poire, la multitude des variétés cultivées comporte des fruits dont l'usage s'étend du mois de juillet à la fin du printemps. En outre, la pomme est d'une conservation plus facile.

Le pommier, avons-nous dit, s'étend plus au nord que le poirier. La Russie du Nord et la Suède, où le printemps et l'été sont presque éphémères, possèdent de bonnes variétés qui résistent admirablement aux froids de ces régions.

Sur la rive ouest du Volga, au sud de Kazan, une des contrées les plus froides de la terre, et où le mercure se congèle quelquefois, on constate l'existence de nombreux vergers. Un groupe de villages vend chaque année pour 250 000 roubles de pommes sur les marchés de Nijni-Novgorod et de Kazan. Un peu plus bas, un spéculateur possède un verger de 12 000 pommiers qui a fourni récemment, au marché de Moscou, un million de kilogrammes de pommes.

En France rien n'est plus populaire que les « reinettes » ; leurs plantations couvrent en quelque sorte notre pays.

L'Amérique du Nord est le pays du monde produisant la plus grande quantité de pommes ; le Canada, principalement, est, sous ce rapport, d'une merveilleuse fécondité. Plus encore que les autres arbres fruitiers, les pommiers y ont été multipliés dans les vergers : on estime leur nombre à 100 millions de sujets et leur produit à 250 millions de francs. Du côté de l'Atlantique les chargements se font surtout à destination de

Londres et de Saint-Pétersbourg ; du côté du Pacifique, c'est jusqu'en Chine et au Japon que San-Francisco envoie ses navires chargés de pommes.

Indépendamment des pommes fraîches, les États-Unis font un commerce considérable de pommes « évaporées », terme sous lequel sont désignées les pommes desséchées.

Les fruits destinés à la dessiccation sont tous pelés, évidés et découpés en lanières au moyen d'appareils mécaniques d'une simplicité et d'une rapidité de manœuvre remarquables. Ils sont répartis sur des claies

L'oranger.

qu'une chaîne sans fin fait passer et repasser au-dessus d'un courant d'air chaud dans les évaporateurs dont nous avons déjà parlé.

Le produit de ces opérations parvient en Europe par quantités immenses. Ces arrivages étaient même devenus si importants en France que l'administration des douanes en fit la remarque. Soupçonneuse par instinct et par devoir, cette administration flaira quelque tour à la façon des Américains. Elle découvrit qu'une bonne partie de ces pommes évaporées, n'étant sujettes à aucune taxe, venaient en France uniquement pour servir à la fabrication d'un cidre qui ne payait à l'État aucun des droits qui frappent le cidre ordinaire en sa qualité de boisson fermentée : depuis ce temps des taxes atteignent ce produit étranger, dont l'importation a baissé dans une énorme proportion.

De tous les usages auxquels se prête la pomme, la confection du cidre est celui qui emploie le plus de fruits. Le sujet est assez important pour que nous lui consacrions un chapitre lorsque nous traiterons des boissons.

Si, du Nord, nous descendons vers le Midi, jusque sur le littoral de la Méditerranée, nous voyons toutes les côtes émaillées de plantations dans lesquelles des points d'or jettent une teinte particulièrement riche au milieu de la verdure; ce sont les vergers d'orangers à qui nos côtes méditerranéennes doivent une grande partie de leur charme. Ils sont, pour les pays qui les exploitent, une source de gros revenus, parce que c'est avec un véritable engouement que le retour des oranges est accueilli chaque année.

Indépendamment de la saveur si fine, si rafraîchissante, si agréable de l'orange, saveur qui suffirait à donner à ce fruit, dans l'estime publique, le rang qu'il occupe, son apparition en plein hiver, au moment où tous les autres fruits ont disparu, lui donne une valeur considérable. Si l'on considère en outre qu'aucun ne se prête aussi complaisamment à toutes les manipulations que nécessite son commerce, qu'il supporte sans inconvénient les transports et qu'il se garde très longtemps, on ne s'étonnera plus de l'ardeur avec laquelle la spéculation fruitière l'a adopté.

Il y a cinquante ans, la France recevait à peine 8 millions de kilogrammes d'oranges, et, sur ce chiffre, Marseille figurait pour 2 500 000 kilogrammes. C'était alors à peu près uniquement l'Espagne qui expédiait de ses vergers de Valence notre approvisionnement; de là, ce cri familier : « Voilà la valence ! » par lequel les détaillants annoncent à grands cris dans les rues leur jolie marchandise. L'engouement des Parisiens pour ce fruit a singulièrement développé l'importation : l'Espagne ne suffisant plus, Gênes, la Sicile, Majorque, Minorque, Malte, l'Algérie se mirent à cultiver et à expédier leurs oranges en prenant, pour une grande partie, le chemin de l'Espagne. Marseille ne profitait que bien peu d'un accroissement prodigieux dans la consommation. Mais les plantations se développaient considérablement dans notre colonie; aujourd'hui l'Algérie nous transmet, par Marseille seulement, 5 millions de kilogrammes d'oranges alors qu'il y a cinquante ans nous n'en recevions que 8 000 kilogrammes.

La consommation générale a atteint, durant ces dernières années, 52 à 55 millions de kilogrammes représentant une valeur de 13 millions de francs.

Depuis longtemps déjà l'Espagne a pris l'habitude d'expédier en caisses les oranges qu'elle exporte. Il n'en est pas ainsi pour l'Italie, du moins pour les provenances de Gênes. Les produits de ce pays arrivent à Marseille en vrac, à même les bateaux caboteurs, absolument comme nous arrivent à Paris les pommes que la Bourgogne nous envoie.

Arrivé au port, le capitaine cherche le placement de sa marchandise : les uns la débitent par petits lots, et alors on peut assister à des scènes souvent pittoresques, où l'exubérance méridionale se manifeste dans les débats du marché. D'autres, et c'est le plus grand nombre, vendent leur cargaison par grandes parties. Pour mettre l'acheteur à même d'en juger, des planches sont jetées au-dessus des tas de fruits et permettent de circuler d'un bout à l'autre de l'embarcation. A l'une des extrémités, l'on entasse les fruits qui ont subi quelque altération, et tout passant, moyennant cinq centimes, peut en manger tout son content, sous la seule condition de ne point quitter la place. C'est le grand régal des gamins du port.

Les fruits vendus aux négociants sont livrés dans des magasins spéciaux, où ont lieu un triage et une préparation de nature à classer la marchandise suivant sa valeur commerciale. Ils sont ensuite enveloppés de papier buvard et pressés dans des caisses qui en contiennent toujours un nombre déterminé.

Le citronnier mérite aussi quelques mots. Il est abondant en Sicile, d'où l'on expédie cet agréable fruit sur tous les points de l'Europe. Mais dans ce pays il n'y a qu'une saison, de septembre à mars. A Menton, au contraire, où la douceur et l'égalité du climat sont merveilleuses, le citronnier prospère d'une façon incomparable. Le même arbre porte en tout temps des fleurs et des fruits à divers degrés de maturité, et l'on peut dire sans métaphore, avec le poète : « Les fruits croissent sous la main qui les cueille. » C'est là qu'on rencontre les *verdami* ou citrons d'été, qui seuls supportent les longs voyages.

Le territoire mentonais, avec ses 75 kilomètres carrés, produit chaque année 40 millions de fruits.

Rien de gracieux comme les environs de cette ville plantés de citronniers constamment exploités. A mesure qu'elles les cueillent, les femmes mettent les citrons dans de grandes corbeilles qu'elles placent sur leur tête. Quelquefois les porteuses paraissent s'affaisser sous le poids, tant ces corbeilles sont lourdes. Mais les Mentonaises sont habituées dès l'enfance à cet exercice, qui leur donne une grande force dans les reins et une taille élégante, en les obligeant à marcher très cambrées. Tout ce qu'elles portent, elles le portent sur la tête avec une adresse et une sûreté merveilleuses.

Les fruits sont ainsi apportés dans de vastes magasins où ils passent quelques jours jusqu'à ce qu'ils aient perdu leur fraîcheur primitive. On les examine : les fruits parfaits sont seuls admis pour les longs trajets, puis ils sont enveloppés de papier buvard et emballés dans des caisses.

Bien que peu répandu dans la consommation, le coing n'est pas sans mérite. Des contrées entières cultivent le cognassier et en tirent un bon produit ; l'Hérault, les Alpes-Maritimes, le centre de la France et surtout Orléans sont connus par leurs plantations de cognassiers.

Ce sont les confiseurs qui en absorbent à peu près tous les produits, soit pour la confection du *cotignac* ou gelée ferme de coing, soit pour diverses friandises fort appréciables d'ailleurs.

Les pharmaciens en fabriquent une certaine quantité de sirops ; ils emploient aussi les pépins pour certaines combinaisons médicinales concurremment avec les parfumeurs qui en tirent la bandoline.

IV

LES BAIES ET LES FRAISES

Faveur dont jouit le raisin. Le chasselas. Thomery et ses treilles. Arrivée du chasselas
à Paris. Les émules de Thomery. Les muscadets du Midi. Le train de raisin. Les vignes
de table dans le Midi. Façons et ciselage. Conservation à rafle sèche, à rafle fraîche.
Valeur du raisin de conserve. Les raisins d'Amérique en France. Les forceries de raisin.
Les raisins de Malaga. Le raisin de Corinthe et les puddings anglais. — Le groseillier;
sa rusticité. Cultures françaises. La groseille de Patras. — Les cassissiers de Dijon. —
La groseille à maquereau. — La framboise; cultures diverses. Les framboises aux États-
Unis. La framboise et les fabricants de vins. — La figue. Les figuiers d'Argenteuil;
l'apprêt. Les figues de Marseille et de Smyrne. Le pain de figues. — L'ananas. Culture
sous les tropiques, aux Bahamas, aux îles Açores. Le vin d'ananas. L'ananas de serre.
— La fraise. Fraise des Alpes, des quatre saisons. Importance de sa culture autour de
Paris. Une route embaumée. Cultures diverses. Consommation anglaise. Les premières
fraises. Les fraiseraies dans le Kent. Les États-Unis et les fraises. Des fermes de
fraisiers. Les *fraisiéristes* de Paris. Primeurs. Valeur de ces produits. Les concurrents.

De tous les fruits qui ont accès sur nos tables, celui de la vigne est
incontestablement un des mieux accueillis. Le raisin est, en effet, la plus
appréciée des baies comestibles tant par son goût fin, sa fraîcheur, son
aspect attrayant que par ses vertus alimentaires. C'est le fruit hygiénique
par excellence.

Nous parlons ici non du raisin de cuve, c'est-à-dire de celui qui fournit la vendange, mais du raisin de table que chacun recherche et dont
le type, pour la grande majorité, est le chasselas. Le nombre des variétés
méritantes en est si grand qu'il faudrait un gros volume pour les examiner. Bornons-nous à enregistrer la juste réputation dont jouissent,
par ordre de mérite, le chasselas doré dit chasselas de Fontainebleau et
ses dérivés, le frankenthal, le lignan et les muscats blancs ou noirs.
Ces espèces sont assez populaires pour n'avoir pas à être décrites.

De tous les raisins de consommation, aucun ne rivalise avec le *chasselas doré;* aussi, quand il fait choix de quelques ceps pour son modeste jardinet, le plus petit propriétaire choisit, neuf fois sur dix, des pieds de *chasselas.*

Le restaurateur, le négociant, le marchand à la halle, le crieur de la rue, le consommateur, tous s'accordent invariablement pour offrir ou acheter du *chasselas.*

Une corbeille de chasselas trouve toujours acquéreur, en toute saison et à tout prix. Aussi les cultivateurs de Thomery, où la culture du chasselas est traditionnelle dans toutes les familles, ont-ils perfectionné leur travail de façon à être en mesure d'offrir du raisin frais chaque jour de l'année. D'une part, les forceries à l'aide d'abris vitrés chauffés au thermosiphon, d'autre part la conservation, leur permettent de résoudre ce problème.

Dans ce petit pays, qui fait seul le chasselas dit de Fontainebleau, on compte à peu près un million de mètres de vignes plantés sur une surface n'excédant pas 125 hectares occupés par des treilles palissées. Un hectare bien planté y vaut, compris les murs, environ 25 000 francs et donne à son propriétaire un revenu bien net de 2 000 à 2 500 francs. Les plus gros propriétaires ne possèdent pas au delà de deux hectares de ces vignes superbes.

Année moyenne, Thomery produit environ 2 millions de kilogrammes de raisins, que l'on expédie dans de petits paniers tapissés de fougère ou dans des boîtes garnies de rognures de papier blanc ou rose.

Les chemins de fer ont à peu près accaparé le transport de ce raisin, mais les vieux Parisiens se souviennent encore du spectacle assez animé que présentait à Paris l'arrivée du chasselas de Fontainebleau.

Chaque matin on voyait arriver, livrée au fil de l'eau, une flottille d'une vingtaine de bateaux portant chacun environ deux mille petites corbeilles. Au port de Gesvres où ils abordaient, une foule composée de tous les marchands et crieurs les attendait et se partageait, en un clin d'œil, le chargement d'un bateau. Quand le premier était vendu on passait au second, puis au troisième, jusqu'à la fin, sans jamais mettre en vente deux cargaisons à la fois.

Le succès de Thomery lui a suscité des imitateurs : Conflans-Sainte-Honorine, dans Seine-et-Oise, et Beaune, dans la Côte-d'Or, fournissent maintenant du chasselas aussi parfait que celui de Thomery et le dirigent sur Paris, où l'on en absorbe 1 million de kilogrammes.

Une concurrence d'un autre genre a surgi. Les vignobles de raisin blanc, jusqu'alors affectés à la fabrication du vin blanc, abandonnent le pressoir pour le carreau de la halle aux fruits. Dans l'Est, dans le Centre, dans le Midi, les chasselas dits « muscadets » sont livrés à la consommation. La qualité du terroir, la finesse du plant, l'exposition favorable sous un climat heureux donnent à ces raisins une valeur que leurs propriétaires exploitent avantageusement. En outre, ils arrivent sur le marché bien avant le véritable chasselas.

C'est ainsi que, dans la bonne saison, Pouilly-sur-Loire, dans la Nièvre, expédie chaque jour de 25 à 30 wagons chargés de chasselas.

Avant la crise phylloxérique, dès le mois d'août, quand nos treilles ne portent encore que du verjus, la Provence expédiait tous les jours à Paris un train spécial uniquement chargé de raisins de table. Depuis Cette jusqu'à Tarascon il recueillait les paniers déposés dans chaque gare. A partir de Tarascon, il ne prenait plus rien et marchait à toute vitesse sur Paris. Aujourd'hui les envois, bien diminués, se font par les trains ordinaires. Un peu plus haut, Valence, Saint-Péray et la vallée de l'Érieux restent de grands producteurs pour Paris, l'Angleterre et la Russie.

L'Hérault et le Gard faisaient également fortune en livrant à la consommation leurs meilleurs raisins. Avant l'invasion du phylloxéra, l'on citait des vignobles de chasselas du Midi donnant à leurs propriétaires un produit brut de 10 000 francs à l'hectare.

Mais tous ces gros produits ne s'obtiennent pas sans des soins multipliés et assidus. En dehors des grosses façons de labour, de fumure et de palissage, il faut ébourgeonner pour éviter l'encombrement de la plante, la pincer pour la réduire à son minimum de sève en faveur du fruit. Pour la délivrer de ses parasites végétaux, il faut la soufrer. L'épamprage la débarrasse des bourgeons anticipés. Enfin, quand le fruit est noué, quand il a une certaine taille, il faut lui faire la très importante opération du ciselage.

Ciseler le raisin, c'est éclaircir avec des ciseaux sécateurs les grappes trop compactes. Quand les fruits ont la grosseur du chènevis on dégage le raisin où les grains forment confusion en coupant les plus petits, ceux qui sont trop serrés, et en raccourcissant les grappes trop longues. Grâce à cette opération, les grappes se présentent uniformément mûres, colorées, appétissantes, en un mot. Mais il convient de dire que ce travail, exclusivement confié à des femmes, est un des plus rudes qu'on puisse imaginer, surtout quand il est pratiqué sur une treille exposée au midi.

Enfin, pour compléter la *fabrication* du beau raisin, il faut effeuiller la vigne, c'est-à-dire retrancher les feuilles qui entourent la grappe en ne la privant que progressivement de son abri naturel.

Lorsque la saison du fruit frais est passée, l'on prolonge la consommation du raisin en conservant les grappes par des procédés variés. Les uns conservent le raisin en séchant la rafle ; les autres la maintiennent verte.

Les raisins à rafle sèche s'obtiennent en plaçant la récolte dans une chambre qui n'est ni froide, ni humide, d'une aération facile et que l'on garnit de tablettes supportant un lit de paille de seigle. Le raisin y est étendu et maintenu dans une demi-obscurité. De temps en temps on le visite pour le débarrasser des grains altérés. Ailleurs, on suspend le

Le chasselas.

raisin autour d'un cercle en l'attachant par le bas de façon à ce que la grappe soit renversée. Cette position a l'avantage d'isoler les grains les uns des autres et d'empêcher la pourriture.

Les procédés à rafle fraîche diffèrent complètement. Le local de conserve est le même ; mais, au lieu de tablettes, la fruiterie est divisée par des cloisons parallèles garnies de tringles portant de petites bouteilles pleines d'eau. Chaque flacon, muni de charbon destiné à entraver la corruption, reçoit un sarment chargé de deux grappes. Chaque semaine, une visite rigoureuse permet de maintenir la fruiterie en parfait état d'entretien.

Le raisin gardé par ces procédés atteint, surtout vers la fin de la saison, des prix très élevés. A mesure que l'hiver s'avance, on peut dire que son prix de vente croît avec le carré du temps écoulé depuis la cueillette. C'est ainsi que ce qui vaut 1 franc, en septembre, vaut 1 fr. 50 en octobre, 3 et 4 francs en janvier, 10 ou 15 francs en avril. Quand la conservation est conduite par certains hommes habiles, il devient difficile de distinguer le raisin de conserve du raisin fraîchement cueilli.

Ce dessert de haut prix ne suffit pas encore à certains favoris de la fortune. Il est des maisons princières ou de haut luxe qui exigent du raisin sur la table chaque jour de l'année. Dans ce cas, on a recours aux

La grande treille de la serre de Hampton-Court.

forceries dans lesquelles on cultive le raisin sous verre, en serre ou sous bâche. Les forceries commerciales produisent ces ravissants ceps de vigne qu'on dépose sur la table chargés de leurs fruits.

Les cultures d'apparat se font dans de vastes serres comme l'on en rencontre dans les palais de Windsor ou de Hampton-Court en Angleterre, de Ferrières en France, de Laeken en Belgique.

On cite avec raison comme une merveille la vigne de Hampton-Court, laquelle garnit d'un seul pied une serre longue de 33 mètres. Il est vrai que le cep a 1 mètre 15 centimètres de circonférence. Un autre cep, de même force, remplit à lui seul une serre longue de 46 mètres et large de plus de 6 mètres ; on en retire chaque année près de mille kilogrammes de raisin. Une autre, la plus grande qui existe, située à Chiswick, en Angleterre, donne plus de 4500 grappes de très bon raisin.

Mais tout le monde ne peut aborder un mets aussi coûteux ; les Américains l'ont compris et cherchent à introduire sur les marchés européens leurs raisins conservés dans une sorte de liquide de glucose. A la dégustation, ce raisin est bon, et son prix ne va pas au delà de 2 fr. 25 le kilogramme. Ce n'est encore qu'une tentative, mais elle indique la volonté de venir dominer nos marchés avec leurs fruits tout comme ils les dominent avec leurs grains.

La grande consommation du raisin conservé porte uniquement sur le raisin dit de Malaga que nous recevons d'Espagne, d'Italie, de Corse, d'Algérie, de Turquie. Si nous y comprenons les quantités destinées à la fabrication des vins de raisins secs, nous recevons quelque chose comme 65 millions de kilogrammes de raisins secs, dont plus de la moitié est fournie par la Turquie. Malaga, dont la réputation est universelle pour cet article de consommation, expédie 1 300 000 caisses de raisin valant plus de 20 millions.

Les Anglais sont de grands consommateurs du célèbre raisin de Corinthe. Il leur en faut chaque année plus de 7 millions de kilogrammes rien que pour la confection de leurs plum-puddings nationaux.

Le groseillier constitue pour nos pays septentrionaux une précieuse ressource alimentaire.

Son fruit acidulé est estimé par tous ceux qui le connaissent.

Chez nous, sa culture est presque négligée ; il est relégué dans un coin du jardin ; et, si mal placé qu'il soit, il donne néanmoins une récolte passable. On peut juger de sa rusticité en voyant cet arbuste croître spontanément à des altitudes considérables dans les Cévennes, dans les Alpes. Il se rencontre abondamment en Suède, en Sibérie même ; dans les Himalayas il prospère jusqu'à une altitude de 3 500 mètres.

En Angleterre, les fruits de cet arbuste jouissent d'une telle faveur que des expositions spéciales leur sont consacrées.

Sans atteindre ce degré de popularité, le groseillier est, néanmoins, l'objet de cultures étendues, surtout dans la banlieue de Paris.

Lille et ses environs, Nancy, Bar-le-Duc, les Andelys produisent beaucoup de groseilliers qui sont ordinairement employés par les confiseurs. Les cultivateurs retirent d'un hectare de groseilliers un produit estimé modestement à 2 000 francs sans compter le rendement des cerisiers, pruniers et autres arbres à haute tige qui dominent la plantation.

Mais si le groseillier est un arbuste du Nord, il prospère également dans les stations chaudes, pourvu qu'il ait un abri. La Grèce en possède de grandes cultures dont les plus renommées, celles de Patras, expédient leurs produits par 50 000 et 60 000 tonnes en Angleterre et jusqu'en Amérique.

On connaît la réputation du cassis de Dijon. C'est le groseillier à grains noirs, vulgairement le cassis, qui en fournit les éléments. On ne compte pas moins d'un million et demi de plants, dont on tire à peu près 10 000 hectolitres de liqueur. De tous les côtés les distillateurs achètent les récoltes disponibles qui suffisent à peine à alimenter leur industrie.

La groseille à maquereau, ou fruit du groseillier épineux, est peu appréciée en France, où elle est l'objet de peu de cultures commerciales. Il n'en est pas de même en Angleterre où ce fruit est largement employé dans les sauces et dans les plum-puddings traditionnels. Les quelques cultivateurs qui chez nous exploitent ce fruit envoient toute leur récolte au delà du détroit. La ville de Londres seule consomme plus de 7 000 tonnes de « grosses groseilles ».

C'est encore un arbuste des pays froids qui nous fournit la délicieuse framboise. De tous nos producteurs de fruits il est certainement le moins difficile pour l'exposition et pour les soins ; mais, s'il est peu exigeant, en revanche, il produit en raison des soins et du travail qu'on lui consacre.

La framboise ne paraît pas seulement de la façon la plus honorable sur nos tables, elle sert encore dans l'industrie du confiseur, du distillateur et du fabricant de vins de dessert. C'est pourquoi sa culture a pris une certaine extension.

Le produit des environs de Paris est absorbé en entier par les halles, qui en débitent, chaque année, 5 millions de kilogrammes.

Les framboisiers de Dijon et de ses environs, à peu près tous consacrés à la fourniture des sirops, donnent, dit-on, chaque année, pour 500 000 francs de fruits.

L'Angleterre, l'Allemagne, la Lorraine s'adonnent beaucoup à la culture du framboisier. Mais les étendues qu'on y consacre n'approchent point de ce qu'on voit aux États-Unis. Et cependant les Américains viennent accaparer jusqu'aux extraits de framboises sous l'alambic même de nos distillateurs, tant ce fruit est apprécié par eux.

Pour donner un aperçu de l'étendue des cultures aux États-Unis, la seule partie nord de l'état du Michigan exporte, au dire d'un rapport,

13 000 hectolitres de framboises et de mûres qui prennent tous la route de Chicago.

Indépendamment de la grande consommation qui en est faite en nature et sous forme de sirops, de conserves, de confitures ou autres préparations, la framboise fournit certains produits au commerce des vins. Macérées dans l'eau-de-vie, elles donnent au vin un bouquet particulier. Bordeaux et New-York emploient en quantité notables des extraits de framboises qui ont pour but spécial de convertir en vins de « grands crus » certaines récoltes dont l'origine manque de célébrité.

Les pays méridionaux ont la figue : elle y tient une large place dans l'alimentation. Fraîche, elle abonde au point de n'avoir parfois aucune valeur commerciale ; sèche, elle constitue une précieuse ressource pour l'hiver.

Les figues consommées fraîches sur le marché de Paris viennent presque toutes de la contrée d'Argenteuil, où l'on s'occupe spécialement de cette culture délicate.

L'arbre craignant le froid, il faut enfouir ses branches pour les préserver de la gelée. Dès que le printemps paraît, elles sont déterrées puis soumises à une taille et à des soins appropriés. Les fruits ne tardent pas à paraître ; mais, sous le climat de Paris, ils tomberaient vite desséchés et ne viendraient que bien rarement à maturité sans une opération particulière assez curieuse qu'on nomme « l'apprêt ». Quand le moment convenable est venu, le cultivateur parcourt sa plantation de figuiers armé d'une petite fiole d'huile d'olive dans laquelle trempe l'extrémité d'une plume de poule ou de pigeon. Au moyen de cette plume, il dépose sur « l'œil » de chaque figue une fine goutelette qui a pour effet de rendre le fruit bon à récolter juste neuf jours après avoir subi cette opération.

Dans le Midi, la figue est séchée puis livrée au commerce sous le nom de figues de Marseille. On sait quelle est la finesse de ces fruits desséchés.

En Orient, la figue sèche est la base de la nourriture au désert. Tous les chameliers, les voyageurs, les Arabes nomades emportent comme provisions fondamentales du pain de figues, mélange comprimé de dattes et de figues possédant sous un petit volume une réelle valeur nutritive.

La ville de Smyrne fournit principalement les éléments de ce produit national ; l'on s'y livre aussi à un très grand commerce d'exportation de figues séchées. Mais elle n'est en réalité que dépositaire des nom-

breux envois faits en Europe et dans le monde entier. C'est le vilayet
d'Aïdin qui produit les figues dont la réputation a profité à Smyrne. Ce
commerce emploie pendant la saison plus de 2000 personnes, rien que
pour le *cernissage*. C'est le terme employé pour désigner l'ensemble du

Groseillier.

travail consistant dans le choix des figues, le nettoyage, la préparation,
et le logement du fruit dans les boîtes et dans les caisses.

Bien que spécial aux contrées tropicales, nous signalerons l'ananas
parmi les fruits les plus appréciés en Europe. Il entre pour une part
notable dans la consommation de luxe de certains pays. Aujourd'hui ce
fruit est assez commun pour être vendu par les petits marchands des

rues. Pour dix centimes les enfants se régalent d'une tranche de ce fruit savoureux, alors que les Parisiens d'il y a 30 ans les payaient jusqu'à 100 francs la pièce.

Aux îles Madère, aux Canaries, dans la Floride, aux Bahamas, dans les Antilles, on cultive ce fruit sur une grande échelle et avec d'autant plus de succès qu'il est fort peu exigeant quant à la nature du terrain où on le place. Dans les pays où il est très abondant, son jus fermenté donne un vin très délicat et pouvant rivaliser, pour le bouquet et pour ses propriétés réconfortantes, avec les meilleurs vins d'Espagne.

Dans les pays où l'ananas est cultivé, c'est par pièces de terre entières qu'il occupe le terrain. Aux Bahamas, il forme un des principaux produits du pays ; les champs d'ananas de ces îles sont particulièrement célèbres. Des navires viennent charger ces fruits et en composent uniquement leur cargaison ; presque tous sont expédiés sur Londres, où ils sont très recherchés.

C'est une des plus intéressantes cultures des Açores ; on lui consacre de grandes et nombreuses serres, non pour suppléer à une température extérieure insuffisante, mais pour produire la maturité du fruit à des époques déterminées et successives, favorables à l'exportation. Ce résultat s'obtient en soumettant la fleur naissante à l'action d'une fumée légère.

C'est le hasard qui, sous la forme d'un commencement d'incendie, fit connaître naguère ce procédé de culture hâtive.

Comme aux Bahamas, les navires anglais y viennent faire des chargements profitables.

Les Anglais, d'ailleurs, sont grands amateurs de ce fruit délicieux ; ils ont des établissements uniquement consacrés à la culture sous verre de l'ananas. Si les produits de ces cultures sont assez abondants pour être vendus à des prix fort modérés, par contre ils ne sauraient égaler la saveur de ceux qui arrivent des pays tropicaux.

Le plus recherché de tous les fruits, tant pour son goût délicat que pour la suavité de son arome, c'est sans contredit la fraise. Plus encore que le raisin, que la poire et que la pêche, elle a ses fanatiques. En tous cas, nul fruit ne jouit d'une popularité égale à la sienne.

Déjà hautement prisée par les habitants des cités lacustres de la Suisse, la fraise des bois, la plus parfumée de toutes, continue à être un des produits les plus appréciés des montagnes suisses. Tous ceux qui ont voyagé dans ces contrées n'ont pu oublier l'incomparable parfum de ces petites fraises des Alpes qui figurent à toutes les tables d'hôte.

Comme la fraise des Alpes ou des bois n'est pas accessible à tout le monde, on l'a fixée par la culture et elle est devenue la fraise des quatre-saisons. Cette espèce est, certainement, la plus recherchée de toutes les espèces cultivées.

L'amateur ne manque jamais de donner, dans son jardin, la première place à la « quatre-saisons ». Les grosses fraises sont préférées par la culture de spéculation.

Les plantations spéculatives occupent d'immenses surfaces ; une promenade aux environs de Paris en dirait sur ce sujet plus long que bien des pages. L'espèce quatre-saisons et l'espèce américaine se partagent les champs qui leur sont consacrés. A l'ouest et au sud de Paris, ce sont surtout les communes de Verrières, Sceaux, Châtenay, Fontenay-aux-Roses, Rueil, Marly, Bourg-la-Reine, Massy, Antony, Clamart, Bièvres, Jouy, Orsay, Palaiseau, etc., qui ont le monopole de cette culture productive.

Rien n'est plus curieux que de voir, au moment où donne ce fruit, les longues files de voitures qui, dès deux heures du matin, s'acheminent, tout le long de la route d'Orléans, vers les halles centrales. Leur chargement répand de tous côtés des effluves embaumées, dont l'odeur persiste souvent durant deux ou trois heures après leur passage. Certains jours on compte jusqu'à 1150 voitures chargées de fraises représentant un poids de 414 000 kilogrammes de fruits.

On estime à 500 hectares la surface occupée par le seul fraisier des quatre-saisons dans les localités précitées ; la grosse fraise en occupe au moins autant. Autour de toutes les grandes villes la proportion est la même, tant la récolte est d'un placement sûr et productif.

Ces cultures viennent en aide à celles de la banlieue de Paris pour fournir les 15 millions de kilogrammes qui se consomment dans la capitale. Il faut encore ajouter à la consommation locale les quantités considérables qui s'exportent principalement en Angleterre. Chaque jour, plusieurs wagons chargés de fraises s'éloignent dans la direction du Nord.

Non seulement l'Angleterre vient accaparer jusque sous les murs de Paris la récolte de villages tout entiers au moyen de contrats réguliers, mais elle demande aux Pays-Bas et à la Belgique une forte coopération à son approvisionnement.

Le Midi possède des fraiseraies nombreuses. Marseille reçoit des îles d'Hyères de grandes quantités de petites fraises de première saison qui sont fort goûtées à Paris, bien que le voyage leur ait fait perdre une grande partie de leur saveur. Bordeaux, avec ses fraises du Médoc, continue ensuite les envois de primeurs, puis le centre et la Bretagne. Dans cette dernière contrée, favorisée par la nature du sol et par la tiédeur de son climat due à une branche du Gulf-Stream qui baigne ses côtes, on distingue surtout Plougastel, qui vend, chaque année, pour 1 million de francs de fraises et qui en expédie des bateaux pleins en Angleterre.

Les Iles Britanniques ne se bornent pas à importer des fraises, elles en produisent en quantités considérables. Le comté de Kent, peu éloigné de Londres, a un sol particulièrement favorable à la culture de ce fruit. Les champs de fraises y sont tellement nombreux que les chemins de fer qui le traversent ont dû construire des wagons spéciaux pour le transport des fruits ; ces wagons sont lâchés sur rails au milieu des fraiseraies et remorqués au retour par un express qui les conduit à Londres. On cite, dans cette contrée, des propriétaires exploitant jusqu'à 135 hectares de fraises et expédiant en une seule journée jusqu'à 14 000 kilogrammes de fraises leur procurant une recette de 10 000 francs.

Les États-Unis ont des exploitations non moins importantes, car les grandes villes américaines consomment ce fruit par grandes quantités. On estime que cette culture procure plus de 25 millions de bénéfices aux fragariculteurs des États de New-Jersey, du Maryland, etc. En Californie, la vallée de Santa-Clara et le territoire de San-José joignent de splendides fraiseraies à leurs opulents vergers. On cite des fermes où plus de 100 hectares sont consacrés à la fraise et où, chaque jour, 200 personnes sont occupées à la cueillette, sans compter un nombre proportionnel employé à l'expédition du fruit.

Dans la région de Paris, où la fraise est si estimée, que l'on cherche à s'en procurer dès le mois de janvier, une industrie importante s'est développée, basée sur ce goût. Des villages entiers s'adonnent à la culture des fraises de primeur. Les « fraisiéristes » s'organisent pour faire fructifier et mûrir sous des panneaux de verre certaines espèces se prêtant mieux à la culture forcée. Au moyen de thermosiphons et de fumier ils produisent, dès les premiers jours de janvier, quelquefois même dès la fin de décembre, des fraises que les grands restaurants montrent avec orgueil et vendent des prix exorbitants. Il est vrai que ces cultures forcées obligent à des soins assidus qui ne cessent ni le jour ni la nuit. Il faut, quelle que soit la température extérieure, entretenir à l'intérieur des serres et des châssis une température uniforme et toujours élevée, couvrir et découvrir à chaque instant de nombreux vitrages, et, quand on doit les ouvrir, les entourer d'abris contre le moindre vent. Un rayon de soleil de plus ou de moins a sur le résultat une influence énorme : il se traduit par une avance ou un retard de quelques jours dans la maturation et modifie le prix auquel sera livrée la récolte. Il est de ces « fraisiéristes » qui conduisent chaque jour aux halles de Paris de 1200 à 1500 petits pots contenant chacun 5 ou 6 fraises. Ils vendent leur récolte sur le pied de 20 francs le kilogramme, puis le prix s'abaisse suivant la réussite de leurs plantations, et surtout suivant l'importance des envois arrivant d'Espagne, d'Algérie, d'Hyères ou de Bretagne, car ces contrées se livrent également, depuis quelque temps, à la culture des fraises de primeur.

Quelques jours d'avance dans la récolte élèvent singulièrement le prix de la fraise de primeur.

Ces fruits sont expédiés jusqu'à l'étranger et principalement en Russie, où quelques grandes maisons tiennent à honneur d'offrir des fraises nouvelles à leurs convives au repas de Noël. Les fraises ainsi expédiées sont l'objet d'un emballage spécial. Chaque fruit est entouré d'ouate de coton et groupé par cinq dans de petits vases de terre cuite ; chaque vase, enveloppé soigneusement dans du papier, forme un paquet étanche. On remplit de ces vases une boîte légère qui est, à son tour, déposée dans une autre caisse garnie de sciure phéniquée. D'autres expéditeurs placent les boîtes pleines de fraises dans une caisse métallique entourée de glace pilée.

Dans un cas comme dans l'autre les fruits arrivent en un parfait état de conservation, mais ils se payent le prix invraisemblable de 2 francs chaque fraise !

V

LES AMANDES ET LES FARINEUX

Le noyer; multiplicité des espèces. — Qualités alimentaires et hygiéniques des noix. Usages.
Produits en huile. Zone du noyer. Centres de production. Les noix de l'Isère. Envois à
Saint-Pétersbourg. Les noix du Périgord. — L'amandier; la *neige du printemps*. Zone
de l'amandier; classification des amandes. Importance des cultures. Amanderaies remarquables. Huile douce d'amandes. L'amande amère. Usages industriels de l'amande. —
Plantations de noiseliers; leur produit. Histoire d'une église. — Les châtaignes et les
marrons. Le pain de montagne. Emploi des châtaignes. Le marron glacé. Récolte, boucanage, blanchiment. Coups de sabots. Marrons de Lyon, marrons du Luc. Consommation
parisienne. Importation.

Le plus important des arbres dont le fruit s'offre sous la forme
d'amande est le noyer. Son port majestueux en fait un arbre très orne-
mental; son bois, d'excellente qualité, est recherché pour une foule de
travaux soignés par les ébénistes, les armuriers, les carrossiers, etc.
Son fruit est agréable et constitue pour l'hiver une précieuse réserve.

Les espèces en sont nombreuses; il en est ainsi, d'ailleurs, de tous
les fruits méritants. Le désir de profiter des avantages ou des agré-
ments qu'ils procurent pousse à la multiplication et à l'amélioration des
espèces.

Les noix se mangent sous trois états différents : à l'état de cerneaux,
au mois d'août; mûres et fraîches en septembre et octobre; enfin sèches
pendant l'hiver. Tant qu'elles sont fraîches, elles constituent un aliment
nourrissant et agréable; quand elles sont sèches, il faut en user modé-
rément et même s'en abstenir; elles sont alors indigestes, parce que
l'huile qu'elles contiennent est devenue rance.

On utilise la noix dans la pâtisserie, dans la cuisine; les confiseurs la
préparent en un bonbon délicat. Les populations urbaines en font volon-

tiers leur modeste dessert. Les éleveurs de dindons engraissent leurs plus beaux sujets avec des noix pilées.

Le brou de noix donne une liqueur de ménage et fournit des couleurs économiques.

Bien que préférant un climat très doux, le noyer n'est pas répandu dans le Midi. Il redoute les températures extrêmes. C'est pourquoi le noyer se rencontre chez nous dans le Centre et dans le Sud-Est, ainsi que dans les pays possédant un climat analogue.

La gelée le fait périr. Le grand froid de l'hiver de 1879-80 en a tué de grandes quantités et frappé de pertes énormes les propriétaires de noyers.

En France, les noix de la Dordogne, du Cher et de l'Isère sont les plus recherchées. Celles de l'Isère font partout prime sur les marchés. Aussi la culture de ce fruit est-elle fort développée dans la vallée du Grésivaudan et dans les vallées adjacentes. Une seule gare de cette contrée, Goncelin, en expédie plus de 100 000 kilogrammes en une saison; dans l'arrondissement de Saint-Marcellin la récolte est évaluée à plus de 80 000 hectolitres, qui donnnent un bénéfice net de plus d'un demi-million.

Deux cantons, Vinay et Tullins, exportent à Saint-Pétersbourg pour 2 millions de noix. Le fruit est transporté à Marseille sur des radeaux de sapins qui descendent le cours de Rhône; arrivés à destination, les radeaux sont dépecés et les fruits sont expédiés.

Le Périgord récolte, de son côté, pour 5 millions de francs de noix. Une grande partie est donnée au moulin et fournit une huile estimée, dont les tourteaux servent à l'agriculteur pour l'engraissement du bétail et la fumure du sol.

Des différentes espèces de noix les plus répandues, les unes sont cultivées surtout à cause du goût fin de leur amande, les autres sont destinées principalement à fournir une huile recherchée pour la table et par plusieurs industries.

L'amandier est un des plus gracieux arbres de nos contrées ; il est un des premiers à nous donner sa fleur, qui embaume tout dans son voisinage. D'une courte durée, abattue par le moindre souffle, elle couvre la terre de ses innombrables pétales et forme ce que l'on appelle poétiquement « la neige du printemps ».

Bien que venant assez au Nord où son fruit est consommé à l'état vert, faute de maturation, l'amandier n'est pas un arbre de nos contrées; il se plaît sous le climat méditerranéen. Les zones du mûrier et de l'olivier sont celles où il réussit le mieux. C'est là seulement que se rencontrent les cultures de spéculation.

Les espèces d'amandes destinées à la consommation sont présentées par le commerce sous trois désignations principales : les amandes à coque dure, qui nécessitent l'emploi du marteau pour être brisées ; les amandes demi-dures ou *à la dame,* qui se cassent à la dent ; les amandes fines ou *princesses* qui se cassent à la main. Ces dernières sont toujours d'un prix plus élevé que les autres.

Sous ces différentes dénominations, la France expédie dans le Nord, en Belgique, en Hollande, en Suisse, en Allemagne, en Russie, aux États-Unis, pour plus de 20 millions de francs d'amandes.

Dans les contrées propices, on rencontre de très importantes et très productives plantations d'amandiers.

Dans les endroits exposés au mistral, le cultivateur donne la préférence aux amandes à coque dure parce que sa floraison est plus certaine, bien que le profit soit moindre ; quand les mauvais vents ne sont pas à craindre, on cultive les espèces à coque tendre, qui se vendent un prix plus élevé.

La Crau d'Arles compte quelques amanderaies qui réussissent assez bien grâce à un singulier mode de plantation : on couvre le tronc radiculaire du jeune sujet d'un épais lit de cailloux et on l'arrose de jus de fumier.

Certaines amanderaies de Provence constituent d'importantes exploitations. On en connaît qui couvrent 50 hectares et donnent pour 20 000 francs de fruits, indépendamment du produit des céréales croissant au-dessous. Le chemin de fer de Cavaillon à Miramas traverse un verger d'amandiers sur une longueur de 6 kilomètres. Cette exploitation donne tous les 5 ou 6 ans une récolte produisant jusqu'à 100 000 francs d'amandes ; les autres années, la moyenne du produit n'est que de 20 000 francs.

Dans beaucoup de plantations, on possède une certaine quantité de sujets à fruit amer dont on extrait l'huile d'amandes douces, qu'on devrait plutôt appeler l'huile douce d'amandes.

L'amande contient, on le sait, un principe particulier qui fait de ce fruit un poison si l'on en mange une certaine quantité. Cette saveur particulière est due à la présence de l'acide cyanhydrique et d'une huile essentielle qui leur communiquent des propriétés utilisées en médecine.

L'emploi des amandes est assez varié. Cueillie verte, elle figure avec honneur dans les desserts.

L'amande est la base du lait d'amandes, du sirop d'orgeat ; on l'emploie sous de nombreuses formes dans la pâtisserie, dans la confiserie. Revêtue de sucre, elle devient la dragée ; grillée, elle se convertit en chocolat praliné. La pharmacie utilise les déchets pour la préparation des loochs. Les fabricants de chocolat à bon marché la substituent au cacao.

Du tourteau provenant de l'extraction de l'huile on tire encore, par la distillation, une essence qui est tonique et fébrifuge.

Il n'est pas jusqu'à la coque provenant des amandes livrées à la confiserie qui ne trouve un emploi industriel. Macérée convenablement, elle

Le châtaignier.

transforme le trois-six du Nord en cognac de premier choix, et le vin blanc le plus ordinaire en madère *authentique,* malgré la destruction presque totale de ces vignes célèbres.

Bien que répandu partout à l'état d'essence forestière du second ordre, c'est dans les contrées où l'on cultive l'amandier que se rencontre le noisetier à l'état de plantations commerciales. Elles sont intercalées dans les lignes de pruniers, de cerisiers, d'abricotiers, etc.

Dans les régions méridionales françaises, ce petit arbre réclamant l'irrigation, on y intercale des cultures de fraises et de violettes, qui y prospèrent admirablement.

Les espèces cultivées sont connues sous les noms de noisette franche, aveline, noisette de Provence.

L'on calcule que chaque hectare de noisetiers donne sans soins et sans fatigue pour plus de 1 000 francs de fruits, indépendamment des récoltes diverses occupant le même terrain.

On peut citer comme un exemple curieux du produit de cet arbrisseau les résultats que sut en tirer un actif et intelligent curé d'un de nos villages provençaux.

Relégué dans une paroisse pauvre, ce digne prêtre n'en voulut pas moins entreprendre de rebâtir son église qui tombait en ruines. Il sut se faire abandonner par la commune un vaste terrain improductif situé au cœur du village; puis il détermina ses paroissiens à donner chacun quelques journées de travail pour le défricher. Dans ce terrain préparé il planta des noisetiers de l'espèce aveline, puis il attendit. Cinq ans après, une première récolte lui permit d'entreprendre les fouilles d'une église nouvelle. L'année suivante, les arbres devenus forts lui fournirent de quoi commencer les fondations. Successivement il put ainsi consacrer chaque année une somme fort ronde à la réalisation de son projet. Douze ans après sa première récolte, l'église était achevée. Ce fut encore le verger qui fournit au mobilier et à l'ornementation du sanctuaire. Enfin, la quinzième année, il inaugurait son église et avait la joie d'en faire sa nouvelle paroisse, qu'il plaçait sous le vocable bien justifié de Notre-Dame-des-Avelines. Le verger continue à prospérer et il est devenu pour la fabrique, à laquelle le digne pasteur en a fait don, une source de revenus notables et réguliers.

Les usages de la noisette étant à peu près les mêmes que ceux de l'amande, nous ne nous répéterons point à ce sujet.

Bien des citadins savourent avec délices les fins marrons glacés de nos confiseurs ou se régalent plus simplement des marrons grillés débités par l'Auvergnat installé dans le petit retranchement d'une boutique quelconque, ne se doutant pas que la châtaigne sert de base à la nourriture d'un grand nombre de campagnards du centre de la France, de l'Italie, de l'Espagne, de la Corse et de la Sardaigne. Bon nombre de nos paysans n'ont point d'autre nourriture durant l'hiver. Ils mangent la châtaigne décortiquée, cuite à l'eau et quelquefois additionnée de lait. Les gens s'en trouvent bien, s'en engraissent, s'en nourrissent..... et les bêtes aussi. Sous le nom de marron, elle est admise à l'honneur des meilleures tables. On la consomme sous plusieurs formes, grillée, ou cuite à l'eau avec addition de sel de cuisine. On en fait d'excellentes pâtes et purées, des gâteaux divers, de succulentes compotes. Le marron glacé est un dessert de cérémonie et de luxe. Bon nombre de Parisiens se considéreraient comme coupables d'un manque de savoir-vivre s'ils n'arrivaient munis d'un sac de marrons glacés quand ils vont, dans certaines maisons, faire leur visite de nouvelle année.

Les fins boudins comportent un hachis de marrons. C'est un excellent accompagnement pour la volaille rôtie. Le marron n'est-il pas appelé « la truffe du petit rentier » ? et chacun sait quelle figure honorable il fait bourrant les flancs d'une dinde ou d'un chapon.

La récolte de la châtaigne a, dans certains pays, une importance considérable. On s'y prépare longtemps d'avance en coupant au-dessous des arbres les fougères et les ronces qui serviraient de cachette au fruit lorsqu'il tombe sous les coups des gauleurs.

Bien des pays ne consomment que la châtaigne blanche ; elle est d'une conservation facile et son transport est moins embarrassant, car le boucanage et le blanchiment lui font perdre les deux tiers de son poids. Le boucanage se pratique dans une chambre remplie de claies chargées de châtaignes sous lesquelles on fait arriver une chaleur modérée qu'on maintient durant plusieurs jours. Lorsque les châtaignes sont encore chaudes elles sont placées dans un sac et frappées sur un billot. Il existe un procédé plus expéditif, le foulement par des chevaux marchant sur une aire couverte de châtaignes, ou par des hommes chaussés de sabots ferrés d'une façon toute particulière.

Bien que les variétés de châtaignes soient nombreuses, il en est quelques-unes de populaires entre toutes : la châtaigne ordinaire de nos bois, la nouzillade du Poitou. Marron de Lyon, du Luc, de Lusignan, sont les noms donnés aux variétés à gros fruit, de bonne qualité et de conserve.

Les marrons de Lyon viennent en grand partie du Forez et du Vivarais ; mais Naples en expédie beaucoup sous cette fausse désignation. Ceux du Luc, et non de Lucques ainsi que l'on dit ordinairement, sont récoltés dans le Var ; mais ceux de la Corse et des Alpes-Maritimes sont fréquemment ainsi qualifiés. Paris consomme par an 6 millions de kilogrammes de ce dessert.

Notre production nationale, malgré son importance, ne suffit pas à notre consommation, il faut que les nations voisines y contribuent.

L'Espagne, l'Italie, la Corse nous fournissent des quantités notables de marrons et de châtaignes. La Turquie est notre principal pourvoyeur ; elle nous en expédie plus de 7 millions de quintaux métriques.

VI

LES LÉGUMES

Ce qu'on entend par légumes. Le potager bourgeois. La culture maraîchère; son importance. Les maraîchers de Paris. Les hortillons et les polders. Culture de primeurs. Les concurrents. — L'artichaut. — Les pois. — Les choux-fleurs; culture des choux-fleurs de Bretagne. — Les melons de Paris et du Midi. — Le chou; la plaine des Vertus. Un souvenir de 1870-1871; un conflit pour un chou. — Étendues cultivées en pommes de terre; le produit. Les féculeries. Usages de la fécule. Les falsifications. Les espèces à grand rendement. La *quarantaine*. Les fabricants de pommes de terre nouvelles. — Les légumineuses. — Le haricot. Fâcheux souvenirs; popularité de bon aloi. Une tromperie. Les secs et les frais. — La lentille et les Égyptiens. Un lit pour les obélisques. La Révalescière. L'Auvergne et ses cultures. — L'oignon. — L'ail, l'ayoli, la brandade. Les imprécations d'Horace. Commerçants en aulx. — La tomate. Profits de sa culture au Brésil. — L'industrie des conserves. Les conserves sèches. Conserves en boîtes.

Un régime alimentaire sagement ordonné ne doit pas se composer exclusivement de mets empruntés au régime animal. Il faut que notre organisme absorbe aussi des sucs de végétaux.

Ceux que nous faisons contribuer le plus habituellement à notre nourriture ont été désignés sous le nom générique de légumes. Cependant il est bon de faire remarquer l'inexactitude de cette dénomination. Strictement il ne devrait s'agir que des produits de la grande famille botanique des légumineuses; mais l'usage a prévalu sur la logique de donner ce nom aux racines, aux tubercules, aux cucurbitacés, ainsi qu'aux plantes dont nous consommons les feuilles pendant qu'elles ont toute leur saveur.

A la campagne, les possesseurs de jardins trouvent ordinairement plaisir et profit à cultiver les plantes qui doivent fournir à leur approvisionnement. Les habitants des villes doivent nécessairement recourir aux fruitiers et aux maraîchers. De là est née, aux abords de toutes les agglo-

mérations urbaines, une industrie des plus productives et des plus importantes qui alimente les citadins de produits végétaux autres que les fruits.

La culture maraîchère ou potagère a, en effet, une importance considérable, car elle occupe en France à peu près 475 000 hectares, sans
compter la culture des pommes de terre. Elle produit une valeur de
495 millions de francs, c'est-à-dire presque le double des céréales. Rien
que la culture maraîchère de la banlieue parisienne s'étend sur 1 380 hectares divisés en 1 800 jardins. A l'intérieur même de Paris, on compte
750 hectares de terrain occupés par les maraîchers.

Dans cette culture, la terre ne se repose jamais ; on lui demande
quatre, cinq et six récoltes. Pour un maraîcher habile, la qualité du terrain est sans importance ; le sol est pour lui un simple point d'appui sur
lequel il étend un sol artificiel composé de terreau, où les plantes trouvent des sucs inépuisables mis en dissolution par des arrosages fréquents. La population qui travaille à la culture potagère compte parmi
les plus honorables de la classe ouvrière ; elle s'élève à environ 7 500 personnes, qui emploie un matériel de cloches et de châssis valant huit
millions. Chaque année elle achète pour 120 000 francs de fumier, et
revend pour 12 millions de légumes et de verdure.

Tout le monde sait par quels prodiges de travail, de soins et d'habileté, les maraîchers parisiens couvrent le sol, même en hiver, d'une incessante production ; ils n'ont d'égaux que les *hortillonneurs* d'Amiens
et les maraîchers des polders. Ceux-ci tirent des terrains conquis sur la
mer, et ceux-là du sol de vieilles tourbières assainies, des produits multiples qui s'exportent souvent au loin.

La production des légumes au moment de leur saison ne demande que
du travail manuel ; le voisinage des grandes villes et la recherche des
plus fins produits ont amené les horticulteurs à anticiper sur l'époque où
chaque végétal est apte à la consommation. De là est née l'industrie des
primeurs consistant à faire venir en tout temps de l'année, et surtout en
hiver, des légumes précoces. Au moyen de châssis, chauffés soit au fumier, soit au thermosiphon, il se développe une végétation anormale qui
amène hâtivement les plantes jusqu'à maturité. Mais il faut dire que tous ces
produits, trop pauvrement saturés de lumière et d'air, manquent toujours
de saveur. Ils n'ont que le mérite de la nouveauté et de la rareté, largement payé d'ailleurs par les consommateurs privilégiés qui les achètent.

Si les produits sont inférieurs, en revanche le profit est grand et sus-
cite de nombreux concurrents. Les pays dont le climat est plus favorisé
que le nôtre se sont livrés avec une extrême ardeur, depuis quelques
années, à l'industrie des primeurs. C'est grâce aux envois anticipés de

l'Espagne, du Midi français, de la Lombardie, de l'Algérie, de Malte, de la Sicile, que le nord de l'Europe consomme, dès le mois de mars, des légumes et des fruits qu'il obtiendrait seulement deux et trois mois plus tard.

De notre colonie africaine et de Malte, c'est par navires entiers que, dès les premiers jours de printemps, s'exportent les pois verts, les haricots, les pommes de terre, les artichauts. La Lombardie semble avoir pris Londres pour objectif. Chaque jour, plusieurs wagons chargés de primeurs, délaissant aujourd'hui la voie du mont Cenis, partent de Turin, passent par le Saint-Gothard, rejoignent les chemins de fer allemands et belges, qui leur accordent des tarifs beaucoup plus avantageux que les compagnies françaises, et déposent à Ostende leur chargement, qu'on dirige sur Londres par la Tamise.

La région parisienne est approvisionnée en grande partie de primeurs par les maraîchers de Roscoff. Cette partie de la Bretagne jouit d'une douceur de climat égale à celle de nos départements méridionaux, grâce à la branche du Gulf-Stream qui baigne ses côtes, grâce aussi à la protection des montagnes Noires qui la garantissent des vents du nord.

Comme dans toute industrie parvenue à un haut degré de perfection, la culture maraîchère obtient les splendides produits que nous connaissons en appliquant le système fécond de la division du travail. Beaucoup s'attachent à un produit; dans ce cas, l'exploitation exige plus d'espace, et c'est dans la grande banlieue, à quelques lieues de Paris, qu'elle se pratique. Des pays entiers, tel qu'Argenteuil, se livrent à la culture de l'asperge et s'en font des revenus princiers. Dans toute la vallée de Montmorency, les aspergeries couvrent le sol et fournissent ces appétissantes bottes d'asperges dont quelques-unes, de toute primeur, se vendent quarante et cinquante francs.

Ailleurs, ce sont les artichauts qui occupent certains terrains profonds et généreux, où ils ont « le pied dans l'eau et la tête dans le feu ». Ils y atteignent une taille considérable. Cette culture est une des plus productives; on n'évalue pas son rendement à moins de 10 000 francs par hectare; en effet, les gens du métier considèrent que chaque touffe occupe un mètre superficiel et donne une *tête* qu'ils évaluent, d'après le marché de Paris, à 0,40 centimes, en moyenne, deux *ailes* valant ensemble 0,30 centimes et pour 0,30 centimes de *poivrade*, c'est-à-dire de menus artichauts fort recherchés pour être mangés crus, trempés dans une sauce vinaigrée.

Les pois sont aussi une des meilleures plantes de la culture potagère.

Malgré la concurrence faite par les contrées méridionales, le pois *de
pays* est toujours très apprécié, parce qu'il est ordinairement plus tendre
que les pois ayant voyagé. Ceux-ci doivent être enfermés durant le voyage
dans des sacs et dans des corbeilles où leur accumulation amène toujours un commencement de fermentation qui les rend un peu durs; aussi
le premier soin du destinataire, en recevant ces voyageurs, est-il de les
étendre à l'air pour faire tomber la chaleur développée au milieu d'eux.

Le chou-fleur est encore l'objet d'une culture particulière, demandant
des soins incessants, minutieux. Les résultats ne sont heureux que dans
certains terrains favorisés. Les produits provenant de ces endroits acquièrent une taille et une perfection de forme qui leur font obtenir de
hauts prix sur les marchés. Les choux-fleurs de Chambourcy et de
Bouafle, villages voisins de Saint-Germain-en-Laye, atteignent facilement
le prix de 1 franc 75 centimes et de 2 francs par tête; mais il faut savoir
tout le mal que se donnent les cultivateurs pour réussir ces produits d'é-
lite. Chaque jour, la plantation est arrosée, échenillée, visitée pour
couvrir chaque pomme dès qu'elle est nouée. Au moyen de grandes
feuilles latérales dont on brise à moitié la nervure, on fait un abri qui
recouvre le fruit ou plutôt ce qui deviendrait la fleur si l'on abandonnait
la plante à elle-même. Pour devenir blancs, ces superbes choux-fleurs
ne doivent pas voir le jour; durant toute leur végétation, il faut entretenir
soigneusement l'abri qu'ils trouvent sous leurs feuilles.

La Bretagne se livre aussi beaucoup à la culture du chou-fleur, mais
elle garde une bonne partie de sa récolte pour l'expédier sur Paris à l'arrière-saison. La plupart de ceux qui y sont mangés, à partir de décembre
jusqu'à l'apparition de la nouvelle récolte, arrivent de Bretagne. Chaque
matin, une bonne dizaine d'immenses camions, chargés d'une montagne
de choux-fleurs, quittent la gare Montparnasse et sont dirigés sur les
halles.

Le melon est encore un des triomphes du maraîcher parisien. Il est à
peu près le seul à savoir les obtenir lourds, parfumés, d'une égale maturité. Là encore la somme de soins, leur assiduité surtout, est la clef
du succès. Un beau melon venu en première saison trouve fort bien, à
Paris, acquéreur pour 25 et 30 francs. Les bons melons sont toujours
rares, parce que ce fruit ne réussit pas en grande culture. De tous ceux
qui se mangent à Paris, le petit nombre est le produit des maraîchers;
la majeure partie provient des jardins du Midi, où le melon pousse aisément; mais il en est peu de bons, parce que, pour les mettre en mesure

de supporter le transport et les manipulations nécessaires de la vente, il faut les expédier avant d'avoir atteint un degré de maturité suffisant.

De tous les gros légumes, le chou est, sans contredit, le plus cultivé après la pomme de terre. Il est le plat de fondation des repas campagnards ; l'ouvrier des villes en savoure volontiers l'âcre parfum. Il constitue pour l'hiver une précieuse ressource d'un prix abordable. Il est le pivot de la soupe du soldat français.

L'approvisionnement de Paris est assuré par les immenses cultures du nord de la ville. Les villages d'Aubervilliers, de Pierrefitte, de Stains, etc., tout le voisinage de Saint-Denis, ont acquis la renommée et la fortune en cultivant le chou. La plaine des Vertus, vers Pantin, envoie chaque soir, à Paris, de cinquante à soixante voitures lourdement chargées de choux. De tous côtés il en arrive autant ; autour du pavillon à la criée s'élèvent des pyramides hautes de cinq à six mètres, composées exclusivement de choux.

Ceci nous reppelle un souvenir du siège de Paris, en 1870-71, qui montrera le prix attaché par les Parisiens à ce vulgaire légume.

A cette époque nous traversions les halles centrales chaque matin, à l'heure où les transactions sont le plus actives. Depuis longtemps Paris était bloqué ; les vivres étaient rares ; il ne paraissait sur le marché que les légumes provenant de la zone comprise entre la ville et les avant-postes. Les monstrueux tas de choux d'autrefois avaient disparu ; à peine si une ou deux pyramides se voyaient de temps à autre ; le chou était devenu un produit accessible seulement aux bourses les mieux garnies. Faute de grives, on mange des merles, dit le proverbe ; faute de choux entiers, on se rejeta sur les feuilles extérieures, sur celles que les marchands enlèvent du tour des pommes et jettent au fumier. D'industrieux commerçants les présentèrent en petits tas ; ce fut un succès. A l'origine, on se procurait un paquet raisonnable de ces rebuts pour 25 ou 30 centimes ; mais bientôt l'extrême pénurie fit hausser le cours de cette modeste marchandise ; en même temps que le prix s'élevait, la hauteur du tas s'abaissait, si bien que nous nous rappelons avoir vu, vers le mois de janvier 1871, le prix de cette singulière marchandise hausser à ce point qu'il fallait donner 1 franc 25 centimes pour une demi-douzaine de maigres feuilles.

Nous avons bien vu une bataille sur le point de s'engager entre deux escouades de soldats sur la question de savoir à qui devait revenir un malheureux trognon de chou, dédaigné par le cultivateur en faisant sa récolte ; chacune des deux escouades, à la recherche de vivres, prétendait

avoir été la première à découvrir ce pied délaissé qui prenait subite-
ment une énorme valeur.

Il suffit de dire que l'on a consacré l'an dernier, en France, 1 389 389
hectares à la culture de la pomme de terre, pour montrer toute la part
que prend ce tubercule à l'alimentation générale. Après avoir subi tant
de dédains, c'est une belle revanche ! Sur cet espace on a récolté l'é-
norme quantité de 144 768 367 hectolitres de pommes de terre ; la

Morelle tubéreuse (pomme de terre).

moyenne du produit de l'hectare a été de 104 hectolitres passés. Les
plus forts rendements sont ceux de l'Oise, qui s'élèvent à 155 hectolitres
87 litres ; les plus faibles sont ceux des Alpes-Maritimes, qui descendent
jusqu'à 10 hectolitres par hectare.

Ces immenses amoncellements ne sont pas tous destinés à l'alimentation. Une grosse partie est livrée aux féculeries et aux distilleries. L'Oise
et les Vosges comptent de très importants établissements qui râpent la
pomme de terre.

Après la fabrication du sucre de betteraves, l'extraction de la fécule de
pommes de terre est, en France, l'une de nos plus importantes industries agricoles. La fécule est un produit d'une conservation extrêmement
facile ; elle peut, jusqu'à un certain point, remplacer la farine de blé ;
elle entre, d'ailleurs, pour une part notable dans la composition des

pains de fantaisie, dont elle augmente la blancheur. Elle est la base de la fabrication d'une foule de substances alimentaires falsifiées : le vermicelle, les pâtes dites semoule, tapioca, gruau, polenta, arrow-root; elle se rencontre encore dans le chocolat. La facilité avec laquelle elle subit l'action de la diastase permet de la transformer en sucre de raisin, sirop, mélasse, vin, bière, boissons diverses, alcool, vinaigre, et en font le pivot d'une foule d'industries qui se développent malheureusement au delà des limites de l'honnêteté commerciale.

Pour répondre aux diverses destinations de la pomme de terre, les cultivateurs plantent des espèces différentes suivant qu'il s'agit de la consommation, de la distillation ou de la féculerie. Quelques variétés donnent des rendements énormes, allant jusqu'à 36 et 38 000 kilogrammes à l'hectare ; ce sont ordinairement des espèces d'origine américaine. Celles qui sont le plus recherchées pour l'alimentation sont la vitelotte, la Hollande, avec ses variétés jaune, rouge, longue et ronde. La culture de primeurs choisit de préférence certaines variétés anglaises et *la quarantaine.* Cette dernière ainsi nommée parce que, dans les circonstances les plus favorables, elle présente quelques tubercules comestibles quarante jours après sa plantation, a été longtemps en faveur parmi les cultivateurs. Il est des villages de la banlieue parisienne où cette culture a apporté une large aisance, et même la fortune, à ceux qui se sont livrés à son exploitation.

Les marchands des halles n'attendent pas toujours que les primeurs paraissent sur le marché ; quand les premières pommes de terre tardent ou que leur prix est trop élevé, ils en *fabriquent* par un procédé aussi industrieux que facile et peu délicat. Le fabricant de pommes de terre... nouvelles choisit les plus petites de celles de la récolte précédente et les jette dans un baquet avec de l'eau et du petit gravier bien lavé ; puis, armé d'un solide balai de bouleau, il remue et triture vigoureusement le tout. Au bout d'un certain temps, le frottement du gravier a dépouillé les vieux tubercules de leur épiderme et les laisse revêtus seulement d'une pellicule ressemblant à l'épiderme blanchâtre de la nouvelle pomme de terre. L'objet est prêt pour la vente et l'on se hâte de le débiter, parce que l'air donne promptement une teinte brunâtre à ce faux nouveau-né.

Celles de nos plantes alimentaires qui, après le blé, contiennent le plus d'éléments azotés sont les légumineuses. Leur usage est général à cause de leur valeur nutritive, à cause aussi de leur conservation facile et de leur rusticité.

Nommer le haricot, c'est éveiller sans aucun doute des souvenirs désagréables chez les anciens collégiens, chez les marins, chez les gardes nationaux de jadis. Cependant ses mérites alimentaires lui assurent l'estime des classes peu fortunées.

Les variétés en sont nombreuses ; toutefois on distingue entre celles destinées à la dessiccation et celles qui se mangent à l'état frais.

Les haricots secs sont tous surpassés par le haricot de Soissons, le plus célèbre ou, pour mieux dire, le seul populaire de cette classe.

Si modeste qu'il soit, il sollicite néanmoins la convoitise des fraudeurs. A l'automne, au moment où la nouvelle récolte entre dans le commerce, on cherche à écouler les vieux haricots. Pour leur donner une apparence de fraîcheur, on les fait tremper un certain temps dans l'eau. Cette opération a pour effet de les gonfler et de développer un commencement de fermentation putride, qui provoque parfois chez les consommateurs des accidents morbides d'une certaine gravité.

Les haricots frais ont autant de popularité ; il suffit de nommer le haricot vert, le flageolet, pour désigner un manger fin et recherché, mais que son prix ne rend pas accessible aux consommateurs pauvres.

La lentille a un passé remontant plus haut que le haricot. Les anciens Égyptiens la cultivaient en abondance. Les Romains l'avaient en grande estime, surtout quand elle était de provenance égyptienne. Pline nous apprend que les maîtres du monde se servaient de cette graine pour y ensevelir les obélisques qu'ils transportaient en Italie. Ces monuments étaient mis ainsi à l'abri de tout choc dans les navires qui les transportaient.

De nos jours, la lentille a conquis la plus grande célébrité en constituant pour les neuf dixièmes ce remède infaillible, cette panacée universelle qu'on nomme *la Révalescière*, qui a l'incontestable mérite, à défaut de guérisons opérées par elle, d'avoir enrichi son vulgarisateur.

L'Auvergne est le centre de la culture de la lentille ; elle y acquiert, surtout dans les environs du Puy, une qualité qui lui a valu une renommée universelle. Elle partage, d'ailleurs, avec la châtaigne, la charge de nourrir durant l'hiver toute la population du centre de la France.

Les plantes bulbeuses jouent également un grand rôle dans la préparation des aliments. Les oignons, jadis adorés par les Égyptiens, jouissent toujours d'une grande estime ; leurs diverses variétés occupent de grands espaces dans les champs de la culture maraîchère.

Dans nos régions septentrionales, l'oignon, ne parvenant pas à une maturité parfaite, prend une saveur d'une âcreté particulière ; mais dans les pays ensoleillés, sa maturation s'accomplit, il possède alors un goût infiniment plus doux, presque sucré, permettant de le manger cru ; aussi fait-il la base de l'alimentation d'un grand nombre de journaliers, pour lesquels il est le seul mets accompagnant le pain de leur repas.

A côté d'eux, l'ail apporte le secours de son violent parfum aux adeptes de la cuisine hautement relevée. Les amateurs véritables mangent crus les bulbes de cette plante ; ils en frottent leur pain ou se bornent à mettre en contact avec leurs mets un croûton frotté de leur plante favorite. D'autres plus timorés se bornent à en hacher quelques fragments dans les plats qu'on leur prépare.

Les uns comme les autres cependant justifient, il faut bien le dire, les fameuses imprécations qu'Horace lançait jadis contre les mangeurs d'ail. Un délicat comme lui devait, on le conçoit, difficilement en supporter le parfum.

L'ail est la base du fameux *ayoli* et de la populaire *brandade* des Marseillais. C'est l'assaisonnement obligé de la soupe à « l'eau cuite », dont ne saurait se passer aucun habitant des Marais-Pontins.

De nos jours, le débit de l'ail et de l'échalotte, son congénère, est l'apanage des Bretons et des Pyrénéens, qui s'en vont, le dos chargé d'une hotte, offrir de porte en porte leur odorante marchandise.

Le Midi nous offre une compensation en nous donnant la tomate. Elle pousse aussi dans nos contrées septentrionales, mais avec un arome inférieur. Elle est rafraîchissante, tonique, et constitue dans la cuisine méridionale une ressource du premier ordre.

Au Brésil, on fait une telle consommation de ce fruit délicieux, que des cultivateurs intelligents s'assurent des revenus superbes en se livrant à la culture de cette solanée, qui pousse là plus abondamment que partout ailleurs.

Nous ne pouvons passer sous silence, en parlant des légumes, l'importante industrie à laquelle leur conservation donne lieu. Les légumes herbacés sont maintenant traités par l'évaporation. Les navires, les armées en campagne, peuvent s'approvisionner aujourd'hui de conserves alimentaires complètes. On est parvenu à découper tous les légumes frais en tranches minces, que l'on soumet à l'évaporation dans des conditions telles que l'eau seule disparaît ; la saveur est conservée intacte. Une fois desséchées, ces tranches sont soumises à la pression hydraulique et ne forment plus qu'un bloc solide renfermant, sous un volume insignifiant, de 40 à 50 fois son poids de légumes frais. Pour s'en servir, on fait tremper les conserves dans l'eau, qui leur rend leur aspect et presque leur goût primitifs.

Les citadins, les raffinés, dédaignent ces préparations relativement grossières. Il leur faut le légume frais en tout temps de l'année. L'esprit de lucre a su découvrir le moyen de les satisfaire. Au moyen de la méthode Appert, c'est-à-dire en renfermant des légumes demi-cuits dans des boîtes où l'on fait le vide par l'ébullition, on garde à sa disposition et sans altération possible, sous tous les climats et aussi longtemps qu'on le veut, des légumes fins, qui ne le cèdent en rien à ceux qui sont consommés durant la saison où ils abondent. Cependant la préférence est accordée aux haricots verts et en grains dits flageolets, aux pois, aux asperges, aux artichauts.

La France est un des pays où cette industrie a pris le plus d'extension. Paris, Nantes, le Mans se distinguent surtout par l'importance de leur fabrication et de leurs opérations commerciales, qui dépassent 14 millions de francs.

VII

LES CRYPTOGAMES

Les mystérieux. Valeur nutritive des champignons. Classification sommaire; désignation. Les inoffensifs, les coupables. Préjugés. Indications certaines. Signalement des champignons comestibles. Les trois tribus. La morille. Le bolet ou cèpe. Récolte d'amateurs et d'industriels. Le mousseron, l'oronge. Le champignon de couche. Les champignonnières. Travail et récolte. — Le *diamant de la cuisine*. Les chasseurs de truffes. Les truffières. Conditions indispensables. Produits. Les diverses truffes. Importance de la récolte. Les truffes artificielles; mystères de leur fabrication.

La famille végétale que les botanistes désignent sous le nom de cryptogames, pour indiquer le mystère présidant à leur mode de reproduction, fournit à l'alimentation des mets hautement recherchés.

L'usage a adopté deux espèces de ces bizarres végétaux : le champignon et les truffes.

Les champignons contribuent à la confection d'un certain nombre de plats des plus recherchés dans la cuisine française. Leurs principes azotés les rapprochent, au point de vue alimentaire, des substances animales.

Ils sont, après la truffe, le premier ornement des festins d'apparat; ils procurent aux riches des jouissances gastronomiques ; pour les pauvres, ils constituent une précieuse ressource alimentaire. En général, le champignon passe pour être d'une digestion difficile, ne convenant réellement qu'aux estomacs sains et robustes ; cependant on atténue cet inconvénient en adoptant un genre de cuisson et de préparation en rapport avec les espèces.

Les champignons sont nombreux, mais ils sont tous compris dans trois groupes dont les signes distinctifs sont des plus aisés à reconnaître : les clavaires, qui sont les espèces dépourvues de chapeau ; les bolets,

qui portent un chapeau, ont un pied très important et des sporules
portés sous le chapeau dans une sorte de foin composé de tubes innombrables; les agarics qui, au lieu de tubes, ont des lames ou feuillets
garnissant le dessous du chapeau. C'est à cette dernière tribu qu'appartient l'agaric comestible, la seule espèce de champignon que la culture
soit encore parvenue à reproduire.

La plupart des champignons sont donc de provenance sauvage. Ils se
rencontrent principalement dans les bois, où ils sont recherchés par une
foule d'amateurs plus ou moins versés dans la connaissance de leurs variétés. Cette ignorance cause, chaque année, un certain nombre d'accidents produits par de déplorables méprises sur la nature des champignons récoltés.

Les caractères par lesquels les champignons vénéneux se distinguent
des champignons comestibles n'ont rien de fixe. La plupart des for-
mules indiquées touchent à l'empirisme pur. L'ébullition dans l'eau vinaigrée, le contact d'une pièce d'argent, la modification d'aspect en
brisant la chair du champignon, tout cela, et bien d'autres moyens infaillibles, est sans valeur.

Mais on peut se fier à ces quelques préceptes simples basés sur une
profonde observation et une étude raisonnée de ces cryptogames.

Il faut rejeter tout champignon trop vieux, *quelle qu'en soit l'espèce,*
tous ceux dont la texture est ligneuse, tous ceux dont la saveur est âcre,
brûlante, amère, acide, acerbe ou poivrée. On peut sans inconvénient
tenter cette épreuve en mâchonnant un léger morceau qu'on rejette sans
l'avaler; le palais est, en pareille circonstance, un excellent juge. Il faut
enfin rejeter aussi tous ceux qui exhalent une odeur désagréable et nau-
séabonde.

Chaque groupe présente en outre des caractères permettant d'apprécier
l'innocuité du sujet. Un préjugé fort répandu veut que tout champignon
coupé, dont la chair reste intacte, soit comestible, et que celui dont la
teinte s'altère soit vénéneux. Cette indication est loin d'être absolue et
comporte, comme tous les préjugés, un fond de fausseté et de vérité.

Dans la famille des bolets, le plus grand nombre change de couleur
quand on les brise; c'est pour eux un signe ordinaire de mauvaise qualité.

Le contraire est la loi chez les agarics. Presque tous ceux dont la chair
et les lames, une fois cueillies, ne changent pas de couleur sont vénéneux.

Dans la famille des clavaires ou champignons sans chapeau, un seul
est vénéneux, c'est le lycoperdon, vulgairement connu sous le nom de
« vesce de loup ».

Dans le premier groupe, on rencontre la morille qui jouit d'une grande estime surtout parmi les gourmets méridionaux. On la reconnaît à son extrémité en forme d'œuf ou de cône, relevé de nervures saillantes formant des trous semblables aux alvéoles d'abeilles. Son bout conique est porté sur un pied peu élevé. Les diverses variétés constituent toutes un mets délicieux ; elles se sèchent et se conservent bien. Dans certaines contrées, les morilles conservées font l'objet d'un commerce sérieux.

Les bolets ou ceps font à Bordeaux la base de conserves en boîtes fort répandues. Dans nos bois parisiens, le bolet est recherché avec ardeur ; les promeneurs du dimanche se font une gloire de revenir avec

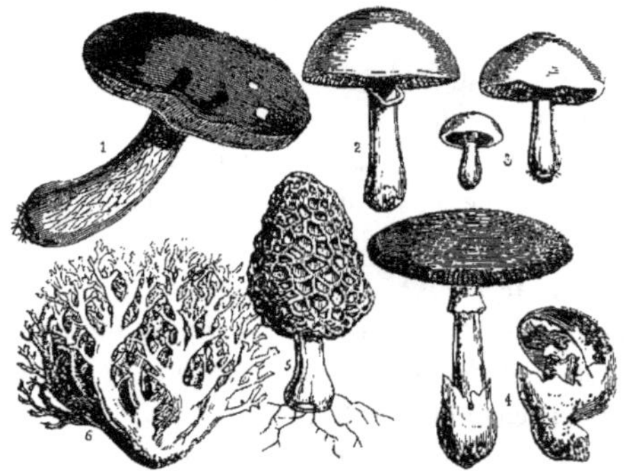

CHAMPIGNONS COMESTIBLES
1. Bolet comestible. — 2. Agaric. — 3. Mousseron. — 4. Oronge vraie. —
5. Morille. — 6. Clavaire.

une belle récolte. Un grand nombre d'*indépendants*, ordinairement ennemis d'un travail régulier, trouvent dans cette cueillette un moyen d'existence qui ne laisse pas que de leur donner parfois d'assez beaux résultats.

Enfin la gymnote comestible, autrement appelée mousseron, est, avec l'oronge, la plus populaire de ces espèces.

C'est à ce groupe qu'appartient le champignon de couche, ou agaric comestible, dont la culture est fort active aux abords des villes populeuses. C'est à grand renfort de fumier de cheval, préparé d'une façon spéciale et maintenu à une température convenable, qu'on peut obtenir des récoltes régulières. Dans la banlieue parisienne, où l'industrie des champignonnistes a une réelle importance, c'est dans les anciennes carrières dont la capitale est entourée que se pratique la culture de l'agaric. Ces profondes excavations jouissent d'une égalité de température qui favorise merveilleusement la croissance des champignons.

Les champignonnières se reconnaissent à distance. L'orifice du puits servant jadis à l'extraction de la pierre est coiffé d'une cheminée quadrangulaire faite de planches servant à prévenir les chutes dans ces trous à ras du sol et aussi à l'évacuation des vapeurs qu'exhalent les couches. Autour sont d'immenses amoncellements de fumier d'écurie, que l'on arrose et qu'on remanie sans cesse jusqu'à ce qu'il ait *jeté* tout son feu. Lorsque les couches établies dans le sous-sol sont usées, le terreau qui en provient est remonté et revendu un haut prix aux jardiniers.

Les producteurs retirent de gros bénéfices de leur industrie ; ils alimentent régulièrement Paris et fournissent aussi aux fabricants de conserves les éléments d'une de leurs préparations les plus estimées.

CHAMPIGNONS VÉNÉNEUX

1. Champignon bulbeux. — 2. Fausse oronge. — 3. Faux mousseron.

Si savoureux qu'il soit, le champignon s'efface toutefois devant la truffe, le « diamant de la cuisine », au dire de Brillat-Savarin.

Tout le monde sait que ce précieux cryptogame vit souterrainement, et qu'il faut, pour « chasser » la truffe, recourir à l'odorat tout particulièrement exercé du porc ou de chiens bien dressés. Dans le Périgord, ce compagnon du chasseur de truffes se vend fort bien au delà de 300 francs, quand il est un peu docile.

On a longuement étudié ce cryptogame et cherché à le multiplier. Tout ce qu'on a pu jusqu'ici reconnaître avec certitude, c'est que la truffe se rencontre surtout dans les bois de charmes, de chênes et de châtaigniers poussant dans des terrains calcaires. Parmi ces terrains calcaires, les couches jurassiques sont les plus favorables à la production de la truffe. Aussi a-t-on, à plusieurs reprises, tenté la création de truffières ; on a réussi. C'est dans le département de Vaucluse, sur les indications du grand agronome de Gasparin, frappé des résultats obtenus par quelques chercheurs de truffes du mont Ventoux, que cette industrie a pris naissance.

On peut réduire à ceci les conditions de la culture de la truffe : Semer des glands truffiers sur une terre calcaire et sous un climat propre à la maturation du raisin. Au bout de huit à dix ans, la récolte commence et donne un revenu qu'on évalue à 2 000 francs par hectare.

Personne n'ignore qu'il existe plusieurs qualités de truffes. La truffe noire, surtout celle du Périgord, est la plus parfumée. La truffe blanche ou grise n'a quelquefois pas grande saveur ; aussi son prix diffère-t-il souvent dans la proportion de 1 à 4.

L'on n'évalue pas à moins de 16 à 17 millions de francs la récolte des truffes en France.

Un si précieux produit devait tenter les falsificateurs. Leur industrie, qui s'exerce sur tant d'articles de valeur restreinte, ne pouvait négliger de s'attaquer à celui-là.

Nous n'en sommes plus au temps où des falsificateurs novices ou ignares découpaient des rondelles de mérinos noir et en bourraient les flancs des volailles les plus fines. Le progrès a marché ; l'on fait mieux de nos jours ! La truffe artificielle est tout simplement une pomme de terre gelée teinte en noir et aromatisée de quelques gouttes d'essence de mirbane, un dérivé de la benzine.

Les pommes de terre appelées au rôle élevé de truffes sont placées dans certains endroits de la maison où règne d'habitude la plus intime discrétion ; là, sous l'influence des gaz qui s'y dégagent continuelle- ment, elles prennent une teinte bleu foncé. Après les avoir sculptées pour leur donner l'apparence ordinaire de la truffe, on accentue la teinte avec une solution de sels de fer, puis on les roule dans une terre humide con- venablement préparée ; enfin on les livre à la consommation, soit isolées, soit mélangées à des truffes blanches du Piémont.

SEPTIÈME PARTIE

LES BOISSONS

I

L'EAU

La boisson naturelle. — Besoins factices des hommes. — Le prix de l'eau. — Consommation normale. — Influence des eaux sur la santé publique. — Les diverses provenances des eaux. — L'eau de pluie; ses qualités, ses inconvénients. — Comment on l'emploie; comment il faudrait l'employer. — Les eaux stagnantes. — Les eaux de puits. — Plâtre et craie. — Le type des eaux. — Sollicitude de l'administration moderne. — Le service actuel des eaux de Paris. — Deux villes favorisées.

La boisson primitive des hommes fut l'eau. C'est d'ailleurs la boisson naturelle de tous les êtres organisés. Elle suffit à nos besoins; elle est hygiénique, car l'eau normale contient par elle-même la proportion voulue des sels propres à faciliter le travail de la digestion.

A mesure qu'il a avancé dans la vie civilisée, l'homme s'est créé des goûts et des besoins nouveaux. Il a cherché leur satisfaction sans s'inquiéter de leur relation avec ses besoins réels, et il a partout adopté l'usage des boissons fermentées, laissant aux besogneux et aux sages l'eau qui lui suffisait jadis.

Il faut le dire, parce que c'est la vérité, l'usage des boissons fermentées n'est que le résultat d'un besoin factice; nos estomacs, habitués à l'action excitante de ces liquides, restent insensibles aux effets de notre boisson naturelle.

Il faut lire certaines relations de voyages pour se faire une idée précise de la valeur de ce liquide dédaigné par tant de gens; l'on verra alors à quel degré de souffrance le manque d'eau a pu conduire ces compagnons du désert, ces naufragés perdus sur l'océan, et quel point d'égoïsme ils ont atteint pour ne point se démunir des quelques gouttes du liquide croupi qui était leur vie.

Un homme, dans des conditions ordinaires, absorbe deux litres d'eau par jour ; moins amènerait la souffrance. On conçoit donc l'influence exercée sur l'économie animale par les sels dissous, même en faible proportion.

Il ne suffit pas de disposer de la quantité voulue de liquide, il faut encore que l'eau absorbée soit saine et de bonne qualité. Ce n'est pas à tort que l'opinion de tous les âges a attribué aux eaux de mauvaise nature certains effets pathologiques accidentels, certaines maladies épidémiques. De même que certaines eaux sont douées de vertus réparatrices dues à la présence de sels bienfaisants, de même d'autres eaux ont une composition chimique qui en rend l'usage pernicieux.

Les eaux peuvent se partager en eau de pluie, en eau de source, eau de rivière, eau de lac, eau d'étang et eau de puits.

L'eau de pluie, au moment où elle vient d'être recueillie, n'est pas d'une pureté absolue ; cependant c'est l'eau la plus pure de la nature. Elle est, en effet, le produit d'une distillation ; mais, en tombant, elle entraîne, elle absorbe une partie des poussières flottant dans l'atmosphère. En sa qualité d'eau distillée, elle est lourde et fade, parce qu'elle ne contient ni assez d'air en dissolution ni assez de sels calcaires. Pour être utilisée, il faut d'abord qu'elle soit aérée par l'agitation qu'on lui fait subir ou par une exposition suffisamment longue en plein air.

Mais il est rare que l'eau de pluie recueillie soit immédiatement employée ; elle est amassée dans des citernes mises par des tuyaux en communication avec les surfaces où elle est reçue. Ce sont généralement les toits qu'on utilise dans ce but. Or rien n'est plus contraire à l'hygiène bien comprise que l'emploi, pour la boisson, d'une eau ainsi récoltée. Les premières ondées ont pour effet de laver les toitures et d'entraîner avec elles une grande quantité de poussières et de détritus variés qui s'emmagasinent et pullulent dans les citernes où se rendent les eaux.

Il ne suffit pas pour s'en servir de laisser reposer ces eaux quelque temps, il faut ou les filtrer soigneusement ou leur faire subir une ébullition préalable.

Les eaux d'étangs contiennent en suspension une grande quantité de matières organiques, qui leur communiquent une odeur désagréable et les font bannir de l'alimentation.

Il est clair que l'usage d'eaux chargées de matières infectieuses provoque des diarrhées, des dysenteries et d'autres maladies endémiques.

Certaines eaux de puits (notamment celles du bassin de Paris) renferment souvent de grandes quantités de sulfate de chaux ou plâtre : elles sont dites *crues* ou *séléniteuses*; elles sont impropres à l'alimentation. Autant la présence du sulfate de chaux est nuisible, autant celle du carbonate de chaux (pierre à bâtir, craie), dans une certaine proportion, est désirable pour une eau destinée à la boisson, parce que ces sels contribuent notablement à la formation des os.

Le type idéal de la bonne eau potable, c'est l'eau de source, chaude en hiver et fraîche en été. Si des eaux de cette nature sont puisées dans leur bassin d'émission, à l'ombre d'un feuillage touffu; si elles sont aérées par une circulation à la surface du sol, et si elles ont dissous pendant leurs voyages souterrains de petites quantités de carbonate de chaux, l'on est pourvu en abondance d'un liquide bienfaisant, agréable, contribuant, par le bien-être qu'il procure au corps, à une heureuse disposition d'esprit.

Telles sont les conditions à remplir pour assurer aux populations urbaines une eau irréprochable.

Mieux éclairés sur les besoins publics, les administrations communales se sont beaucoup appliquées à résoudre ce gros problème, d'assurer à chaque habitant une quantité suffisante d'eau de bonne qualité.

Nous n'entreprendrons pas ici de tracer, même à grands traits, l'histoire du service des eaux de Paris; nous nous bornerons à mentionner les grands travaux exécutés depuis vingt-cinq ans pour alimenter les Parisiens d'une façon convenable.

Avant cette époque, le service des eaux, déjà considérablement amélioré pourtant, se faisait au moyen de distributions partant de réservoirs situés sur différents points de la ville. Ces réservoirs avaient l'immense inconvénient de favoriser, comme dans des mares, le développement de tous les germes nuisibles et de les transporter au domicile des consommateurs.

Les eaux de la Dhuys et de la Vanne, aujourd'hui amenées dans Paris au moyen d'aqueducs et de conduites fermées, sont déversées dans des réservoirs couverts où elles demeurent inaltérées. Ces eaux, qui sont d'une merveilleuse qualité, sont amenées directement de leur source au domicile du consommateur sans qu'elles aient vu le jour, sans qu'elles aient rencontré la plus légère cause d'altération.

Paris se trouvera être, d'ici à quelques années, une des villes du monde les mieux approvisionnées d'eau potable; mais elle n'égalera jamais pour la qualité de l'eau les villes de Grenoble et de Dijon, qui sont, en France, les mieux partagées pour la pureté de leurs eaux potables.

II

LE VIN

Les premiers vignerons. — Origine du mot. — Action du vin. — La zone de la vigne. — La vigne en Gaule; ses infortunes dans notre pays et ailleurs. — Encore les monastères. — Récolte du vin en France. — Les ennemis de la vigne. — Les vins romains; les vins de France. — Le champagne jadis et aujourd'hui. — Le consommateur de champagne. — Les contrefacteurs. — Le johannisberg. — Une pièce de plus de trente-six mille francs. — Feu le vin de Madère. — Les fraudes sur le vin ordinaire. — Les raisins de cuve italiens et suisses en France. — Approvisionnement à l'étranger. — Les vins de fruits secs. — Les vins artificiels d'Allemagne. — Les vins de raisins secs. — Les falsifications. — Chimie vinicole. — Le mouillage et le contrôle administratif. — Le laboratoire municipal. — La vigne en Algérie.

Les boissons fermentées furent une des premières découvertes de l'humanité. Exprimer le suc du raisin et mettre en réserve celui qu'on ne buvait pas immédiatement, était une idée pouvant se présenter au premier venu. Or il suffisait de conserver ce suc dans des vases ouverts, pour le voir fermenter et se convertir en vin. C'est la constatation de ce phénomène primordial qui a fait appeler son produit *vin,* dont le nom hébraïque *yine* signifie produit de la fermentation. Le même mot se retrouve presque identique dans toutes les langues sémitiques et dans tous les idiomes indo-européens pour signifier la même chose ; il a également passé dans toutes les langues néo-latines et germaniques.

Le vin, en tant que simple produit de la fermentation alcoolique, s'offrit donc en quelque sorte spontanément à ceux qui, les premiers, en firent usage. C'est la meilleure des boissons après l'eau ; c'est la boisson alimentaire par excellence et celle qui exerce l'action la plus salutaire sur nos organes, quand elle est prise à dose rationelle.

Ses heureux effets, ainsi que l'ivresse, suite de l'abus, sont dus à l'alcool contenu dans le vin ; mais, quand le vin est trop vieux, cet alcool s'est évaporé insensiblement et le liquide n'a plus ni force ni bouquet. Le vin n'a donc toute sa valeur que quand il a un âge raisonnable.

Bien que prospérant seulement sous les climats favorisés du soleil, la vigne ne peut supporter la température des contrées tropicales. Son habitat représente, pour l'ancien monde, une bande large de mille kilomètres à peu près, commençant à la presqu'île ibérique, longeant la Méditerranée, la mer Noire, passant par la Perse, et allant se perdre aux grandes montagnes du plateau de Pamir.

Le lieu de son origine et l'histoire de sa propagation ont été l'objet de tant de dissertations que l'obscurité sur ces points en est devenue encore un peu plus épaisse. Pour ne nous occuper que de notre pays, il semble acquis que nous devons l'introduction de la vigne en Gaule à la colonie grecque qui fonda Marseille. De là elle s'est répandue de proche en proche jusqu'aux limites où elle cesse de prospérer. Elle prospéra si bien sur notre sol que, sa culture s'étendant, on attribua plusieurs fois à cette extension la disette dont souffrirent les provinces, et que les gouvernements prirent à ce sujet les mesures les plus barbares afin d'obliger les propriétaires à consacrer au blé les terres occupées par la vigne.

En 92, une disette ayant désolé l'empire, Domitien, abusé par des conseillers peu clairvoyants, ordonna la destruction de la moitié des vignobles; ceux des Gaules furent particulièrement éprouvés; le tiers de notre territoire fut ruiné par l'exécution de cet ordre inepte. Un peu moins de deux cents ans après, Probus essaya de réparer ce désastre en autorisant la replantation des vignes et en accordant à nos ancêtres le concours de ses légions.

En dépit des causes de destruction qui se multiplièrent durant les époques troublées du moyen âge, la vigne se maintint et prospéra en France. C'était une des formes de propriété auxquelles tenaient le plus les hauts seigneurs, les grands et les petits propriétaires du sol.

En 1566, Charles IX réitéra stupidement les ordres de Domitien, la vigne occupant, paraissait-il, trop de place et nuisant à la production des grains. Il fut interdit de lui consacrer plus du tiers du territoire de chaque canton.

En 1577, Henri III réitéra ces prescriptions restrictives. En 1731, Louis XV, plus préoccupé de ses plaisirs que de l'administration de son royaume, interdisait toute nouvelle plantation et ordonnait la destruction de tout vignoble abandonné depuis deux ans.

L'effet de ces mesures inintelligentes fut de supprimer la vigne partout où elle ne donnait pas de produits extraordinaires; par contre, sa culture prit une importance et une extension irrésistible dans les contrées où elle avait ses places fortes, en Champagne, en Bourgogne, en Languedoc et en Provence.

Cet exemple, donné par des gouvernements peu clairvoyants, fut imité en Espagne, en Italie, en Hongrie, en Grèce et jusqu'en Chine, où il n'existe plus que du raisin de table.

Sans les ordres religieux qui défendirent les bons vignobles avec une âpre ténacité contre les ordonnances royales, nous n'aurions plus en France aucun de nos grands crus de Bourgogne : Chambertin, Vougeot, Volnay, Pomard, etc., créés par leurs soins, n'existeraient plus sans l'énergique opposition des monastères auxquels ils appartenaient. Il en fut de même en Italie pour les vins de Grotta-Ferrata, de Monte-Fiascone et d'Orvieto.

En France, la vraie *terre du vin* de l'Europe et même du monde, nous avons 4 pour 100 de notre territoire planté de vignes, c'est-à-dire que nous y possédons 2 090 533 hectares de vignobles. Sans la terrible invasion du phylloxéra qui, depuis un certain nombre d'années, a atteint le quart de nos vignes, nous aurions 300 000 hectares de plus à ajouter à ce chiffre.

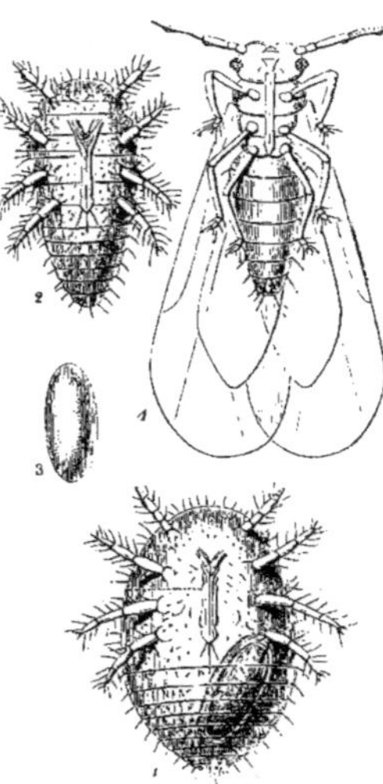

1, 2, 3. Le puceron de la vigne (*phylloxera vastatrix*), individu femelle et œuf grossis. — 4. Individu femelle ailé, grossi.

Nos vins peuvent se diviser en six catégories principales :

1° Les vins de Bordeaux et leurs similaires, dont la production s'étend sur dix-neuf départements. C'est la Gironde qui fournit les meilleurs ;

2° Les vins de Bourgogne, qui sont le produit de douze départements ;

3° Les vins du Midi, moins estimés que les précédents, mais plus abondants, sont récoltés dans dix-sept départements ;

4° Les vins de l'Est, donnés par douze départements ;

5° Les vins mousseux, à la tête desquels est le champagne, ceux de la Basse-Bourgogne et de la Touraine, qui doivent leur caractère à des soins tout spéciaux ;

6° Enfin les vins de liqueur, produit exclusif de certains départements méridionaux.

Toutes ces diverses qualités de vins procuraient jadis de magnifiques

récoltes. Jusqu'en 1870-1878 on évaluait le produit des vignes françaises
à 54 000 000 d'hectolitres; depuis cette époque le phylloxéra s'est emparé
de nos vignobles et la récolte est réduite à 30, 35 ou 40 000 000 d'hectolitres, selon la réussite de l'année.

Malheureusement le phylloxéra n'est pas le seul ennemi de nos vignes;
les parasites végétaux et animaux s'attaquent à elle : l'altise, la pyrale,
l'eumolpe, le doryphora, l'oïdium, le mildew, le black-root, le perono-
spora, semblent conjurés pour amener sa ruine. Sans les efforts éclairés
qu'on oppose à ces divers ennemis, leurs
ravages seraient bien plus redoutables
encore.

Les variétés de vins sont innombrables; de tous temps néanmoins certains
crus ont toujours été plus renommés, soit
par la finesse de leurs produits, soit par
la manière dont le vin était traité.

Les anciens Romains comptaient une
centaine de crus de qualité supérieure,
dont la moitié était d'origine italienne.

Les crus de Palerme, de Setia, de Ci-
nuessa, de Massique, de Fondi, de Cé-
cube, de Siguia, jouissaient d'autant d'estime que nos bordeaux, nos bourgognes
ou les vins du Rhin de bonne marque.

Dans le nombre, il y avait des vins
cuits et des vins réduits à l'état presque
solide qui faisaient les délices de certains
gourmets.

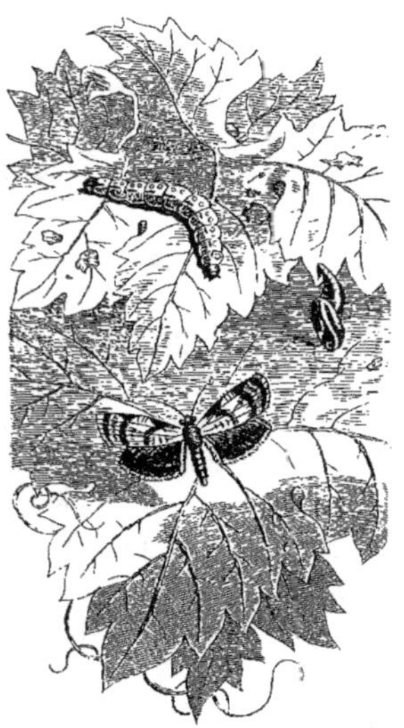

Pyrale de la vigne (gr. nat.)

Nos grands crus modernes comprennent les vins de Bordeaux, parmi
lesquels il faut citer le château-margaux, le château-laffite, le château-
haut-brion, le château-latour, le saint-julien, le saint-émilion, le
grave, le sauterne.

Nos vins de Bourgogne comptent le chambertin, le romanée-conti,
le clos-vougeot, le montrachet, le volnay, le pomard, le beaune, le
nuits, le corton, le pouilly, le thorins, le chablis, le moulin-à-vent, le
mâcon.

Dans nos divers crus célèbres, nommons encore l'ermitage, le
château-grillet, la côte-rôtie, le saint-péray, le rivesaltes, le frontignan,
le lunel, le saint-georges, etc.

Aucun vin peut-être n'a une réputation aussi universelle que le vin de

Champagne. Chose que beaucoup ignorent, ce vin n'a pas toujours été un vin mousseux; c'est seulement vers 1714 que ce vin fit fureur, grâce à un bénédictin, dom Pérignon, qui trouva le moyen de rendre mousseux ce vin d'élite.

Le secret de dom Pérignon a fait la fortune de toute cette contrée de la France, et cependant il est bien peu connu en dehors du commerce des vins. Le champagne devient mousseux quand il est mis en bouteille depuis la récolte jusqu'au mois de mai; pour avoir du vin non mousseux, on attend un an avant de l'enfermer dans le flacon.

Toute la qualité dépend plus des soins apportés à sa manipulation que de sa provenance. C'est pourquoi la marque du fabricant a une si grande importance; elle est une garantie de la manière dont on a poursuivi les opérations que doit subir le champagne avant d'être livré à la consommation.

La production de la Champagne en vin mousseux équivaut à 450 000 hectolitres, soit, en chiffres ronds, à 40 000 000 de bouteilles.

Cette énorme quantité est absorbée presque tout entière par l'étranger. Le peuple le plus friand de vin de Champagne est le russe, qui en fait une consommation énorme. Ensuite viennent les Allemands, qui, pendant la dernière occupation de la Champagne, ont appris à apprécier les vins mousseux tout comme les Russes les avaient connus pendant l'invasion de 1815. Les Anglais et les Américains viennent ensuite. C'est nous, Français, qui en buvons le moins : à peine si nous consommons la dixième partie de ce que nous produisons.

Malheureusement pour nos fabricants, la concurrence la plus déloyale s'exerce sur une vaste échelle en Amérique et surtout en Allemagne. Dans ces deux pays, des industriels livrent sous le nom et sous les marques frauduleusement imitées de nos meilleurs fabricants des produits détestables qui font le plus grand tort aux vins authentiques.

Les contrefacteurs d'outre-Rhin possèdent cependant un cru dont la célébrité ne le cède à aucun. Parmi les vins blancs du Rhin, le plus renommé est celui de Johannisberg.

Il est le produit des vignes qui couvrent la colline que surmonte le célèbre château de Johannisberg.

Ce sont encore des moines qui ont créé ce vignoble fameux. De 1106 à 1716, le monastère qui existait là subit des épreuves diverses. A cette dernière date, l'abbé de Fulda, s'étant rendu acquéreur de la colline, y rebâtit non plus un couvent, mais un château, et y fit replanter de la vigne. Bientôt il récolta un vin excellent. On ne vendangeait jamais sans un ordre écrit de sa main. Une année, l'ordre n'arriva que lorsque les raisins étaient déjà en partie gâtés; on vendangea néanmoins, et le vin se trouva de qualité supérieure. Depuis lors, la vendange se fait, au Johannisberg, quinze jours plus tard que partout ailleurs.

Les vignes avoisinant le château sont les meilleures et donnent le vin qu'on désigne sous le nom de *Schloss Johannisberg*. Quand on vendange, on ramasse avec une fourchette particulière les grains qui se détachent de la grappe, et l'on verse dans des cuves distinctes les raisins soigneusement triés.

C'est le vin le plus cher qu'on connaisse. On en a vendu jusqu'à 36 450 francs un fût de 1 350 bouteilles, que se partagèrent le roi d'Angleterre et le roi de Prusse. Le roi des Pays-Bas, Guillaume Ier, avait acheté cette propriété en 1802; mais, en 1805, Napoléon la donna à Kellermann, duc de Valmy, auquel l'empereur d'Autriche la reprit pour en gratifier le prince de Metternich, dont les descendants la détiennent encore.

Un vin non égal, mais plus populaire, est devenu aussi rare que le Johannisberg; c'est le vin de Madère. L'île qui le produisait (on peut presque parler au passé) en exportait 260 000 hectolitres avant les ravages que l'oïdium a exercés sur ses fertiles vignobles. Il y a vingt ans, l'exportation était tombée à zéro; elle se relève un peu et atteint 8 760 hectolitres. Les habitants ont peu à peu remplacé la vigne par la canne à sucre et par le tabac.

Le vin vendu actuellement sous le nom de madère est, à part une petite quantité, une simple macération de coques d'amandes faite dans les vins de Portugal, de Cette ou du Roussillon, qui se prêtent merveilleusement à cette fabrication.

Tous ces vins dont nous venons de parler sont notables à divers titres, mais ils n'entrent que pour une faible part dans la consommation; ce sont des vins de luxe, ils forment l'aristocratie des vignobles. La démocratie, si nous pouvons nous exprimer ainsi, est constituée par tous ces vignobles ignorés pour la plupart, qui assurent l'approvisionnement de la population.

Quand nous disons qu'ils assurent l'approvisionnement, nous parlons inexactement, car nos vignes ne suffisent plus à nos besoins, à plus forte raison au commerce extérieur de nos vins. On y supplée en mélangeant à nos vins indigènes des vins pris à l'étranger.

Mais la réputation du vin de France est telle, que l'on abuse le public en lui donnant comme vins français des produits de provenance pour le moins défectueuse. C'est ainsi que le marché américain se ferme de plus en plus devant nos vins. Depuis cinq à six ans les vins de Californie et de l'Ohio, qui sont d'une très bonne nature, ont remplacé nos vins à New-York; mais ils y sont eux-mêmes horriblement falsifiés. La fraude y est telle que, malgré leur prix élevé, il se manifeste un heureux retour vers nos vins, dont la vente était tombée au tiers des temps précédents.

Depuis les ravages du phylloxéra, nous demandons à l'étranger près de 9 000 000 d'hectolitres de vins; nous n'en exportons plus que 2 200 000 à peine. De plus, nous achetons à l'Italie et à la Suisse une quantité considérable de raisins dits de cuve, que l'on transforme en vin chez nous.

C'était l'Espagne qui était notre unique pourvoyeuse; aujourd'hui l'Italie, la Turquie, la Sardaigne fournissent de fortes parties. Ces vins sont ordinairement très inférieurs à cause de la grossièreté de leur fabrication, résultant de l'insuffisance du matériel et des connaissances des vignerons étrangers. Pour obvier à ces inconvénients et tirer de leurs vignes tout le profit qu'elles peuvent donner, nos négociants se sont installés en grand nombre en Sardaigne, en Turquie, en Italie et même en Asie Mineure, et ils font fabriquer sous leurs yeux, avec un matériel leur appartenant, des vins qui méritent des éloges.

Ce concours de l'étranger ne nous suffit encore pas. Ne pouvant payer le vin un prix assez élevé ou n'ayant habituellement que des vins frelatés quand il les paye un prix modéré, le consommateur a tenté de se soustraire à cette charge en produisant lui-même des boissons fermentées au moyen de fruits secs. Il n'est pas de pauvre ménage qui n'ait fabriqué, durant de longues années, quelque vin plus ou moins réussi avec des pommes sèches et un mélange de raisins secs, ou plutôt desséchés, rebut des plus basses qualités.

La généralité du procédé qui procurait une boisson parfois bonne, en tous cas très économique et presque toujours saine, fit ouvrir les yeux à certains négociants dont les affaires diminuaient par suite de l'abstention du public à l'égard de leur marchandise trop chère. Ils trouvèrent le salut du côté de l'Allemagne, cette terre classique de la falsification et de la fraude commerciales. A une époque déjà fort reculée, l'obstacle présenté par le climat à la viticulture allemande hors du bassin rhénan, le peu d'étendue des vignobles et le prix élevé de la précieuse liqueur avaient lancé nos voisins dans la voie de la fabrication artificielle. C'est en Allemagne que cette industrie a pris naissance, et elle a, on peut dire, envahi le pays tout entier. Non que cette industrie fût illicite; de tout temps elle a été admise par tout le monde; elle a un caractère quasi officiel, puisque la fabrication artificielle de vins au moyen de raisins secs est surveillée par l'État et admise par lui à la faveur d'un demi-droit. Mais, en Allemagne, l'industrie nouvelle a pris tant d'extension, qu'on y a créé une école officielle pour la fabrication des extraits ou éthers œnanthiques, représentant les bouquets des vins les plus renommés. Les villes du Rhin font du champagne; Cologne produit du cognac et même de la chartreuse; Berlin exporte du bordeaux; Hambourg fabrique tous les grands crus indistinctement. Depuis la surtaxe douanière appliquée en Allemagne, cette production artificielle est d'une exubérance sans pareille, et le monde entier est inondé de faux vins français vendus avec la préoccupation politique de nous diminuer aux yeux des autres nations en dépréciant ainsi les meilleurs produits de notre sol.

On s'est donc mis en France à fabriquer avec ardeur du vin de raisins secs. Le raisin, préalablement imbibé, est mis à macérer dans trois fois son volume d'eau; la fermentation vineuse s'établit au bout d'un certain temps. Si le moût est faible, on le *remonte,* soit pendant la fermentation, avec de la glucose ou mieux du sucre en pain, soit après, en alcoolisant le produit au moyen d'alcools du Nord, et le plus souvent d'origine allemande; on ajoute un colorant quelconque et l'on obtient ainsi un vin qui, s'il n'est pas très authentique, n'a pas, du moins, l'inconvénient d'être nuisible.

Il résulte en effet des constatations chimiques les plus précises, que le raisin ayant subi la dessiccation n'a rien perdu de son principe de ferment; celui-ci n'a été ni détruit ni altéré par toutes les manipulations qu'il a subies.

Ce commerce a pris une importance considérable, car il emploie quelque chose comme 95 000 000 de kilogrammes de raisins secs, venant pour la plupart de l'Archipel et de la Turquie, fournissant au moins 3 000 000 d'hectolitres de vin. Il est de ces usines, installées aux portes de Paris, qui brassent les affaires par millions et dont le fonds, après fortune rapide, se vend plusieurs centaines de mille francs, presque le prix d'une grosse étude de notaire, à Paris.

Malheureusement ces vins inoffensifs ne sont pas les seuls produits artificiels dont s'abreuve le public. Un grand nombre d'industriels sans conscience débitent des compositions qui n'ont du vin que le nom.

Tantôt le vin trop acide est corrigé par une addition de litharge, qui se transforme en acétate de plomb, c'est-à-dire en poison; d'autres sont colorés avec des teintures contenant de fortes doses d'alun; d'autres sont surchargés de salicyline, dans le but d'éviter la décomposition, ou bien trempés d'acide sulfurique ou d'acide tartrique, pour en aviver la couleur.

Nous ne parlons que pour mémoire des teintures provenant du bois de campêche, de la mauve, du sureau, de la cochenille, de la fuchsine et de l'aniline, ainsi que de leurs nombreux dérivés.

Nous passons sous silence les liquides, fermentés ou non, dans lesquels n'entre pas une goutte de jus de raisin frais ou sec, et qu'on alcoolise avec des produits de rebut, dont le mauvais goût est dissimulé au moyen d'essence de méthyle et d'autres dérivés du pétrole. Nous taisons également les falsifications opérées à l'aide de plâtre, de glycérine, de graisses et de lait, qu'on emploie selon l'état et la nature du poison qu'il s'agit de débiter.

La moins mauvaise des fraudes consiste dans le *mouillage*, expédient énergiquement réclamé par les négociants comme un droit.

A Paris, où le vin paye à l'octroi une taxe fort lourde, les marchands ont un ingénieux système pour échapper à cet impôt dont tout le poids retombe sur le consommateur. L'administration exige que tout vin débité, soumis à l'analyse chimique, pèse 10 degrés et demi à l'alcoomètre; or tout vin *naturel* atteignant cette force ne peut être vendu bon marché. Que font les négociants? Ils prennent en Espagne, en Italie, en Turquie, des vins marquant 14 degrés naturellement, ou artificiellement par l'adjonction d'alcools allemands. Ces vins payant à la douane et à l'octroi la même taxe que les vins légers, on y ajoute, une fois entrés dans Paris, un quart d'eau qui ne paye pas; la couleur est remontée avec une teinture, et le débitant présente au contrôle administratif un vin en apparence irréprochable.

Tout le monde sait à quelles réclamations donne lieu notre régime douanier à l'égard des vins étrangers, qui pénètrent chez nous à meilleures conditions que nos propres vins.

On sait aussi quels services a rendus à la population la surveillance exercée par le laboratoire municipal de Paris sur les denrées de consommation. Cette institution a soulevé contre elle toutes les colères des falsificateurs; elle est donc utile; il faut la maintenir et la développer.

Au milieu de nos désastres vinicoles, une compensation nous apparaît. A nos portes, de l'autre côté de la Méditerranée, l'Algérie travaille à combler les déficits et les vides qui se produisent dans nos vignobles. La vigne est devenue une des richesses présentes et futures de notre belle colonie. Elle y réussit d'une façon très satisfaisante, quand on a fait un choix raisonné du plant à cultiver et de la situation à donner au vignoble.

Les vins d'Algérie commencent à être connus et appréciés; toutefois ils sont généralement grossiers. Ce défaut provient presque exclusivement de l'insuffisance des méthodes et du matériel en usage parmi les colons. Le temps et une instruction plus complète auront aisément raison de ces inconvénients, qui s'atténuent tous les jours.

III

Bien qu'étant la boisson des pays privés de vignes, la bière était répandue parmi les peuples méridionaux dès la plus haute antiquité. Son
origine se perd dans la nuit des temps.

Les Égyptiens en usèrent de bonne heure ; elle était la boisson nationale des Germains et des Francs, qui la nommaient *cervoise* ; mais,
comme elle ne comportait point de houblon, elle devait s'aigrir très
promptement. C'est seulement au XIe siècle que le houblon fut ajouté,
afin de rendre la bière de meilleure garde, amère et aromatique ; il est
vrai que les Égyptiens employaient déjà le lupin dans le même but.

Autrefois les brasseurs formaient de puissantes corporations en Allemagne, en Flandre, en Angleterre ; leurs chefs jouèrent à plusieurs reprises un rôle important dans l'histoire de ces divers pays. A Paris, la
communauté des cervoisiers passait pour une des plus anciennes. Aujourd'hui la brasserie est une industrie restée très considérable, qui se
développe de plus en plus, et qui exige le concours de gros capitaux et
d'une instruction pratique très développée pour être exercée avec fruit.

La bière est une boisson rafraîchissante pour les gens bien portants ;
elle est une tisane excellente pour les malades. Chez les sujets débilités
et cachectiques dont l'estomac est ruiné, elle relève l'appétit et les forces ;
elle tire souvent du marasme les phtisiques consumés par la fièvre et
par la suppuration incessante de leurs poumons. Tonique et fortifiante,
reconstituante et analeptique, d'un aspect ambré et mousseux, la bière
a des qualités spiritueuses et aromatiques. Sa richesse en phosphates et

en aliments minéraux en fait une boisson délicieuse au goût. chaude et agréable à l'estomac.

La bière de bonne qualité est un véritable pain liquide. indispensable dès que la constitution est appauvrie. Et c'est merveille de voir comment cette boisson est digérée et assimilée par ceux dont le tube digestif est le plus intolérant !

On reproche à la bière d'alourdir l'esprit. Ses détracteurs lui opposent le spectacle d'un homme grisé par le vin, dont l'ivresse est pleine

Houblon chargé de ses cônes.

de gaieté, de verve, quelquefois d'esprit, tandis que le buveur de bière a l'intelligence alourdie, appesantie par sa boisson favorite.

Nous ne voyons, quant à nous, aucun motif de préférer une ivresse à une autre ivresse. Quelle que soit la boisson cause de cet état, la dégradation morale de l'homme qui noie sa raison dans son verre est la même. Rien n'oblige à ingurgiter les masses liquides que les buveurs de bière imposent parfois à leur estomac. Il n'est pas non plus surprenant que leur cerveau soit plus alourdi que celui du buveur de vin : le travail dont ils surchargent l'appareil digestif est autrement considérable avec la bière qu'avec le vin, à cause de la différence notable dans la teneur alcoolique des deux liquides.

Les procédés de fabrication de la bière sont fort variables suivant les pays, suivant aussi la qualité de bière que l'on veut obtenir, bière forte, faible, à consommation rapide ou de conserve.

Ordinairement on les classe, en suivant les habitudes anglaises qui servent de base :

En *petite bière* ou moût faiblement fermenté, qui contient 1 ½ pour 100 d'alcool;

En *ale*, bière forte, contenant 7 pour 100 d'alcool;

En *porter*, bière forte et colorée par la carbonisation du malt, contenant 4 ½ pour 100 d'alcool;

En *stout*, espèce de porter, contenant 6 ¾ pour 100 d'alcool;

En *ale de Burton*, double ale, contenant 8 ½ pour 100 d'alcool.

Sans entrer ici dans le détail de la fabrication des bières, nous dirons cependant que toute espèce de grain, du moment qu'il est soumis à l'action du ferment végétal appelé *diastase*, est apte à fournir de la bière. L'orge est la céréale la plus employée, mais chaque grain donne sa caractéristique à la bière qui en provient : ainsi le *faro* belge a le blé pour base, le riz sert à faire l'arack des Arabes, l'avoine constitue certaines bières d'Écosse, le maïs se mêle à bien des bières allemandes, le porter s'aromatise avec des baies de genièvre ; le seigle, le sarrasin, le millet contribuent plus ou moins à cette fabrication.

En présence de tant de sortes de bières, l'on se demande souvent laquelle est bonne ou tout au moins inoffensive. Sans vouloir faire un exposé scientifique dont l'intérêt serait peut-être peu goûté par le lecteur, on peut conseiller, pour le jugement à porter, de s'en remettre simplement à son estomac. Si la bière qu'on boit laisse un arrière-goût accusé de l'arome spécial du houblon, si elle apaise la soif efficacement, si elle favorise la digestion, on peut en consommer impunément ; mais si son absorption laisse un sentiment d'âcreté et de sécheresse, si la bouche devient pâteuse, si l'on se sent altéré au lieu d'être rafraîchi, si, surtout, des embarras intestinaux se manifestent, il faut se garder d'une pareille boisson.

La mousse qui, pour beaucoup de gens, est un indice de qualité, principalement quand elle se maintient longtemps à la surface de la bière, la mousse n'est nullement une preuve de supériorité. La vérité est que n'importe quelle bière peut être rendue plus ou moins mousseuse selon la quantité d'acide carbonique dont on la chargera et selon les matières qui y sont dissoutes.

Ainsi plus la température est basse, plus la pression subie par la bière est forte, et plus grande est la quantité d'acide carbonique qu'elle peut absorber. C'est pourquoi les brasseurs de tout genre font passer la bière du foudre de garde au tonneau d'expédition à travers un tuyau réfrigérant.

Plus elle a fermenté, plus la bière est apte à retenir l'acide carbonique ; aussi a-t-on le soin de ne remplir les tonneaux qu'au point indiqué par l'expérience qu'on a du degré de fermentation.

Quant à la persistance de la mousse, elle dépend exclusivement de la quantité de matières glutineuses contenues dans la bière et qui, s'opposant au dégagement de l'acide carbonique, le forcent à rester plus longtemps enfermé dans les globules par lesquels il se manifeste. Aussi les limonadiers, qui connaissent tous les avantages de la mousse, se gardent-ils d'en dévoiler l'origine, et ils en fournissent autant que peut en désirer le consommateur inexpérimenté.

La bière ne pouvait échapper au sort commun qui atteint toutes les denrées de consommation, et elle est fréquemment falsifiée. Ajoutons qu'elle l'est cependant beaucoup moins que le vin et, ce qui étonnera bien des gens, que ces falsifications sont, pour la plupart, l'œuvre des savants. Plus d'un chimiste, animé d'excellentes intentions, a parfois inconsciemment prêté son concours à des perfectionnements qu'on peut bel et bien regarder comme des fraudes.

On doit considérer comme une falsification toute bière où il entre autre chose que de l'orge, du houblon, de la levure et de l'eau. Toutefois on peut tolérer l'introduction dans le malt de 20 à 25 pour 100 de farine de riz, de maïs ou de froment.

La glucose de la pomme de terre a beau ressembler chimiquement à la glucose d'orge, ce n'est pas du tout la même chose, et la bière qui en contient est un liquide falsifié. Dans plus d'une le houblon est absent, et est remplacé par mille produits variés, dont les plus habituellement employés sont : l'acide picrique, le fiel de bœuf, l'aloès, le quassia amara, la coloquinte, la coque du Levant, le cubèbe, la noix vomique, le trèfle d'eau, la gentiane, le cumin, le piment, le chardon bénit, la petite centaurée, l'écorce d'orange, de citron ou de coriandre, le genièvre, la mousse d'Irlande, la strychnine, etc.

Les boissons ainsi préparées n'ont guère, on le pense bien, la couleur de la bière ; on la leur donne avec le caramel obtenu par l'action de l'acide sulfurique sur le sucre, par le sang de bœuf brûlé toujours par l'acide sulfurique, avec de la chicorée, de la nitro-rhubarbe, ou bien au moyen d'un caramel fait avec de la glucose frite dans la graisse et additionnée de carbonate d'ammonium.

Cette dernière préparation est très fréquente dans les mauvaises bières allemandes ; les autres falsifications sont plutôt usitées en Angleterre. En France, à Paris surtout, on boit beaucoup de bières éventées, plates, alcoolisées, colorées avec le caramel, la réglisse ou le sureau ; mais nos brasseurs ne falsifient pas beaucoup les bières qu'ils livrent au commerce. Les plus nuisibles sont celles que nous fournissent la Bavière, le Hanovre, l'Autriche, parce que, pour leur faire supporter le voyage, on est forcé de les alcooliser. Or chacun sait le danger que présentent les boissons additionnées après coup d'alcool, surtout quand cet alcool ne provient pas de la distillation du raisin.

La production de la bière, bonne ou mauvaise, est énorme. Un relevé authentique de cette industrie nous apprend que le pays le mieux monté en brasseries est la Grande-Bretagne ; on y compte 27 050 brasseries ayant fabriqué, l'an dernier, 44 060 000 hectolitres de bière. Ensuite vient l'empire d'Allemagne avec 25 989 brasseries et uneproduction de 41 211 691 hectolitres ; puis la France, qui possède 3 005 brasseries. L'Amérique du Nord en a 2 380, l'Autriche-Hongrie 2 063, la Belgique 1 250, la Hollande 500, la Russie 466, la Suisse 424, la Norwège 400, la Suède 322, le Danemark 251, l'Italie 152.

Mais l'ordre n'est plus le même si l'on considère la quantité de bières fabriquées dans ces divers pays. La France ne vient qu'au sixième rang ; on y fabrique 8 320 000 hectolitres de bière. L'Amérique du Nord, l'Autriche, la Belgique en produisent plus que nous. L'Amérique a brassé 20 066 000 hectolitres, l'Autriche 13 037 500 hectolitres, la Belgique 9 281 000 hectolitres.

Ces chiffres prouvent que les établissements anglais sont les plus considérables du monde entier ; chacun d'eux produit une moyenne annuelle de près de 16 000 hectolitres. De fait, la visite d'une des grandes brasseries anglaises présente un spectacle tout particulier de mouvement et de grandioses installations. Après les brasseries anglaises, ce sont les brasseries américaines, puis les brasseries belges, et ensuite les brasseries autrichiennes dont l'organisation est la plus parfaite.

En Allemagne, où la bière est la boisson nationale, on a calculé que, dans l'Alsace-Lorraine, chaque habitant en boit 55 litres. Le Badois en consomme 71 litres ; le Wurtembergeois va jusqu'à 139 litres. Le plus fort consommateur de bière, dans le monde entier, est le Bavarois ; chaque habitant boit une moyenne de 233 litres par an.

A Paris, la consommation s'élève énormément depuis un certain nombre d'années ; elle atteint près de 400 000 hectolitres. On estime qu'il est bu chaque soir environ 150 000 bocks, sur les grands boulevards seulement. On pourrait citer, sur ce parcours, certains cafés qui, durant les journées chaudes, épuisent jusqu'à douze et quinze tonneaux de bière.

Beaucoup de cafés et d'établissements dans Paris ne sont pas autre chose que des débits appartenant entièrement ou en partie à des brasseurs importants, qui s'en rendent acquéreurs pour assurer à leurs produits des moyens d'écoulement.

IV

LE CIDRE

Le cidre est, chacun le sait, le produit fermenté, alcoolique et sucré qu'on obtient de la pomme, à l'aide du pressurage, pour arriver à l'extraction du jus, ou par la macération, en dissolvant, après concassage, le suc contenu dans les cellules des fruits du pommier.

C'est une boisson capiteuse, hygiénique, qu'on pourrait appeler le « vin de l'Ouest », la seule que puisse produire cette région riche en pâturages, merveilleusement douée pour l'élevage du bétail et des chevaux, mais trop froide et trop humide pour permettre à la vigne une végétation et une fructification normales.

Toutes les côtes ouest et nord-ouest sont baignées par l'Océan et la Manche, et dans leur atmosphère ambiante les brumes de mer se tiennent en constante suspension. La région ainsi composée comprend, en effet, toute la Gaule celtique, voisine des pays du Nord, où la bière est souveraine, tandis qu'au Sud les départements arrosés par la Loire offrent leurs coteaux ensoleillés si riches en vignobles renommés.

Le Maine et l'Anjou sont la limite.

On ne saurait dire exactement le pays d'origine du cidre : de vieux auteurs prétendent que le pays des Veys, près d'Isigny, est son berceau. Nul ne saurait dire à quelle époque remonte l'invention de cette boisson ; on sait seulement qu'elle était d'un usage général en Normandie vers l'an 1300.

La légende veut que plusieurs des espèces de pommiers cultivées en Normandie aient été apportées d'Afrique et données aux Normands par des marchands basques. Quoi qu'il en soit, les meilleures variétés à cidre se rencontrent sur le sol normand. C'est là aussi que se fabrique la meilleure boisson, à cause du soin avec lequel on observe de mélanger des pommes douces, des pommes acides et des pommes amères. Cette association assure au cidre qui en provient l'alcool et le tannin auxquels il doit son goût relevé et la durée de sa conservation.

On compte en France quatre millions et demi de pommiers à cidre qui nous fournissent, année moyenne, une récolte de 10 300 000 hectolitres valant à peu près 115 millions de francs.

La récolte des pommiers est plus variable encore que celle de la vigne ; car, en embrassant seulement une courte période, nous constatons en 1871 une récolte réduite à 2 128 000 hectolitres, tandis que 1870 avait donné 19 194 000 hectolitres.

On fait du cidre, en France, dans 55 départements ; mais la production n'a une sérieuse importance qu'en Normandie et dans une partie de la Bretagne. C'est l'Ille-et-Vilaine notre plus fort producteur ; il donne en moyenne 1 922 000 hectolitres. La Manche occupe le second rang avec 1 345 000 hectolitres. Puis viennent le Calvados, l'Orne, la Seine-Inférieure, le Morbihan et l'Eure.

La consommation du cidre, à Paris, est évaluée à 56 000 hectolitres ; elle est à peine la centième de celle du vin. Elle atteindrait un chiffre beaucoup plus élevé si l'on réduisait les droits d'octroi. Pendant quelques années, afin d'échapper à ces droits, on faisait entrer dans Paris des pommes, que leur désignation de fruits à couteau affranchissait de toute taxe ; on les brassait et on les livrait à la consommation. Ce trafic n'est plus possible ; l'octroi a pris l'éveil et taxe maintenant les pommes qui pénètrent dans Paris en raison de leur teneur alcoolique supposée.

Beaucoup de localités, d'ailleurs, se livrent à l'exportation de leurs pommes à cidre : on cite la gare de Gournay-en-Bray qui expédie, par an, huit cents wagons de fruits, dont une partie est destinée à faire du cidre à l'étranger. Des propriétaires tirent ainsi de leurs herbages plantés des revenus très importants.

La France n'est pas seule à fabriquer cette boisson ; l'Angleterre, l'Allemagne, les États-Unis en fabriquent de très appréciable. Ce dernier pays nous fournit, pour l'utilisation des pommes, un exemple qui mérite d'être imité. Une grande partie de l'énorme production de ses pommiers est découpée en tranches minces, au moyen de petites machines qui ne coûtent que quelques francs, puis est séchée. Avec les déchets, on fabrique un cidre de qualité médiocre dont la valeur suffit à couvrir les frais d'épluchage et de dessiccation.

Le docteur Denis Dumont s'est livré à des études spéciales sur le cidre comme boisson alimentaire. Ces études viennent confirmer ce que l'observation populaire avait déjà consacré, c'est-à-dire que le bon cidre (nous entendons par là le cidre bien fabriqué) est une boisson qui plaît surtout par l'habitude. Il rafraîchit mieux que la bière, mais il est moins nourrissant qu'elle. N'apportant aucun trouble dans l'estomac, il paraît être plutôt pour lui un stimulant utile, il a une incontestable action sur la régularité des fonctions intestinales : ce n'est pas là un de ses moindres mérites. Par contre, l'abus qu'on en fait cause des coliques, des maux de tête, des aigreurs et de la gastralgie. En outre, il est nuisible aux diabétiques.

Dans nos villes, les hommes d'étude et de cabinet, les femmes surtout, ne sont guère malades pour la plupart que par défaut d'un exercice suffisant. Cette absence de tout effort physique, cet engourdissement musculaire ont généralement pour conséquence une paresse intestinale à laquelle le cidre remédie supérieurement. Il exerce sur la nutrition proprement dite et notamment sur l'un des phénomènes multiples qu'elle présente, sur la combustion des matières azotées, une influence importante contre la formation des calculs dus à un excès d'acide urique. Il favorise l'oxygénation des matières albuminoïdes; il transforme, par une oxydation plus prononcée, l'acide urique en urée, produit beaucoup plus soluble, et il s'oppose ainsi à la formation des sables et des calculs urinaires. Il agit de même dans la goutte, la gravelle et l'obésité.

On a dit du cidre qu'il gâtait les dents : ce préjugé est tellement enraciné dans certains esprits, qu'on a vu dernièrement un conseil général se baser sur cette accusation pour repousser un vœu tendant à ce que les routes du département fussent bordées de pommiers et de poiriers au lieu d'autres essences. Rien ne démontre que l'usage du cidre provoque ou amène l'altération des dents. La carie dentaire, affirme le docteur Denis Dumont, n'est pas plus commune en Normandie que dans beaucoup d'autres contrées du Nord où l'on ne boit pas de cidre. Il faut voir là une influence de race et d'hérédité, car beaucoup de Normands ne buvant nullement de cidre, et faisant du vin ou de l'eau leur boisson exclusive, ont les dents tout aussi complètement cariées que les buveurs de cidre.

Malheureusement pour les consommateurs, aucun liquide n'est plus

travaillé par les falsificateurs, du moins à Paris. Lorsqu'il se débite à
bon marché, il est presque toujours étendu d'eau. Pour lui donner du
montant, on y ajoute des eaux-de-vie de qualité très inférieure. S'il est
acide, on corrige ce défaut avec de la chaux ou du carbonate de soude.
Quelques fraudeurs se sont même servis dans ce but de la céruse, c'est-
à-dire d'un véritable poison. Ils renouvelaient des procédés coupables
relevés autrefois dans les actes du parlement de Rouen, desquels il ressort qu'on employait jadis en Normandie une livre de céruse pour 500 pots
de cidre. A Paris, cette falsification prit une telle extension, vers 1851,
que l'attention de la police fut mise en éveil, et que, depuis ce moment,
le commerce du cidre y est l'objet d'une sévère surveillance.

Mais la falsification la plus fréquente consiste à fabriquer du cidre de
toutes pièces avec des pommes tapées et séchées et de la glucose, l'iné-
vitable glucose, base de toutes les falsifications des boissons. On colore
avec du caramel, du coquelicot, de la cochenille ou de la nitro-rhubarbe.

Ce n'est certes pas à une pareille boisson qu'on pourra trouver les
vertus que chante le poète :

> C'est toi, fils de la pomme, étincelant breuvage,
> C'est toi qui sus jadis enflammer le courage
> De ces fameux Normands, dont le bras indompté
> Fit plier d'Albion la rebelle fierté.

V

LES ALCOOLS

La connaissance de l'alcool est sans doute d'origine ancienne, mais, jusqu'au milieu du xve siècle, l'usage de cette substance résultait seulement de prescriptions médicales. C'était alors le grand remède des médecins, celui qui rendait la *vie;* d'où son nom.

Il n'a passé que plus tard encore dans l'usage habituel; il s'y est répandu et généralisé d'une façon qui donne à réfléchir aux esprits sages et prévoyants.

Physiologiquement, l'alcool est un aliment de combustion; et c'est précisément de ses effets toniques sur l'organisme qu'est né, dans les classes laborieuses, ce préjugé malheureusement si répandu que l'eau-de-vie donne des forces.

L'alcool est, en réalité, un réfrigérant; il se décompose dans l'économie en absorbant la chaleur; or on sait bien que chaleur et force sont synonymes. L'alcool réduit notre ration de vigueur disponible. Il agit sur le système nerveux et accroît momentanément la dépense de force; il semble, en effet, que l'on soit plus énergique et plus solide après l'ingestion d'un petit verre de cognac, mais l'effet nerveux passe, il faut le payer à intérêts composés; la réaction vient, et, si l'on ne recommence pas à user du procédé, la faiblesse suit l'effort produit sous l'influence d'une excitation factice. Le petit verre donne, comme on dit vulgairement, un coup de fouet. On gagne en force dans l'unité de temps, voilà tout ; on perd, au contraire, en force absolue, mais pendant un temps plus long. Le sujet peu habitué à s'observer soi-même ne s'aperçoit pas de cette déperdition lente ; ce n'est que beaucoup plus tard que la faiblesse survient et trahit l'usage continu des boissons alcooliques.

L'eau-de-vie est un composé d'alcool et d'eau.

Pur ou anhydre, l'alcool titrant 100 degrés est un produit de laboratoire et un poison foudroyant. L'alcool du commerce n'a que 90 à 96 degrés. Ce qu'on nomme esprit est de l'alcool pesant de 78 à 90 degrés. Les eaux-de-vie proprement dites marquent de 37 à 60 degrés ; elles contiennent ordinairement de 40 à 60 pour 100 d'eau.

L'alcool étant le produit de la décomposition du sucre, on peut l'extraire de tous les liquides contenant une certaine proportion de matière saccharine : vin, bière, cidre, poiré, jus de betterave, de pomme de terre, de grains divers, orge, blé, seigle, riz, etc. Le meilleur est celui que donne le vin, surtout le vin blanc. Là encore, il existe des différences très grandes, car toutes les qualités de vin ne sont pas aptes à donner de bonne eau-de-vie. Les vieux vins en donnent de meilleure que les vins nouveaux. Il est encore à remarquer que si les vins ont un goût de terroir, les produits qu'on en tire rappellent le même goût.

Dans quelques départements, la fabrication de l'alcool de raisin formait une industrie très importante. Nous parlons au passé, car actuellement l'alcool produit par le vin n'atteint même pas 15 000 hectolitres ! L'Hérault, l'Aude et les départements voisins nous donnent l'eau-de-vie de Montpellier ; la Charente et la Charente-Inférieure fournissent le cognac ; le Gers et une partie des Landes produisent l'armagnac.

Les alcools de betteraves ont remplacé presque partout les eaux-de-vie d'origine authentique devenues insuffisantes par l'effroyable consommation qui s'en fait. En France, on consomme, tant en boisson qu'en applications industrielles, près de deux millions d'hectolitres d'alcool. La plus grande part pourvoit aux usages industriels et sert à diverses préparations de vernis, de parfumerie, de pharmacie, etc. qui absorbent les deux tiers de cette énorme production. Le Nord cultive en quantités prodigieuses la betterave, d'où l'on extrait tantôt du sucre et tantôt de l'alcool. Celui-ci est, après rectification, envoyé dans les pays de production renommée, où il est converti en eau-de-vie d'après les méthodes locales, puis réexpédié comme produit du cru.

Dans les contrées de culture perfectionnée, chaque ferme un peu importante convertit sa betterave en alcool au moyen d'appareils constituant une distillerie agricole. Il en résulte un profit élevé, tout en gardant pour le bétail de la ferme une masse abondante d'une nourriture propice à l'engraissement.

L'alcool ainsi produit, les flegmes, selon le terme consacré, est impropre à la consommation en sortant de l'alambic du fermier; il est imprégné d'un goût désagréable dû aux huiles empyreumatiques qu'il contient. Il faut qu'il soit rectifié avant d'entrer dans la consommation industrielle ou alimentaire.

Cette rectification a pour but d'isoler les aldéhydes qui sont dans l'alcool comestible, les mêmes que ceux du pétrole, c'est-à-dire le métylène, le propylène, etc. De grandes usines se livrent à cette unique occupation, qui consiste à faire subir une série de distillations (ordinairement cinq) aux flegmes bruts. Il en est qui traitent chaque jour jusqu'à 500 hectolitres. Aujourd'hui l'on applique avec le plus grand succès l'électricité à la rectification des flegmes.

Il faut bien se persuader qu'il ne se boit presque plus d'eau-de-vie de vin, pour cette excellente raison que le vin, devenu trop cher, ne présente aucun bénéfice au distillateur. De là une multitude de liquides décorés du nom d'eau-de-vie, qui sont les produits de toutes sortes de distillations alcooliques mal rectifiées et auxquelles on donne artificiellement un bouquet et une couleur. Les pommes de terre, les grains, les déchets de fruits, de cuir même, sont mis à contribution pour produire un « schnaps » supportable tout au plus par un estomac de Prussien, mais toujours funeste et souvent mortel pour les estomacs français.

Il paraît même qu'on doit se trouver très heureux quand on avale des alcools ayant une origine purement végétale. On est très souvent exposé à avaler de singulières choses. Nos voisins les Allemands, qui inondent notre marché de leurs alcools supérieurement traités, soit dit en passant, nous envoient aussi d'horribles produits. Avec les reliefs abandonnés de toutes sortes d'aliments : pelures de fruits, de légumes, vieilles pommes de terre, côtes de melon, croûtes de pain, ils produisent une matière saccharifiable qui, grâce à une addition d'acide sulfurique, est transformée en alcool. Cet alcool sert à fabriquer les meilleurs cognacs allemands et les liqueurs les plus exquises d'outre-Rhin.

Un chimiste du laboratoire municipal racontait dernièrement qu'il avait analysé une bouteille de cognac qu'un consommateur lui avait apporté, le trouvant, disait-il, trop poivré. Or voici ce que l'analyse lui révéla :

Le cognac incriminé provenait de... l'urine ! Oui, de l'urine recueillie, paraît-il, dans les casernes pour faire de l'engrais ! L'urine traitée par différents procédés se transforme en glucose, et comme la glucose est un sucre impur, on peut la convertir en alcool. En colorant cet alcool avec un peu de caramel ou de cachou, on en avait fait du « bon cognac » à « deux francs vingt-cinq » le litre, après y avoir ajouté un peu d'acide sulfurique pour lui donner du bouquet !

Ce n'est pas encore tout ! Notre commerce se trouve en ce moment inondé par un produit allemand *perfectionné,* qui se vend sous le nom d' « huile essentielle de lie de vin ». Or l'analyse a établi que cette prétendue essence est préparée au moyen d'huiles de ricin attaquées par l'acide nitrique. Cette première préparation est ensuite éthérifiée avec un mélange d'alcools méthylique, éthylique et amylique. Cent vingt-cinq grammes de cette drogue, mélangés avec de l'alcool de betterave, fournissent une barrique d'un liquide qui se vend sous le nom de cognac !

De pareilles choses ne se produiraient point si notre époque n'était dévorée par l'horrible plaie de l'alcoolisme ; car c'est l'énorme consommation faite dans les débits et l'appât du gain soutenu par l'esprit de concurrence qui pousse les débitants à propager d'aussi horribles préparations.

Presque tous les jours, les médecins chargés d'examiner un criminel coupable d'assassinat ou de tout autre méfait répondent que l'assassin est un être abruti par l'alcool, que cette boisson malfaisante a dérangé son cerveau, l'a fait descendre au niveau de la brute, ce qui diminue sa responsabilité.

Nous sommes de ceux qui estiment que l'alcool est un poison et le générateur de bon nombre de maladies qui ne vont pas jusqu'à l'abrutissement, mais qui portent la ruine partout où elles vont se fixer. Quand l'alcoolisme s'est emparé d'un individu, c'est le *delirium tremens,* l'épilepsie ou la folie qui en résultent ; c'est tout au moins un organisme livré, dans les plus mauvaises conditions de résistance, aux maladies de l'estomac, du foie, à l'hydropisie, au tremblement, à une déchéance complète de tout l'être.

C'est lui, l'alcoolisme, qui fournit à nos asiles d'aliénés les trois quarts de leur population. Nous n'avons pas besoin d'insister sur les ruines qu'il amasse dans les familles.

Ce n'est pas l'usage du vin naturel qui produit l'alcoolisme, c'est l'ingestion fréquente de ces vins alcoolisés et de ces liqueurs capiteuses dont l'ouvrier se régale à tout propos. Que l'on considère ce qui se passe dans les pays vignobles : non seulement les alcooliques y sont fort rares, mais les ivrognes n'y sont pas fréquents. D'abord le corps parvient à une assuétude, à une accoutumance extraordinaire. On a vu des vignerons arriver à boire de cinq à dix litres de *leur vin* sans en paraître incommodés, sans être en butte aux accidents graves que produit l'intoxication chronique par l'alcool. C'est que le vin pur ne contient guère qu'une seule espèce d'alcool, l'éthylique, qui, s'il détermine l'ivresse, ne reste pas à demeure dans l'organisme et n'y produit pas les lésions dites alcooliques.

Ce qui est surtout pernicieux dans les boissons fermentées et dans les vins falsifiés en particulier, ce sont les corps étrangers, essences particulièrement pernicieuses, qui se rencontrent en quantité notable dans les produits distillés autres que le vin.

En regard des vignerons forts buveurs que nous avons cités, mettons des ouvriers de la ville allant boire au cabaret les boissons frelatées qu'on y débite, et nous constaterons qu'avec une consommation singulièrement inférieure ils deviennent cependant et promptement des alcooliques.

En Angleterre, aux États-Unis, en Russie principalement, l'alcoolisme fait d'épouvantables ravages. Mais comme le gouvernement moscovite tire de la consommation des alcools ses plus clairs revenus, il n'ose diminuer le nombre des débits. Ces derniers sont tenus par des juifs dépourvus de scrupules qui exploitent les malheureux « moujicks » avec une rapacité qui explique la haine dont ils sont l'objet de la part de la population.

En Angleterre, il existe, pour combattre l'alcoolisme, un certain nombre de sociétés de tempérance dont les membres font de la propagande pour l'emploi des boissons non alcooliques. On y a fondé des établissements analogues à des cafés, où l'on ne débite que des boissons non nuisibles. Des processions, des banquets, des cérémonies ont lieu en faveur de la tempérance et pour l'abstention de toute boisson fermentée. En somme, il se fait entre buveurs repentants une sorte d'entraînement dont l'effet est de soutenir les résolutions chancelantes de ceux qui succomberaient infailliblement s'ils étaient abandonnés à eux-mêmes.

En Amérique, on va plus loin ; il existe de véritables hôpitaux d'ivrognes, où l'on entre de bonne volonté, et dont on ne peut sortir avant d'avoir donné des preuves certaines qu'on ne retombera pas dans le *péché*. C'est le mot employé là-bas pour désigner l'ivrognerie, et il est d'autant mieux choisi que la religion joue un grand rôle dans les moyens, dans les coutumes et les institutions des sociétés de tempérance.

Chez nous, esprits forts, cela semblerait ridicule ; chez les Américains, les meilleurs résultats en sont obtenus.

HUITIÈME PARTIE

LES STIMULANTS

I

CACAO ET CHOCOLAT

Besoin des stimulants chez les nations civilisées. — Zone du cacaoyer. — Nature des terres et du climat. — Fleur et fruit. — Récolte. — Préparation; triturage. — Provenances diverses. — Composition du cacao. — Son action sur l'organisme. — Le beurre de cacao. — Le chocolat. — Vertus réparatrices. — Le chocolat en Europe. — Développement de sa fabrication. — Appréciation de sa qualité par la cassure. — Falsifications. — L'économie est quelquefois une trop grosse dépense.

On a fait remarquer que, parvenu à un certain état de civilisation, l'homme associe fréquemment à sa nourriture des plantes qui agissent sur son organisme à la manière des boissons fermentées. Comme le vin pris à dose convenable, ces aliments favorisent la digestion, surexcitent la mémoire, exaltent l'imagination et développent un sentiment de bienêtre sans donner lieu à cette réaction fâcheuse qu'occasionne souvent l'abus des liqueurs alcooliques.

C'est un fait curieux que les races humaines séparées par les plus grandes distances, n'ayant jamais eu de communications entre elles, préparent avec des végétaux des breuvages excitants : le thé en Chine, le café en Arabie, le maté au Paraguay, le coca au Pérou, le cacao au Mexique. Tantôt les feuilles et tantôt les graines de plantes dont les genres botaniques n'ont aucune analogie sont utilisées, mais, malgré cette différence, les unes et les autres exercent une même action sur le système nerveux, sur la digestion; c'est que, en réalité, il y a dans ces végétaux des substances possédant la constitution des alcaloïdes douées de propriétés semblables. C'est la caféine dans les feuilles du thé, du maté, dans les graines du café; la cocéine dans les feuilles du coca; la théobromine dans les amandes du cacaoyer. Ainsi le Chinois, l'Arabe, l'Indien du Paraguay, l'Inca, l'Aztèque étaient sous l'influence d'un même agent quand ils avaient pris leur boisson habituelle dont l'usage est maintenant si répandu chez toutes les nations.

Le cacaoyer existe dans les régions chaudes de l'Amérique; mais, lors de la conquête, on le cultivait seulement au Mexique, dans le Guatemala, le Nicaragua, là où les habitants étaient d'origine toltèque et aztèque. C'est de ces localités, sous le règne de Montézuma, que les Espagnols transportèrent cet arbre d'abord aux Canaries, aux Philippines, ensuite sur le littoral du Venezuela et aux Antilles. On préparait avec les grains du fruit réduits en pâte, additionnés de maïs, de vanille, et fortement relevés de poivre rouge, une boisson, le *tchocolalt,* qui était d'un usage général.

Pour établir une cacaoyère il faut planter sur un terrain vierge; en agissant autrement, on s'expose à de graves mécomptes. Les planteurs choisissent de préférence une forêt défrichée ayant une pente permettant l'irrigation. Aussi toutes les plantations offrent un aspect commun; on les rencontre dans les régions chaudes, abritées, à peu de distance de la mer ou près d'un torrent, sur les bords des fleuves. La culture du cacaoyer cesse d'être avantageuse à une température moyenne et constante de 24 degrés.

L'arbre présente assez l'aspect de nos cerisiers, mais il atteint une plus forte taille. Rarement il fleurit avant trente mois; les planteurs soigneux détruisent ces premières fleurs afin de ne point nuire à la première récolte du fruit, qui a lieu quand l'arbre atteint quatre ans. Mais, pour arriver à une production aussi rapide, il faut un climat dont la température moyenne soit de 27 à 28 degrés.

Peu de plantes ont la fleur aussi petite et surtout aussi disproportionnée au volume de leur fruit. Ces fleurs, dont la hauteur ne dépasse guère quatre millimètres, apparaissent non isolément, mais en bouquets qui parsèment tout le tronc, à toute élévation, sur les branches mères et même sur les racines ligneuses rampant à la surface du sol. Quatre mois après la chute des fleurs, le fruit ou cabosse est mûr et présente cinq lobes charnus mesurant 25 centimètres de longueur sur 10 de diamètre et pesant de 300 à 500 grammes. La pulpe, blanche, rosée, aigrelette, enveloppe à peu près vingt-cinq amandes.

On fait, par an, deux récoltes principales; mais, dans une grande culture, on cueille tous les jours, et il n'est pas rare de voir un arbre porter à la fois des fleurs et des fruits. Après avoir rompu la gousse, on retire les graines à l'aide d'un morceau de bois arrondi à l'extrémité, puis on les expose au soleil; le soir, on les ramasse en tas sous un hangar. Il s'y manifeste bientôt une fermentation active qui serait nuisible si on la laissait accroître, car le cacao frais, amoncelé, s'échauffe fortement : le matin, on étale les graines à l'air.

Aux Antilles, on laisse les graines fermenter légèrement dans de grandes auges de bois; au Mexique, on a recours au *terrage*, opération qui consiste à les faire séjourner trois ou quatre jours dans des fosses recouvertes de sable fin, en ayant soin de les remuer plusieurs fois durant ce temps.

Les cacaos terrés sont les plus estimés pour la fabrication du chocolat; les cacaos non terrés sont plus recherchés pour le beurre de cacao, dont ils donnent une plus forte proportion.

La culture d'une cacaoyère exige peu de personnel; un homme suffit pour mille arbres. N'était la nécessité de continuellement défendre la récolte contre l'attaque des animaux (singes, perroquets, cerfs), les occupations des travailleurs adonnés à cette culture se réduiraient à presque rien.

On distingue dans le commerce un assez grand nombre de sortes de cacaos; les plus appréciées ou les plus courantes sont : le « caraque » du Venezuela, la première de toutes les sortes par la saveur et la finesse de l'amande; — le « soconusco », dont la provenance est le Guatemala, est d'une qualité supérieure et se consomme presque entièrement au Mexique; — le « maragnant », dont la saveur est faible. Cette sorte est récoltée exclusivement sur les sujets vivant à l'état sauvage dans les contrées baignées par le haut Amazone, et sert principalement à la confection des chocolats de basse qualité. On signale encore le « para », le « cayenne », le « guayaquil », le « maracaïbo », le « bahia », le « cuba », etc.

Le cacao est décortiqué par la torréfaction due à une chaleur modérée. En se torréfiant, la fève acquiert, comme celle du café, une odeur causée par une infime proportion d'un principe volatil qui donne au chocolat son arome particulier. Ces fèves sont riches en principes nutritifs. Indépendamment d'une forte dose de matière grasse, ou beurre, on y trouve des substances azotées analogues à l'albumine, à la caséine, de la théobromine, des composés à constitution ternaire.

D'après les meilleures analyses, les principes contenus dans les graines du cacao consistent en : matière grasse, beurre, théobromine, amidon, glucose, gomme, cellulose, acide tartrique libre ou combiné, tannin, et en substances minérales, telles que : acide phosphorique, potasse, chaux, magnésie, silice, traces de fer.

Par l'association de l'albumine, de la graisse, des congénères du sucre, et la présence des phosphates, le cacao et le chocolat rappellent la constitution du lait, qui est le type de tout régime alimentaire de l'homme.

La forte proportion de sucre entrant dans le chocolat atténue nécessairement sa faculté nutritive. Aussi, dans l'Amérique méridionale, pendant

Récolte du cacao.

la conquête ou chez les explorateurs, lorsqu'il s'agissait d'une expédition sur les fleuves ou à travers les forêts, on avait le soin de préparer pour les approvisionnements de bouche un chocolat contenant une faible proportion de sucre. Chaque homme recevait par jour soixante grammes de ce chocolat, qui formait un utile supplément à la ration de *tasajo,* de biscuit de maïs et de galettes de cassave composant son ordinaire.

Les fèves du cacao, grillées et débarrassées de leurs coques, donnent par la pression environ la moitié de leur poids d'une huile connue en pharmacie sous le nom de « beurre de cacao ». Ce corps gras, qui rancit difficilement à l'air, a l'odeur du chocolat; il est brillant, blanc jaunâtre, solide à la température ordinaire; sa cassure est cireuse. Il est souvent falsifié par une adjonction de graisse de veau ou de moelle de bœuf. Dans les cacaos qui l'ont fourni, il est remplacé soit par des graisses animales, soit par des huiles végétales.

Séchage des amandes du cacao.

Le cacao décortiqué, légèrement grillé, séparé des germes par un triage, est la base du chocolat dont l'usage est aujourd'hui si répandu.

Nous n'avons pas à en décrire ici la préparation; il suffira de rappeler qu'on l'obtient en broyant entre des cylindres maintenus à une certaine température un mélange de cacaos de diverses origines. Lorsque la masse est plus ou moins amollie, on y introduit du sucre avec ménagement, de manière à entretenir la mollesse de la matière, puis on fait tomber la pâte obtenue dans des moules en fer-blanc où elle se refroidit et s'affermit.

L'adjonction du sucre au cacao explique bien la faculté nutritive du mélange ; c'est évidemment un des aliments les plus promptement réparateurs. Cependant il ne convient pas de tomber au point d'exagération où en était arrivé Fernand Cortez, qui, émerveillé de ce produit de sa nouvelle conquête, s'écriait : « Celui qui en a bu une tasse peut marcher toute une journée sans prendre d'autre nourriture. »

Dès son apparition en Europe, cette préparation réconfortante eut, et a encore ses détracteurs. Néanmoins le chocolat possède une qualité essentielle, celle de renfermer sous un faible volume une forte proportion de matières nutritives.

C'est un stimulant salutaire, l'aliment par excellence de l'enfance et de la vieillesse, des personnes débiles qui ne mangent pas, ainsi que de la classe si intéressante des gens adonnés aux travaux de l'esprit.

Humboldt rappelle avec raison qu'en Afrique le riz, la gomme, le beurre du shea aident l'homme à traverser les déserts; il ajoute que, dans le nouveau monde, le chocolat, la farine de maïs, lui rendent accessibles les plateaux des Andes et les vastes forêts inhabitées.

La fabrication du chocolat a fait en Europe de grands progrès. Chaque industriel a ses choix de cacaos et ses proportions de mélange pour le sucre et le cacao; de là viennent les différentes qualités de chaque produit et la renommée qu'il acquiert.

En tous cas, l'industrie du chocolat a pris un grand développement en France. De 4 700 000 kilogrammes de cacao qu'elle employait vers 1860, son importation est montée à plus de 12 000 000 de kilogrammes, malgré l'élévation considérable des droits de douane qui, depuis 1872, frappent cette matière première.

La cassure du chocolat ne fournit pas, pour apprécier sa qualité, de caractères aussi sérieux qu'on le pense généralement; car son aspect est subordonné à la température à laquelle il est exposé pendant son refroidissement. Toutefois on a remarqué que les chocolats falsifiés offrent généralement une cassure inégale, d'un gris jaunâtre, et qu'ils ont une odeur rance ou de fromage.

Nous n'étonnerons personne en disant que les falsifications du cacao sont fort nombreuses. Beaucoup d'échantillons soumis à l'examen des chimistes n'ont de chocolat que le nom.

Cette précieuse substance est falsifiée avec des cacaos avariés ou des coques de cacao, des fécules ou des farines, de la fécule grillée ou de la dextrine, de la farine de glands crus ou légèrement torréfiés, de la gomme, des amandes douces grillées, des sucres de qualité inférieure, des matières grasses, des baumes de Tolu ou du Pérou, des substances minérales telles que l'ocre rouge, le cinabre, le vermillon, le minium.

On a rencontré des chocolats dans lesquels la proportion d'amidon et de sucre était de moitié.

La perfection dans la fraude va assez loin pour remplacer la matière amylacée, qui s'épaissit à la cuisson, par une substance nommée xanthine. C'est une dextrine préparée par les acides et la chaleur, soluble, et n'épaississant pas.

Malgré cette effrayante énumération des substances étrangères au cacao qui se rencontrent dans les chocolats de bas étage, il est encore facile de se procurer de bon chocolat. Il suffit d'en connaître la provenance et de se résigner à le payer un certain prix. L'attrait du bon marché sollicite beaucoup d'acheteurs. Le moins qui puisse arriver à ces consommateurs par trop économes est d'absorber des chocolats nuls, fabriqués avec des cacaos éventés, de basse qualité, et contenant une forte proportion de fécule ou de farine inoffensive, mais nullement nutritive; ils remplissent ainsi leur estomac, mais ne lui donnent qu'un aliment trompeur.

II

LE CAFÉ

Le café est la graine du caféier arabique, arbre de la famille des rubiacées, qui exige un climat dont la température ne soit jamais au-dessous de 10 degrés et supérieure à 25 ou 30 degrés. Dans ces conditions, il atteint sa plus grande taille, c'est-à-dire 10 mètres, tandis que dans nos serres européennes il parvient rarement à mesurer 4 mètres.

Originaire des parties les plus chaudes de l'Éthiopie, de l'Arabie, de l'Yémen, le caféier a été transporté dans l'Inde et dans les îles de l'Archipel indien, à Madagascar, dans les îles de la Réunion, à la Sénégambie, aux Antilles, dans l'Amérique du Sud, etc. Cette multiplicité de provenances et de conditions extérieures explique les variations dans les propriétés alimentaires ou médicinales des diverses sortes de cafés.

Il existe plusieurs espèces de caféiers : l'arabique, avec ses variétés d'où proviennent les sortes commerciales; le Lamk, qui donne le café marron de la Réunion; une troisième espèce non décrite encore qui se trouve au Gabon; une nouvelle variété récemment découverte dans les forêts vierges de Botucatu, province de Saint-Paul, au Brésil. Enfin Schweinfurth en signalait tout dernièrement une espèce merveilleusement productive qu'il aurait trouvée à l'état sauvage, dans les montagnes de l'Abyssinie, à une altitude variant de 1 200 à 2 000 mètres.

Ces découvertes sont peut-être de précieuses réserves pour l'avenir, car depuis quelques années le café est menacé, dans quelques contrées, de subir le sort de la pomme de terre et du raisin. Aux Indes, on voit apparaître sur les feuilles un petit champignon qui les envahit toutes très promptement et cause la mort de l'arbre. A Ceylan, les ravages sont considérables et se sont étendus à Java, où son action nuisible s'est fortement exercée.

C'est là une des causes du grand développement pris sur les marchés européens par les cafés brésiliens, exempts de toute contagion, et qui viennent primer les cafés indiens et javanais.

Nous ne voulons point réveiller la querelle permanente entre les détracteurs et les enthousiastes du café. La vérité est que le café a sur le système nerveux une action très marquée, qui s'émousse par un usage habituel. Il agit sur l'encéphale en augmentant l'énergie des fonctions intellectuelles. Les médecins l'emploient pour combattre les migraines, les névralgies, les coqueluches, les fièvres intermittentes, ou pour paralyser les effets de l'opium dans les cas d'empoisonnement par ce narcotique.

On peut admettre jusqu'à un certain point que c'est un poison, mais d'une extrême lenteur, qui n'a jamais tué personne et qui n'empêche même pas les sujets les plus délicats d'atteindre une extrême vieillesse. Le docteur Pouchet, de Rouen, a vu, à Lans-le-Bourg, en Savoie, une bonne femme âgée de cent seize ans qui avait l'habitude de boire vingt-cinq à trente tasses de café par jour.

C'est la caféine, alcaloïde auquel est dû son arome spécial, qui joue le principal rôle dans les vertus dont est doué le café. Cette substance est très riche en azote, car elle en contient 50 pour 100 de son poids. Le café est donc, on le voit, une substance alimentaire.

La détermination exacte de la provenance d'un café est fort difficile et nécessite une grande habitude. Les négociants spéciaux y sont eux-mêmes trompés quelquefois. Pour baser leur appréciation commerciale, ils sont obligés de s'en rapporter à un certain nombre de caractères tirés de la provenance, de la forme, de la grosseur, de la couleur, de l'odeur, de l'âge et de la régularité des grains.

La plupart des cafés, ceux d'Haïti principalement, possèdent à l'état frais une odeur mielleuse et un goût de vert très prononcé. Le café gagne beaucoup en vieillissant, et n'est en état d'être consommé que lorsqu'il a acquis un degré de siccité convenable. Abandonné à lui-même, il lui faut cinq ans entiers pour être convenablement desséché ; aussi lui applique-t-on la ventilation et la dessiccation industrielles.

Il y a trois grandes provenances de cafés : Haïti, le Brésil et l'Inde. Celui qui se consomme en France provient d'Haïti, du Brésil, du Venezuela, du centre de l'Amérique et de la plupart de nos colonies. Les cafés de l'Inde ne nous arrivent qu'exceptionnellement : ils vont de préférence en Angleterre. Ceux de l'Océanie : les Java, les Sumatra, les Manille sont apportés au port franc de Singapour, ce colossal entrepôt de tout le commerce indo-oriental, et de là sont dirigés sur la Hollande. Rotterdam et Amsterdam, qui les reçoivent, expédient chaque mois de 90 000 à 110 000 sacs de café pour l'approvisionnement des Pays-Bas, de la Belgique, de l'Allemagne.

C'est le Brésil qui produit la plus grande masse de cafés : les variétés y sont peu nombreuses, mais leur multiplication est considérable. Son principal client est l'Amérique du Nord, qui consomme plus de 220 000 sacs de café brésilien, c'est-à-dire la moitié de ce qu'il lui faut pour son approvisionnement.

L'Inde possède les variétés les plus nombreuses.

Le haïti ou saint-domingue est peut-être la sorte qui possède le plus de caractères différentiels.

Le café martinique jouit d'une réputation universelle, et il vient après les meilleurs mokas. Malheureusement on ne voit presque plus de café de cette provenance. Sa culture et sa préparation sont fort soignées, mais sa production est devenue presque nulle par suite de l'appauvrissement des anciennes plantations, des convulsions du sol et des mauvaises conditions atmosphériques. A peine si les exportations atteignent 10 000 kilogrammes. Ce sont les meilleures sortes des cafés de la Guadeloupe, qui se vendent maintenant sous le nom usurpé de martinique, tandis que les qualités secondaires prennent seules leur véritable nom d'origine. Le porto-rico, espèce méritante, complète les quantités vendues sous le nom de martinique, car la Martinique et la Guadeloupe ne pourraient produire tout ce qui est vendu sous l'étiquette de martinique.

Le café bourbon est un produit justement estimé de la Réunion.

Toutes ces sortes de cafés sont à bon droit recherchées entre toutes, mais elles cèdent le pas comme qualité au moka, le meilleur, et aussi le plus cher de tous les cafés, celui dont l'arome, après torréfaction, est sans égal.

Le café dont la culture est limitée au sud de l'Arabie et à quelques plantations avoisinant Alexandrie est presque entièrement consommé en Turquie, en Asie Mineure, en Perse et en Égypte ; de sorte qu'il n'existe, pour ainsi dire, pas dans le commerce européen. En Turquie, les classes aisées se font un point d'honneur de consommer uniquement de cette sorte, qu'elles se procurent à des prix très élevés, tandis que le peuple fait toujours usage des sortes inférieures du Brésil.

Les Anglais accaparent le moka cultivé aux environs d'Aden ; rarement une petite quantité parvient sur la place de Marseille.

En France, les deux ports du Havre et de Marseille reçoivent la plus grande partie des 68 000 000 de kilogrammes de toutes provenances qui s'importent chez nous.

Par la torréfaction, le café subit une modification qui lui enlève plusieurs de ses qualités et lui confère des propriétés nouvelles. La plus grande partie de la caféine reste dans le grain, mais une portion est dénaturée, il se forme de la méthylamine ; la partie ligneuse se décompose partiellement et devient friable ; la dextrine et la glucose se transforment en un corps brun, amer, soluble dans l'eau, et il apparaît un principe huileux, aromatique et volatil, la caféine, qui donne au café brûlé son arome spécial. La manière dont est conduite la torréfaction a une influence considérable, puisque c'est elle qui provoque les réactions chimiques donnant toute sa valeur à l'infusion.

Ajoutons, pour la masse des consommateurs qui l'ignorent presque tous, que, pour obtenir un bon café, l'infusion ne doit jamais être faite dans un vase métallique, et l'eau employée ne doit pas être tout à fait à la température de l'eau bouillante, sous peine de dissiper dans la vapeur trop abondante les parties volatiles auxquelles le café doit son parfum.

On estime que le monde entier produit à peu près 500 millions de kilogrammes de café.

Quant à la consommation, elle varie considérablement de peuple à peuple. Les chiffres des douanes révèlent la consommation la plus forte en France et en Allemagne. Mais, si l'on calcule cette consommation par tête, on voit qu'elle est plus grande dans les petits États : en Hollande, où chaque habitant consomme près de 9 kilogr. par tête, car le café n'y paye aucun droit de douane ; en Belgique, où l'on en prend 4 kilogr. 50 décagr. par tête ; en Norwège, dont chaque habitant absorbe 4 kilogr. Aux États-Unis, la moyenne va à 4 kilogr. par tête ; en France, nous ne dépassons point 2 kilogr. 150 gr. ; l'Allemagne en consomme 1 kilogr. 500 gr., et l'Angleterre ne dépasse point 500 gr. par individu.

On peut dire d'une façon générale que l'usage de cette denrée prend chaque jour une importance plus grande, si ce n'est en Russie, où le café est encore soumis à des droits relativement élevés.

Dire que le café est une des denrées alimentaires sur lesquelles la fraude s'exerce d'une façon déplorable, c'est rappeler une vérité malheureusement connue de tous.

La fraude la plus commune consiste à mélanger des sortes diverses ayant à peu près le même aspect et à les vendre sous le nom de la meilleure.

Souvent le transport de cafés insuffisamment secs, ou bien atteints par l'eau de mer, détermine une fermentation qui altère complètement la saveur et l'odeur des fèves. Les falsificateurs enrobent ces cafés de caramel, pour leur donner de la couleur et de l'amertume ; quelques-uns sont colorés, suivant le cas, avec du talc ou de la plombagine.

Mais c'est principalement sur le café moulu que l'industrie des falsificateurs déploie toutes ses ressources.

Rameau de caféier.

Non seulement le café moulu est souvent composé de sortes tout à fait inférieures, de cafés avariés ou de marc ayant déjà servi qu'on régénère avec du caramel, mais il est ordinairement additionné de chicorée torréfiée. Bien plus, malgré son prix minime, la chicorée est elle-même falsifiée avec les substances les plus diverses.

La cupidité et l'ignorance de certains vendeurs sont telles qu'il est encore fréquent de leur fournir des chicorées additionnées de vieux marcs provenant des cafés et des restaurants. On y trouve, à l'examen, des débris de vermicelle et de semoule colorés, de vieux haricots, des fèves et des lupins torréfiés, des grains rôtis, des croûtes de pain, des glands et des figues grillées ou des cossettes de betteraves, de la carotte et du panais grillés, du foie de bœuf ou de cheval cuit et pulvérisé, de la sciure de bois d'acajou, des substances minérales telles que : ocre rouge, brique pilée, terre, cendres de houille tamisées.

La fraude ne s'est pas arrêtée là. Des industriels spéciaux fabriquent du café factice. Le grain du café est imité soit avec de la chicorée, soit avec des pâtes composées de farines diverses, d'argile plastique ou de marc de café épuisé, moulées humides et séchées à l'air.

Des constructeurs mécaniciens ont bien pris des brevets pour des machines à mouler en forme de grains de café les matières diverses servant à le falsifier !

Nous pourrions citer des usines d'une véritable importance se livrant exclusivement à cette cuisine diabolique et fournissant aux débitants des

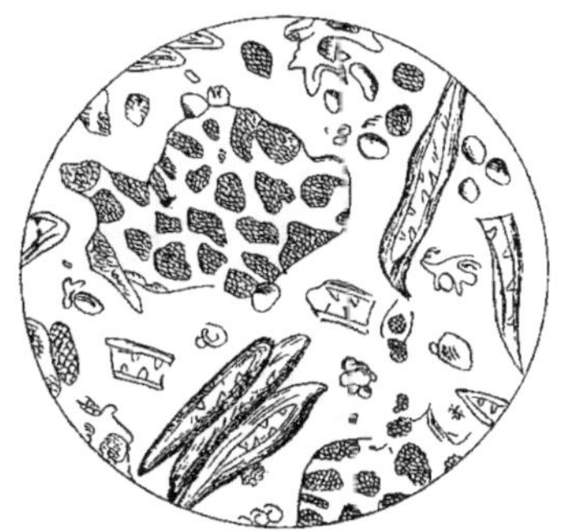

Café pur vu au microscope.

Café falsifié : *a*, fécule du gland de chêne;
j, fragments de chicorée.

matières moulues ou pulvérisées uniquement destinées à la falsification des cafés. De cette façon, le vendeur *compose* comme il l'entend le café qu'il distribue à sa clientèle. Ajoutons que certaines de ces usines prospèrent assez pour changer de propriétaires tous les sept à huit ans, par suite des gains de leurs exploitants.

Malgré la facilité avec laquelle les fraudes de toute nature peuvent se constater, rien ne décourage les falsificateurs. Et cependant jamais le café authentique n'a atteint des prix aussi bas : par suite d'une production surabondante, le Brésil est maintenant encombré de cafés qui ne peuvent trouver leur placement. Mais la force de l'habitude est telle que nombre de gens ne voudraient échanger les drogues sans nom qu'ils consomment contre une marchandise de bon aloi qui leur est inconnue; d'autre part, l'appât du gain domine les marchands peu scrupuleux à ce point qu'ils continuent à tromper le public plutôt que de rien perdre de leurs bénéfices illicites, malgré les facilités actuelles de livrer avec un profit suffisant des denrées honnêtes.

III

LE THÉ

La légende du thé. — Introduction en Europe. — Lenteur de ses débuts. — La compagnie des Indes. — Culture du thé. — Les récoltes. — Préparation des feuilles. — Manière de prendre le thé chez différents peuples. — Ses propriétés alimentaires et hygiéniques. — L'exportation. — La course du thé. — Le thé de caravane. — La consommation du thé. — Les falsifications. — Fraudeurs chinois. — Fraudeurs européens. — Ce qu'on vend pour du thé.

L'histoire assez peu connue du thé nous engage à faire une exception et à dire en quelques mots le passé de cette feuille si estimée dans l'Extrême-Orient.

Le nom du thé (en langue mandarine *tcha*, en japonais *tsyeo*) vient du dialecte populaire de Fo-Kien.

Introduite de Corée en Chine vers le ive siècle, la culture du thé se répandit de là au Japon, durant le ixe siècle. Dès le vie siècle, son usage était général en Chine.

Viennet, de l'Académie française, raconte ainsi l'origine aussi étrange que merveilleuse du thé :

« Darma, fils d'un roi des Indes et successeur direct de Boudha, fondateur de la secte qui porte son nom, vivait en 500 de l'ère chrétienne. Il se distinguait par des austérités et des extravagances qui, dans ce pays des fakirs et des derviches, donnaient à ses prédications une autorité presque divine. Il vivait de racines et d'herbes à la façon des anachorètes chrétiens, et, se croyant assez fort pour dompter la nature, il avait fait vœu de ne jamais dormir. La nature l'ayant emporté sur le fanatisme, cet insensé, honteux d'avoir cédé au sommeil comme le commun des mortels, se coupa les paupières pour les empêcher une autre fois de se fermer. Le lendemain, selon la légende, les paupières devinrent des arbrisseaux. Darma, qui les reconnut, malgré une transformation aussi étrange, se mit à en goûter quelques feuilles et éprouva des sensations nouvelles, une agréable agitation des nerfs, un dégagement de tête qui le disposa merveilleusement à la contemplation.

« Il en fit part à ses disciples, qui se mirent à mâcher les mêmes feuilles et devinrent d'une gaieté charmante. »

Voilà comment le thé est venu au monde !

De grands monuments ont été élevés à cette découverte. Ils s'étendent depuis la Chine jusqu'au Japon, où Darma alla la propager. On le représente sans paupières, ayant sous les pieds le roseau miraculeux au moyen duquel il passait les rivières et les mers.

Ce fut au milieu du xvii° siècle, en 1660, qu'une spéculation de la Compagnie des Indes hollandaises amena la première importation du thé dans nos contrées.

Malgré les apologies, la nouvelle plante fut extrêmement peu goûtée, car les documents officiels nous apprennent que, de 1660 à 1700, le chiffre des importations n'excéda point 181 145 livres pour cette période de quarante ans, c'est-à-dire la 181° partie de ce qui se consommait un siècle plus tard, et la 200° partie de ce qui se consomme aujourd'hui.

Tels furent les lents et humbles débuts du thé, qui devait jouer plus tard un si grand rôle dans l'histoire politique, commerciale et économique de la Grande-Bretagne.

Enrichie par ce commerce dont elle avait le monopole, la Compagnie des Indes allait, moins d'un siècle plus tard, doter la mère patrie d'un empire vingt fois plus vaste et dix fois plus peuplé, d'une richesse et d'une fertilité extraordinaires. Ce sont les bénéfices réalisés sur cette simple feuille qui ont permis à cette association de marchands de lever des armées, d'équiper des flottes dont l'action leur a assuré une situation si prépondérante dans l'extrême Orient.

A l'état sauvage, l'arbre à thé peut s'élever jusqu'à trente pieds de hauteur. La culture le réduit à cinq ou six pieds par suite des tailles et des recepages fréquents auxquels il est soumis afin de faciliter le développement de ses feuilles.

Ces feuilles sont persistantes, d'un beau vert en dessus, d'un vert pâle en dessous ; ce sont elles qui donnent le thé.

Croissant spontanément en Chine et au Japon, il se plaît dans les lieux escarpés ; on le trouve le plus souvent sur le penchant des collines, dans les plaines basses, le long des rivières et sur le revers des montagnes. Une température moyenne est la condition indispensable de la bonne venue de cet arbuste.

Depuis une série d'années les Anglais ont introduit la culture du thé dans leurs établissements de l'Himalaya, où il donne de superbes résultats. On l'a introduite aussi à Java, à l'île de la Réunion, aux États-Unis, au Brésil. On l'a tentée en Algérie. Les Italiens avaient déjà fait en Sicile plusieurs tentatives demeurées infructueuses, lorsque de nouveaux essais, entrepris en 1871, ont permis de présenter à une exposition récente de Palerme cent pieds d'arbres à thé. Ce succès relatif est dû au choix de sujets provenant des parties froides du Japon.

L'arbre ne peut produire qu'après sa troisième année ; à la septième année il a atteint la taille d'un homme et pris tout son développement.

La récolte a lieu d'ordinaire au commencement d'avril, de mai et fin juin. Plus les récoltes sont rapprochées, c'est-à-dire plus les feuilles sont cueillies tendres et jeunes, plus le thé est estimé. On évalue la production de chaque arbre à 15 ou 20 hectogrammes de thé, production se soutenant pendant une période variant entre douze et quarante ans, suivant l'état de dépérissement.

La préparation de ces feuilles, le soin apporté aux manipulations nécessaires sont les causes principales et déterminantes de la qualité du thé.

On en connaît quatre formes différentes : le noir, le vert, le thé en poussière, le thé en briques.

Pour préparer le thé noir, on dispose d'abord les feuilles sur des claies, afin de les faire sécher au soleil ; elles sont ensuite roulées à la main jusqu'au moment où elles ont pris une couleur rougeâtre, puis replacées dans des bassins en tôle chauffés également, où elles perdent peu à peu toute humidité. Après ces diverses préparations, la feuille contient encore une sorte d'huile qui disparaît seulement après plusieurs manipulations analogues aux premières.

Le thé vert s'obtient en poussant moins loin les préparations, de façon à conserver à la feuille la théine qui lui donne des propriétés excitantes fort recherchées par les Américains ; en outre, on mêle aux feuilles des essences qui les parfument et les colorent.

Le thé en briques, fabriqué d'après les procédés européens, s'obtient en comprimant les feuilles de thé sous des presses énergiques.

Des débris provenant de ces diverses fabrications résulte le thé en poussière.

Telles sont les sortes commerciales ; mais il existe pour ce produit, comme pour nos vins, ce qu'on pourrait nommer des thés de grands crus. Quelques-uns sont réservés à l'usage exclusif de l'empereur de la Chine ; d'autres ne sortent jamais du pays et se consomment uniquement dans les classes élevées. Les plus répandues des sortes de thé noir circulant dans le commerce sont : le thé Péko ou thé à pointes blanches, le Péko orange, le Souchong, dont la feuille est la plus petite, et le Cangou. Les thés verts les plus répandus sont le Hyson et l'Oolong.

Le thé est la seule boisson du peuple chinois presque tout entier. Le riche fait infuser des sortes de choix dans une élégante coupe en porce

Cueillette des feuilles de thé.

laine recouverte et les maintient au fond du vase avec une mince rondelle d'argent. Le Japonais pulvérise les feuilles et boit l'infusion avec la poudre, comme cela se pratique en Orient pour le café. L'Européen se sert ordinairement de vases métalliques pour y faire l'infusion, et passe soigneusement le liquide afin d'en écarter tout débris de feuilles.

Cette infusion exerce sur l'économie une action bien démontrée. Indépendamment des phénomènes propres à l'absorption de toute boisson chaude, le thé produit des effets propres se soutenant pendant plusieurs heures. Une stimulation nerveuse apparaît bientôt, caractérisée par une mobilité plus grande, une aptitude notable à concevoir, une heureuse disposition pour les travaux de l'esprit et du corps, une distribution plus régulière de la chaleur.

L'influence du thé sur la digestion est bien connue et utilisée. Il est presque indispensable aux grands mangeurs. Il ne l'est pas moins aux classes de la société que leurs habitudes ou les exigences sociales confinent dans l'intérieur des maisons, et dont l'estomac, devenu paresseux, réclame un stimulant digestif.

Ce n'est pas assez de considérer le thé comme un stimulant efficace, il se recommande également comme aliment proprement dit. L'analyse chimique a démontré ce que l'expérience avait appris à ce sujet. Non seulement les forces, l'embonpoint se conservent à merveille avec un déjeuner au thé sucré additionné d'un peu de pain beurré, mais il suffit à la réparation des pertes. Tandis que l'ingestion d'un stimulant alcoolique produit un effet purement passager, l'usage du thé auquel on ajoute un peu de pain produit un sentiment de réfection comparable à celui d'un bon repas.

Nous n'avons pas à développer les ressources qu'il offre à la thérapeutique, car chacun sait à quel point il est employé dans les paresses d'estomac résultant de maladies aiguës, dans les dysenteries, dans les cas de goutte atonique, dans ceux de rhumatismes sans fièvre, dans les affections catharrales légères. Comme sudorifique, il offre le précieux avantage de ne point débiliter le malade.

Il est bien difficile de connaître la quantité de thés exportés des pays de production, car les statistiques sont loin d'exister partout. Pour la Chine elle-même, on ne possède que des renseignements approximatifs. Les douanes indiquent, par les ports et par terre, une exportation de près de 110 000 000 de kilogrammes, auxquels il faut ajouter les quantités considérables sortant par Hong-Kong, qui, en sa qualité de port franc, ne relève pas la statistique de ses opérations.

A part la Russie, presque toute l'Europe reçoit son thé par l'intermédiaire de l'Angleterre, qui a autant dire monopolisé cet important commerce. Il faut encore y joindre les 30 000 000 de kilogrammes qui proviennent des cultures de l'Inde, dont les produits font aux thés chinois une concurrence déjà redoutable. Bientôt aussi les thés de Natal auront une large place sur les marchés européens.

Au moment où la nouvelle récolte arrive sur les ports, c'est une animation dont rien ne peut donner une idée. Elle est surtout remarquable de la part des Anglais qui se livrent au transport de cette denrée, car il est d'usage en Angleterre d'accorder une forte prime au navire qui apporte sur le marché de Londres la première cargaison de thé. C'est à qui se hâtera et dépassera son concurrent. Pour l'emporter dans cette course de longue durée on a construit d'abord les fameux *clippers*, marcheurs merveilleux qui portaient un nombre énorme de voiles, grâce auxquelles leur vitesse dépassait même celle des vapeurs ordinaires. Depuis le percement de l'isthme de Suez, les navires à vapeur les plus rapides sont affectés à ce service, et ne mettent que de trente-cinq à trente-sept jours pour accomplir le trajet de Woosung (Chine) à Londres.

La dernière course de thé a donné des résultats encore plus surprenants. Le vainqueur, construit spécialement pour cette opération, n'a mis que trente et un jours à effectuer le voyage, et, dans le seul mois de septembre dernier, il a transité par le canal de Suez près de 45 000 000 de kilogrammes de thé !

Cette année encore, quelques spéculateurs ont choisi un nouvel itinéraire. Des cargaisons de thé ont été expédiées, à titre d'essai, par San-Francisco, à travers le Pacifique et l'Amérique du Nord. On espère pouvoir gagner un jour ou deux en se servant du transcontinental canadien, quand son service sera en bon fonctionnement.

La Russie, où le thé est une boisson nationale, est seule intéressée au commerce du thé en briques dit « thé de caravane ». Le transport de ces briques, du lieu de production aux lieux de consommation, est des plus dispendieux et fort compliqué. On les embarque à Hankow jusqu'à Tien-Tsin. Là, le thé est mis à dos de chameau et dirigé sur la Sibérie. A Riachta, la plupart des caravanes s'arrêtent ; les chargements passent entre les mains de nouveaux propriétaires. La majeure partie atteint la ville d'Irbit, au pied de l'Oural, où se tient, en février, la grande foire des thés.

Si l'on considère le commerce du thé sous toutes ses formes, il faut placer l'Angleterre en tête des consommateurs du monde, après les Chinois. La Grande-Bretagne absorbe annuellement 78 000 000 de kilogrammes de thé, sur lesquels le Trésor perçoit un impôt de 105 000 000 de francs. D'ailleurs on peut dire que c'est le breuvage national, car le thé est la boisson des soldats, des matelots, des artisans et de la classe industrielle. Dans les classes moyennes et dans la haute société on en use deux ou trois fois par jour. Le fameux « thé de cinq heures » est devenu tout à fait à la mode, et en quelque sorte, pour les dames, une institution qui pénètre dans notre société française.

Les États-Unis occupent le second rang et consomment surtout des thés verts ; puis l'empire russe, qui, avec les Mongols et les Tartares, absorbe tout le thé en briques fabriqué en Chine.

La France ne consomme que 500 000 kilogrammes de thé par an. Malgré ce faible chiffre sa consommation est en grand progrès depuis vingt ans.

Tous ces chiffres s'appliquent au thé tel qu'il nous arrive du dehors ; mais ils n'expriment pas exactement la consommation, parce qu'il faut y ajouter tout le produit des falsifications.

Les fraudes sur le thé sont extrêmement nombreuses. Elles commencent en Chine même et se continuent par les intermédiaires jusqu'au débitant, qui livre souvent une denrée dans laquelle il n'entre pas une feuille de thé.

La vérité oblige de déclarer que, dans l'intérieur des provinces, le gouvernement chinois veille à l'observation des lois interdisant toute sophistication du thé ; mais, quand les inspecteurs ont terminé leur tournée, presque tous les thés destinés à l'exportation sont falsifiés, notamment à Canton. A leur arrivée en Europe, en Angleterre surtout, ils sont souvent l'objet de nouvelles falsifications plus nuisibles encore.

Les fraudeurs chinois colorent artificiellement les feuilles au moyen de bleu de Prusse, afin de lui donner une apparence de jeunes feuilles ; ils emploient encore un bain d'indigo, le curcuma, le cachou, la gomme, le bois de Campêche, le chromate de plomb, la plombagine, le kaolin, le sulfate de chaux, le talc, les sels de cuivre.

Comme on peut s'en convaincre, une bonne partie de ces sophistications constituent un danger par suite de l'emploi de matières toxiques.

Il va sans dire que les qualités sont mélangées, et ces produits inférieurs donnés comme appartenant aux sortes les plus méritantes.

D'autres falsifications consistent à mélanger aux feuilles de thé celles de végétaux différents. L'épilobe, le rosier, le camélia, l'orme, le fraisier, le prunellier, le frêne, le saule, le sureau, le laurier, le peuplier, le platane, le chêne, le hêtre, l'aubépine, tous ces végétaux sont mis à contribution pour fournir des matériaux à la falsification des diverses sortes de thé.

Le commerce européen reçoit même une espèce de thé préparée avec la poussière provenant des caisses, agglutinée avec de la gomme et traitée avec des matières colorantes.

Le thé dit « poudre à canon » se falsifie souvent avec la fiente des vers à soie. Sang-Haï est connue comme expédiant en Europe du thé composé de feuilles ayant déjà servi, à moitié pourries, et qui ont été ramassées dans les tas d'ordures des plus sales coins de la ville. Londres en a vendu récemment 6 500 000 kilogrammes de cette sorte.

D'ailleurs les importateurs anglais se font très peu scrupule de colorer des feuilles de végétaux indigènes en noir avec du bois de Campêche, en vert avec des sels de cuivre, et de vendre ces mixtures pour des thés d'origine. En outre, ils mettent en circulation des quantités considérables de thé ayant déjà servi. Les résidus sont achetés en masse, à vil prix, aux hôtels, aux cafés et autres lieux de consommation, puis ils sont *régénérés* habilement et vendus comme thé de première main. Il existe à Londres plusieurs usines se livrant uniquement à cette *honnête* industrie.

Toutes ces falsifications se reconnaissent aisément; mais, comme la plupart d'entre elles ne peuvent être révélées qu'avec le concours d'agents chimiques, les sophistications se constatent rarement tout de suite, et le consommateur continue à être exploité de la plus indigne façon.

IV

LE MATÉ, LE COCA, LE GUARANA

L'herbe du Paraguay. — Le camp des cueilleurs. — Préparation des feuilles; fumage, broyage. — Usage du maté dans l'Amérique du Sud. — Action alimentaire. — Un puffiste célèbre. — Le coca. — Antiquité de sa culture. — Importance de la récolte. — La chique de coca. — Vertus nutritives. — Son usage en thérapeutique. — La cocaïne; ses effets anesthésiques. — Insensibilisation des muqueuses oculaire et buccale. — Les opérations des oculistes rendues faciles. — Le *Paullinia sorbilis*. — Préparation du guarana. — Effets thérapeutiques et alimentaires. — Les amateurs de guarana.

Sous le nom de thé Maté, de thé du Paraguay, d'herbe du Paraguay, les habitants du Paraguay, de la Confédération Argentine, du Chili, du Pérou et des provinces brésiliennes du Sud emploient depuis un temps immémorial, comme boisson stimulante, d'un usage journalier et indispensable, une infusion faite avec les feuilles broyées et les sommités toutes jeunes de plusieurs espèces de houx et spécialement du houx commun du Paraguay.

La plante dont on emploie ainsi les feuilles est un petit arbre atteignant au plus une hauteur de 9 à 12 mètres. On le rencontre communément sur le vaste territoire des trois cours d'eau dont la réunion forme le rio de la Plata : le Paraguay, le Parana et l'Uruguay. Les vallées et les versants des montagnes désignées sous le nom de *Sierra de Herbal* en sont couverts.

La récolte commence en décembre et se continue jusqu'en août ; mais, dès octobre, les cueilleurs de maté partent en caravanes, avec femmes et enfants, pour faire la récolte. Dès qu'ils ont trouvé un emplacement favorable, ils installent un camp et commencent leur travail. On coupe les branches et on les passe à travers un feu flambant : après quoi les feuilles et les jeunes pousses sont triées et étendues sur des tréteaux disposés dans ce but.

Pour les torréfier plus complètement, on allume au-dessous un feu fumeux. La torréfaction terminée, après trente-six à quarante-huit heures, on ôte le feu, on nettoie la terre, on fait tomber les feuilles en les poussant à travers les tréteaux, puis on les concasse sur le sol avec des pilons de bois.

Au Brésil, nous dit Vogel, auquel nous empruntons ces détails, on emploie depuis quelques années un procédé de torréfaction plus convenable. On se sert de poêles en fer, comme on le fait en Chine pour la préparation du thé, et l'on concasse les feuilles à l'aide de moulins.

Toute cette préparation aboutit à une fabrication d'environ 4 millions de kilogrammes. Dans l'Amérique du Sud, les créoles en font usage avant chaque repas. En Europe, de petites quantités pénètrent, surtout en Autriche, où des cafés servent à leurs clients cette plante infusée, qui est, dit-on, fort appréciée des consommateurs.

Les feuilles préparées se présentent en poudre grossière, d'un vert brunâtre, à laquelle sont mêlés de nombreux fragments de feuilles et de rameaux. L'infusion est jaune brunâtre et dégage une odeur de tan; son goût très accusé de brûlé, provenant du mode de préparation, rend nécessaire l'addition de sucre et de lait.

L'action du maté, tout à fait analogue à celle du thé, est due, comme dans ce dernier, à la présence de la théine, qui lui donne des vertus réparatrices très manifestes.

On assure que le docteur Tanner, ce fameux puffiste américain qui se vantait de rester durant quarante jours complètement à jeun, avait recours, pour se soutenir, à des infusions concentrées de maté, lesquelles lui étaient clandestinement administrées sous forme de lavements. La vérité est que si le docteur Tanner ne remplit pas rigoureusement les conditions de son pari, il remplit du moins largement ses poches avec le produit des entrées que payaient les nombreux Yankees, curieux de contempler un phénomène si extraordinaire.

Les Péruviens ont également un stimulant d'un usage général sur les versants occidentaux des Andes. Il leur est fourni par la feuille de l'erythroxylon coca, un arbrisseau de la famille des érythroxylées, qui pousse spontanément dans les Andes du Pérou et de la Bolivie. Mais on le cultive depuis une longue suite de siècles dans diverses parties de l'Amérique du Sud.

Jadis l'exploitation de cette plante, considérée comme un objet sacré, était réservée aux grands et aux prêtres de l'empire des Incas. Elle s'est répandue depuis et est devenue populaire. Le gouvernement de Bolivie, un des principaux centres de culture, donne chaque année une récolte de plus de 25 millions de kilogrammes, sur lesquels l'État prélève un impôt assez lourd.

La feuille de coca est d'un usage plus général chez les Indiens de ces contrées que le tabac chez nous. Quand il se met en route, l'Indien a toujours une provision de feuilles qu'il pétrit en pâte avec une substance calcaire formée des cendres de certaines plantes et surtout de l'ansérine quinoa ; c'est ce qu'on appelle la *llipta*. Il en forme une boulette, qu'il chique et mâchonne constamment en avalant la salive ; il absorbe ainsi les principes toniques du coca. Cette pratique a pour effet de diminuer le besoin de prendre des aliments et d'augmenter néanmoins l'aptitude du corps à supporter la fatigue. En même temps, elle rend moins sensible au froid et atténue le *soroche,* oppression accompagnée de nausées, qui est particulière aux cols des Andes et qui s'empare de ceux qui voyagent dans ces régions.

Vraie ou non, la légende de ces vertus merveilleuses subsiste, et, dans l'Amérique du Sud, la chique de coca est regardée comme un moyen de calmer la faim et de tromper les angoisses d'un jeûne forcé.

La thérapeutique s'est emparée de cette plante ; l'on prépare avec les feuilles des infusions et des vins toniques ayant beaucoup d'analogie avec les vins de quinquina ; mais durant plusieurs années on ne sut point se rendre compte du principe auquel le coca devait ses propriétés.

C'est en 1859 que Niemann isola du coca un alcaloïde auquel on donna le nom de cocaïne. L'expérience démontra que quelques cristaux de ce nouveau produit, posés sur la langue, amenaient une insensibilité complète de cet organe, que la dilatation de la pupille était amenée par une injection veineuse. On en conclut que la cocaïne agissait sur l'économie à la façon d'un anesthésique, et qu'en amoindrissant les fonctions stomacales elle rendait plus rare et plus faible le fonctionnement des papilles de cet organe. Là se bornaient les applications de la cocaïne ; personne ne tirait parti des expériences tentées par Niemann, lorsque le docteur Karl Koller, de Vienne, eut l'idée d'instiller dans l'œil de quelques animaux une solution aqueuse de chlorhydrate de cocaïne plus soluble que la cocaïne elle-même. Au bout de quelques instants, la muqueuse oculaire était devenue d'une insensibilité complète ; on pouvait toucher la cornée et la conjonctive sans que l'animal témoignât d'une sensation quelconque.

Appliquée à la médication humaine, cette pratique donne les plus beaux résultats. Aujourd'hui l'usage de la cocaïne pour les opérations des yeux est absolument entré dans les habitudes chirurgicales.

Son effet est aussi complet sur la muqueuse buccale ; la cocaïne permet une foule de petites opérations, précédemment désagréables, en badigeonnant simplement l'intérieur de la bouche, de la gorge ou du larynx.

Les tribus indiennes du bassin de l'Amazone font usage depuis les temps les plus reculés d'un stimulant analogue au maté, au coca, et dont l'usage s'est répandu parmi un grand nombre d'habitants de l'Amérique du Sud. Nous voulons parler du guarana.

Cette substance se prépare avec les graines, semblables à de grosses noisettes, d'un arbrisseau grimpant, le *Paullinia sorbilis*, de la famille des Sapindacées, lequel croît dans les régions tropicales de l'Amérique du Sud et se cultive dans les provinces brésiliennes de Para et d'Amazonas.

Les graines séchées au soleil sont ensuite pilées et écrasées ; puis on ajoute de l'eau, et l'on en fait une pâte que l'on moule en pains ronds ou cylindriques de 25 à 30 centimètres.

Le guarana du commerce est une substance dure, de la couleur du chocolat, d'une saveur légèrement amère et à peu près inodore ; on y rencontre souvent des grains à demi triturés ; plus la pâte en est dure, meilleure est la qualité ; mais on y mélange souvent diverses sortes de farine de manioc.

Pour en faire usage, on la réduit en poudre au moyen d'une râpe ou du palais rude et osseux du *Pira-rucu*, le roi des eaux amazoniennes ; on y mêle un peu de sucre, on verse la poudre dans l'eau et l'on boit froid. Infusée dans l'eau chaude, cette poudre passe pour un excellent remède contre les légers accès de fièvre intermittente. On ne peut dire que le goût d'amande que rappelle cette boisson soit désagréable, cependant sa saveur n'est pas assez prononcée pour expliquer l'engouement qu'elle inspire. C'est peut-être l'excitation particulière produite par un principe analogue à la caféine et à la théine qui fait que les buveurs de guarana ne peuvent s'en passer quand ils en ont pris l'habitude.

Les embarcations qui descendent l'Arino et le Tapajoz prennent comme charge de retour une pleine cargaison de *guarana*. Celles qui naviguent sur le Madeira ne manquent jamais d'en embarquer, à destination de la Bolivie, car il y a là un grand nombre d'habitants qui, pour rien au monde, ne voudraient vivre sans *guarana*. Ils vont jusqu'à le payer trente francs la livre, et ils aimeraient mieux jeûner que se passer de ce rafraîchissement.

En revanche, parmi la population métisse de l'Amazone, le prix du *guarana* ne dépasse guère trois francs la livre, à cause du peu de cas qu'elle en fait. Au Brésil, c'est un aliment indispensable pour la population inférieure, surtout en voyage. Les Mauhes, importante tribu indienne, ne vivent en grande partie que de guarana.

A une époque plus récente, on a introduit cette denrée en Europe comme un remède contre les migraines; mais il se peut qu'elle entre quelque jour dans notre consommation alimentaire.

FIN

TABLE

PREMIÈRE PARTIE

L'ORGANISME ET L'ALIMENTATION

DEUXIÈME PARTIE

LES GRAINS

TROISIÈME PARTIE

LES VIANDES

QUATRIÈME PARTIE

LE LAITAGE

CINQUIÈME PARTIE

LE POISSON

SIXIÈME PARTIE

LES FRUITS ET LES LÉGUMES

SEPTIÈME PARTIE

LES BOISSONS

HUITIÈME PARTIE

LES STIMULANTS

17313. — Tours, impr. Mame.

BIBLIOTHÈQUE ILLUSTRÉE

FORMAT IN-4°, 2ᵉ SÉRIE

ESPRIT DES OISEAUX (L'), par S. Henry Berthoud; illustration par Yan Dargent. 105 gravures.

CÉCILIA, OU LES PREMIERS TEMPS DU CHRISTIANISME EN ITALIE ET EN GRÈCE, par F. de Nocé. 27 gravures.

MARIE-STUART (HISTOIRE DE), par M. de Marles; nouvelle édition revue et considérablement augmentée. 29 gravures.

NAPLES, LE VÉSUVE ET POMPÉI, CROQUIS DE VOYAGE, par l'abbé G. Chevalier. 22 gravures.

NOS ALIMENTS : LE BLÉ, LA VIANDE, LES FRUITS, LES BOISSONS, par Paul Bory; illustré de 87 gravures.

PÊCHES DANS L'AMÉRIQUE DU NORD (LES), par Bénédict Henry Révoil. 60 gravures.

PLANTES UTILES (LES), par Arthur Mangin. 64 gravures.

SERVITEURS ET COMMENSAUX DE L'HOMME, par Saint-Germain Leduc. 70 gravures.

Tours, impr. Mame.